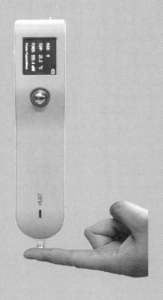

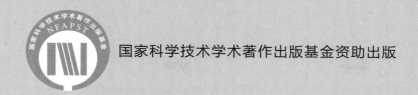
国家科学技术学术著作出版基金资助出版

大气压非平衡等离子体射流
II 生物医学应用

ATMOSPHERIC PRESSURE NONEQUILIBRIUM PLASMA JET
II BIOMEDICAL APPLICATIONS

卢新培　著

华中科技大学出版社
http://www.hustp.com
中国·武汉

内 容 简 介

等离子体诱导的生物效应与其作用于生物体的剂量紧密相关,低剂量处理可以促进细胞的增殖与分化,中等剂量处理可以诱导细胞的凋亡,高剂量处理则导致细胞坏死。本书介绍了我们采用低剂量处理诱导干细胞分化,中等剂量处理诱导癌细胞凋亡,高剂量处理杀灭各种致病菌、真菌、病毒的研究成果,并对几个核心科学问题,即活性成分穿透组织的深度、等离子体对细胞的遗传毒性和诱变特性、等离子体剂量的科学定义等的研究成果进行了介绍。

图书在版编目(CIP)数据

大气压非平衡等离子体射流.Ⅱ,生物医学应用/卢新培著.—武汉:华中科技大学出版社,2021.11
   ISBN 978-7-5680-6901-4

Ⅰ.①大…   Ⅱ.①卢…   Ⅲ.①非平衡等离子体-等离子体射流-应用-生物医学工程-研究   Ⅳ.①O53   ②R318

中国版本图书馆 CIP 数据核字(2021)第 097916 号

大气压非平衡等离子体射流:Ⅱ. 生物医学应用   卢新培   著
Daqiya Feipingheng Dengliziti Sheliu:Ⅱ. Shengwu Yixue Yingyong

策划编辑:徐晓琦
责任编辑:徐晓琦   曾小玲
装帧设计:原色设计
责任校对:张会军
责任监印:周治超
出版发行:华中科技大学出版社(中国·武汉)   电话:(027)81321913
         武汉市东湖新技术开发区华工科技园   邮编:430223
录   排:武汉市洪山区佳年华文印部
印   刷:湖北新华印务有限公司
开   本:710mm×1000mm   1/16
印   张:17.75
字   数:285 千字
版   次:2021 年 11 月第 1 版第 1 次印刷
定   价:148.00 元

致谢

本书是我从 2007 年回国以来与我的所有学生及合作者一起工作的部分研究内容的一个总结。这些学生包括现在工作于重庆大学的熊青博士,华中科技大学的鲜于斌博士、聂兰兰博士、熊紫兰博士、程鹤博士,南京航空航天大学的吴淑群博士,加州大学伯克利分校的裴学凯博士,北京市神经外科研究所的闫旭博士,武汉科技大学的赵沙沙博士,华中科技大学同济医学院附属同济医院的宋珂博士、石琦博士,郑州大学第一附属医院的杜田丰博士,成都市第二人民医院的杨平,深圳市宝安区妇幼保健院的周鑫才博士,湖北省十堰市太和医院的刘得玺博士,以及邱云昊博士、谭笑博士、李丛云博士、苟建民博士、涂亚龙博士、邹长林博士,硕士岳远富、唐志渊、余飞、程素霞、卢佳敏、曹星、徐海涛,在读博士生吴帆、李嘉胤、刘凤梧、李志宇、晋绍辉、吕洋、雷昕雨、李旭,在读硕士生杨莹、徐家兴、彭布成、刘嘉林、毛鹏飞等。在此对他们为本书所做的贡献表示感谢。

这里还要特别对 2007 年以来一直和我合作的华中科技大学生命科学与技术学院的何光源教授、华中科技大学同济医学院附属同济医院的曹颖光教授、华中科技大学同济医学院附属协和医院的冯爱平教授、华中科技大学电气与电子工程学院的刘大伟教授表示由衷的感谢。他们长期以来的大力支持,才使得本书出版成为可能。

此外,在本书的撰写过程中得到了刘大伟博士、熊青博士、鲜于斌博士、聂兰兰博士、程鹤博士、吴淑群博士、闫旭博士、赵沙沙博士、段江伟博士、马明宇博士,以及吴帆、李嘉胤、刘凤梧、雷昕雨、李志宇等的帮助,在此对他们表示诚挚的感谢。

还要感谢我的导师潘垣院士这些年来对我的鼓励和帮助,他对我不厌其烦的教诲及他咬定青山不放松的科研精神使我终生受益。在此感谢华中科技大学各级领导和电气与电子工程学院历任院长、书记,特别是段献忠教授、冯征书记、康勇教授、于克训书记、文劲宇教授、陈晋书记,没有他们给予我的一次次有求必应的帮助,为我提供研究平台,我也就无法安心从事我所喜爱的研究工作。

尤其感谢我的朋友孙明江、邵惠玉夫妇在这近半年疫情期间对我的关心和帮助,让我可以完全投入到本书的撰写之中。

最后还要感谢我的家人,是他们这么多年对我的无私奉献,使得我有时间和精力投入到我所喜爱的研究中。

作　者

2020 年 6 月 25 日端午节于黟县

序

　　2020 年注定是不平凡的一年,一转眼我回华中科技大学工作已经十几年了。回顾这些年,虽有过不少迷茫,但更多的是快乐,特别是这么多年和学生们一起在实验中获得的一次次的小惊喜总是那样令人难忘。

　　今年由于疫情我被困老家,得以陪伴母亲以尽孝道,弥补这几十年在外不能尽孝的缺憾,同时静心写书再合适不过了,因此思考着能否把这些年的工作进行一次梳理,著书出版;但又有点诚惶诚恐,毕竟本人的水平有限,之前多次被他人劝说著书都被自己坚决否定了。因为要写一本全面介绍国内外大气压等离子体射流研究最新成果方面的书,本人深知着实没有那个能力,但细想能否把该书定位为我们课题组这些年所做工作的一个总结呢? 虽然所做工作不成体系,但本人所幸这些年坚持只做了一件事情,也就是研究大气压非平衡等离子体射流(N-APPJ)及其生物医学应用,这也还算别有特色。因此将这些内容进行梳理、归纳总结也算在我的能力范围之内。

　　本书见证了我青春岁月的日日夜夜、实验的点点滴滴、情绪的起起落落,是我的研究团队热情与心血的结晶。

　　本书包括两册,第一册介绍 N-APPJ 的物理基础,包括我们课题组研制的多种 N-APPJ 装置,各种实验参数对 N-APPJ 物理特性的影响,我们发现的 N-APPJ 所呈现出的诸多有趣的新现象,以及 N-APPJ 所发射的真空紫外光谱和 N-APPJ 放电可重复性的讨论,最后还介绍了几种大气压非平衡等离子体诊断方法。

第二册介绍了我们在 N-APPJ 生物医学应用方面所做的工作，主要包括围绕口腔疾病利用 N-APPJ 处理病菌、真菌、病毒方面的研究，围绕伤口愈合方面的研究，以及 N-APPJ 诱导癌细胞凋亡和促进干细胞分化方面的工作。本书还针对等离子体医学的几个核心问题，对我们在这方面所做的工作进行了介绍，具体包括等离子体射流所产生的各种活性粒子在生物组织中的穿透问题，N-APPJ 的生物安全性问题，等离子体剂量的科学定义问题。

　　由于水平有限，本人虽然对书中的内容进行了多次核对，但书中错误之处仍在所难免，因此恳请大家批评指正，以期在将来有机会再版时更正。

作　者

2020 年 6 月 25 日端午节于黔县

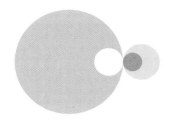

前言

　　大气压非平衡等离子体射流(N-APPJ)是在开放空间而不是在两个电极间隙之间产生大气压非平衡等离子体,这就使得被处理对象不受空间尺寸的限制,从而大大拓展了其应用范围。N-APPJ的研究同时极大地推动了其在生物医学方面的应用,并形成了一个新兴的研究方向,即等离子体医学。等离子体医学是研究等离子体所产生的各种活性成分,包括各种自由基、带电粒子、激发态粒子、紫外线、电场等对生物体的综合效应的一门学科。

　　大气压非平衡等离子体射流与传统的流注放电有许多共同点,如它的推进速度与流注推进速度在一个数量级,它所产生的空间电荷会对电场产生畸变,光电离在其推进过程中扮演着重要的角色等。但人们在研究N-APPJ时又发现了传统流注放电所未观测到的许多新现象。

　　本书分为两册,其中第一册介绍了我们在N-APPJ相关物理机理的研究方面所做的一些工作,第二册介绍了我们在N-APPJ用于生物医学应用方面所做的一些基础性研究。第一册第1章简要介绍针对各种具体应用研制的几种惰性气体N-APPJ和空气N-APPJ。第2章较为系统地介绍了各种实验参数对N-APPJ的影响的研究结果。第3章对N-APPJ中所观测到的诸多新现象做了详细的分析,包括N-APPJ随机推进与可重复推进模式之间的转换、人体可任意触摸的等离子体射流激发次级等离子体射流的接力现象、一个电压脉冲出现的多子弹现象、射流呈现的羽毛状现象、蛇形推进现象、射流的分节现象等,以及在外加电压消失后的放电现象和无外加磁场的螺旋状等离子体现象。

　　大约一个世纪前流注理论提出，正流注推进过程中，流注头部的光电离是二次电子崩的主要电子来源。1982 年，Zheleznyak 提出了较为完整的空气放电光电离假设。他认为在空气等 N_2/O_2 混合气体放电中，辐射来源主要是氮分子三种激发态 $b^1\Pi_u$、$b'^1\Sigma_u^+$ 和 $c_4'^1\Sigma_u^+$ 在 98～102.5 nm 范围内的辐射，但一直未在大气压放电中测量到该辐射。第一册第 4 章介绍了我们最近采用真空差分窗口首次对大气压等离子体射流及空气放电的 VUV 光谱测量结果。

　　N-APPJ 的一个显著特点是其子弹推进模式往往具有高可重复性，即其时间和空间的确定性。第一册第 5 章对国内外相关研究工作进行了系统的梳理，并根据我们的研究成果，指出了实现放电可重复性所需要满足的条件，最后提出了高种子电子密度放电理论。

　　研究大气压非平衡等离子体的一个难点是诊断其各种参数。第一册最后一章对几种适合于大气压非平衡等离子体的诊断方法做了较为详细的介绍，包括利用辐射光谱法诊断气体的温度、电子密度和温度，以及空间电场分布；利用毫米波干涉诊断电子的密度和温度；利用激光诱导荧光获得 OH 和 O 原子密度；利用激光散射获得电子温度和密度，以及中性粒子密度。该章最后介绍了利用液相化学分析方法测量液体中羟基(OH)、单线态氧($^1O_2$)、超氧阴离子($\cdot O_2^-$)、过氧亚硝酸(ONOOH)、双氧水(H_2O_2)、亚硝酸盐(NO_2^-)和硝酸盐(NO_3^-)的方法。

　　本书第二册介绍了大气压等离子体射流在生物医学应用方面的研究成果。第二册第 2 章首先对 N-APPJ 用于杀灭典型的口腔内的致病菌、细菌生物膜、混合菌种生物膜、真菌和病毒的研究成果进行了较为系统、全面的介绍，然后介绍了利用 N-APPJ 活化油促进伤口愈合的研究成果。

　　研究发现，在合适的处理条件下，N-APPJ 可以诱导癌细胞凋亡，与此同时对正常的细胞无显著影响，这就使得 N-APPJ 因具有在癌症治疗方面的潜在应用价值而受到研究者的关注。第二册第 3 章首先介绍了 N-APPJ 对质粒 DNA 的影响、N-APPJ 对多种肿瘤细胞系的增殖抑制作用，探讨了 N-APPJ 在各种癌症治疗中的应用潜力；然后分别介绍了 N-APPJ 对 HepG2 细胞形态、细胞染色质、细胞线粒体膜电位、细胞凋亡率的影响；最后介绍了 N-APPJ 诱导细胞凋亡机制的研究成果，包括氧化/硝化应激与 N-APPJ 诱导 HepG2 细胞凋亡的关系，内质网应激与 N-APPJ 诱导 HepG2 细胞凋亡的关系等。

神经系统疾病严重危害着人类健康,中枢神经系统修复成为临床医学的热点和难点;替代丢失的神经细胞,修复损伤的神经网络结构,促进神经功能的恢复,是治疗这类疾病的一种方法。等离子体中的重要活性粒子——一氧化氮(NO)是一种重要的神经递质,在神经系统的发育、信号传递中发挥重要作用。在第二册第 4 章中,给出了大气压非平衡等离子体对小鼠 C17.2-NSCs 细胞分化影响的研究成果,同时使用细胞形态分析、免疫荧光技术、Western Blot 和 qRT-PCR 等细胞生物学和分子生物学技术研究了大气压非平衡等离子体对小鼠 C17.2-NSCs 细胞分化的影响,鉴定所产生的神经元亚型,并探讨 NO 及下游信号通路对细胞分化的调控机制。

等离子体产生的 RONS 能在生物组织中穿透多深是等离子体医学重要的基础课题。研究该课题一方面可以帮助人们更加深入地理解等离子体医学的基本原理,另一方面也能为进一步优化等离子体医学应用时的等离子体源的各种参数,甚至拓宽其医学应用领域提供参考和指导。第二册第 5 章分别介绍了我们采用肌肉组织、皮肤组织、皮肤角质层为组织模型,研究 RONS 穿透这些组织模型的情况。由于接收池内的液体种类可能会对 RONS 浓度的测量产生影响,因此该章还探究了接收池内的液体种类对穿透组织的长寿命 RONS 浓度的影响。此外,为了从微观上理解 RONS 穿透皮肤角质层的行为,该章还介绍了采用分子动力学模拟的方法模拟并分析等离子体产生的主要 RONS 穿透角质层双脂质分子层的研究成果。

N-APPJ 直接作用于人体时对人体可能造成的热损伤、电损伤、紫外辐射等潜在的直接物理伤害,以及放电过程中产生的 O_3 等气体可能对人体造成的伤害比较容易评估,也是早期 N-APPJ 安全性研究所关注的。除了直接的物理损伤,N-APPJ 对生物体还可能存在潜在的生物安全风险。例如,N-APPJ 与细胞或组织相互作用过程中生成的各种 RONS 在生物体中的作用效果存在着明显的剂量依赖效应,如果处理剂量过高,就可能会导致一系列病理生理效应,甚至可能具有致突变的风险,造成细胞遗传的不稳定性。针对 N-APPJ 的生物安全性问题,第二册第 6 章首先阐述了通过化学方法配制不同浓度的长寿命活性粒子(H_2O_2、NO_2^- 和 NO_3^-)溶液及其组合,得到了这些长寿命粒子对人体正常细胞的细胞毒性的实验结果;接着,为了深入了解等离子体处理介质(PAM)在肝癌治疗中的应用前景,系统研究了 PAM 对肝癌细胞的选择性杀伤作用;然后系统比较了使用化学方法配制的 RONS 溶液、PAM 和 N-APPJ

直接处理三种方法对正常细胞和癌细胞的毒性；最后，为了确认 N-APPJ 的长期安全性，还介绍了 N-APPJ 对正常细胞的遗传毒性和诱变特性的实验结果。

"等离子体剂量"是等离子体生物医学领域的重要基本概念之一。尽管国内外研究者在等离子体生物医学领域开展了大量的基础和应用研究，然而，关于"什么是等离子体剂量"这一基本问题仍没有一个被广泛接受的科学定义。科学定义"等离子体剂量"是开展等离子体临床应用的基础和前提。正如临床药理学中所讨论的"剂量-效应"关系，在利用等离子体处理特定对象时，同样需要回答"等离子体剂量"与"生物效应"的对应关系。由于 RONS 是主导等离子体生物效应的关键活性粒子，并且在细胞的病理过程中起重要作用，因此基于 RONS 定义等离子体剂量就成了一种自然的选择。基于此，第二册第 7 章提出等效总氧化势（$ETOP$）作为等离子体剂量的定义，其值代表等离子体对其生物效应的总贡献。进一步地，该章通过构建拟合模型研究了 $ETOP$ 作为等离子体剂量的可行性。结果表明，$ETOP$ 可以很好地预测 kINPen® 和 Flat-Plaster 的杀菌效果。此外，为了进一步了解 $ETOP$ 作为等离子体剂量的可行性，我们采用自制的一种典型的 N-APPJ 装置处理了干燥的金黄色葡萄球菌，并结合诊断和模拟方法计算了 $ETOP$。相应的拟合结果同样表明，$ETOP$ 与抑菌效率之间存在线性关系，进一步验证了 $ETOP$ 作为等离子体剂量的适用性。

本书是我们最新研究成果的一个总结，故有许多科学问题还有待今后进一步研究。如"高种子电子密度放电理论"是否适用于空气放电，这仍有待进一步实验与理论研究。再比如用总氧化势来定义等离子体剂量，这里做了许多简化，在未来还需要考虑各种活性粒子的权重因子、带电粒子的影响、电场效应以及各种液相活性粒子等。希望本书的内容能起到抛砖引玉的作用，从而推进等离子体射流及其生物医学应用的发展。

目录

第 1 章　绪论 /1

1.1　引言 /1

1.2　等离子体对细菌的消杀 /1

1.3　等离子体对病毒的消杀 /3

1.4　等离子体治疗伤口 /5

1.5　大气压非平衡等离子体射流诱导癌细胞凋亡 /5

1.6　大气压非平衡等离子体射流促进神经干细胞的增殖与分化 /6

1.7　活性氮氧粒子穿透组织的深度 /8

1.8　大气压非平衡等离子体的生物安全性 /8

1.9　等离子体的剂量 /10

第 2 章　大气压非平衡等离子体射流灭活口腔内致病微生物及促进伤口愈合 /16

2.1　引言 /16

2.2　大气压非平衡等离子体射流各组分对微生物灭活的影响研究 /21

2.3　大气压非平衡等离子体射流针对口腔内细菌灭活及生物膜作用研究 /27

2.4　大气压非平衡等离子体射流对致病真菌的灭活研究 /47

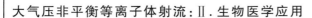

2.5 大气压非平衡等离子体射流灭活病毒研究 /52

2.6 大气压非平衡等离子体射流活化油作用伤口愈合研究 /56

第3章 大气压非平衡等离子体射流诱导癌细胞凋亡 /85

3.1 引言 /85

3.2 大气压非平衡等离子体射流对质粒 DNA 的影响 /86

3.3 大气压非平衡等离子体射流对多种肿瘤细胞系的增殖
抑制作用 /90

3.4 大气压非平衡等离子体射流诱导 HepG2 细胞的凋亡 /92

3.5 大气压非平衡等离子体射流诱导细胞凋亡的机制 /97

3.6 大气压非平衡等离子体射流对 HepG2 细胞周期的影响 /111

第4章 大气压非平衡等离子体射流促进干细胞分化 /118

4.1 引言 /118

4.2 大气压非平衡等离子体射流对小鼠 C17.2-NSCs 增殖的影响 /119

4.3 大气压非平衡等离子体射流对小鼠 C17.2-NSCs 分化的影响 /120

4.4 大气压非平衡等离子体射流对小鼠 C17.2-NSCs 分化神经
元亚型的影响 /126

4.5 一氧化氮与大气压非平衡等离子体射流促进小鼠 C17.2-NSCs
分化的关系 /127

4.6 大气压非平衡等离子体射流对小鼠 C17.2-NSCs 分化相关信号
通路的影响 /130

4.7 大气压非平衡等离子体射流对大鼠原代神经干细胞分化的
影响 /132

第5章 大气压非平衡等离子体射流产生的活性粒子穿透生物
组织的研究 /138

5.1 引言 /138

5.2 RONS 穿透肌肉组织的研究 /140

5.3 液体溶质对穿透肌肉组织的长寿命活性氮氧化物浓度的影响 /146

5.4 活性氮氧化物穿透皮肤组织的研究 /156

5.5 活性氮氧化物穿透皮肤角质层的研究 /165

5.6 活性氮氧化物穿透皮肤角质层的分子动力学模拟研究 /172

5.7 总结 /181

第6章 大气压非平衡等离子体射流的生物安全性 /190

6.1 引言 /190

6.2 大气压非平衡等离子体射流产生的 H_2O_2、NO_2^- 和 NO_3^- 的细胞毒性研究 /192

6.3 PAM 对肝癌细胞的选择性杀伤研究 /197

6.4 活性氮氧化物溶液、PAM 和大气压非平衡等离子体射流处理对黑色素瘤细胞和角质形成细胞的毒性比较研究 /204

6.5 大气压非平衡等离子体射流对正常细胞的遗传毒性和诱变特性研究 /215

6.6 总结 /225

第7章 等离子体的剂量——等效总氧化势 /234

7.1 引言 /234

7.2 基于"等效总氧化势"的等离子体剂量模型描述 /238

7.3 基于"等效总氧化势"的等离子体剂量模型的有效性分析评估 /243

7.4 讨论 /253

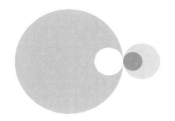

第1章
绪论

1.1 引言

近年来,大气压非平衡等离子体在飞机隐形、表面处理、废气处理、脱硫脱硝、紫外光源、有毒化学物质的降解、生化武器的去毒、海水赤藻的处理、生物医学等方面的应用受到了广泛的关注。在这些应用中,它在生物医学方面的应用近二十多年来得到了快速发展,并已经形成一门新兴的学科,即等离子体医学。等离子体医学是研究等离子体对生物体(病毒、细菌、细胞、组织、器官等)的作用效应的一门学科。等离子体对生物体的作用是通过等离子体所产生的各类自由基(其寿命从纳秒到秒量级)、带电粒子、紫外线等对生物体在分子层面的综合作用来实现的。

1.2 等离子体对细菌的消杀

等离子体医学早期的研究主要关注于医疗卫生领域灭菌消毒方面的应用。这主要是由于传统的灭菌消毒方法都有各自固有的缺点。如传统的紫外线消毒法,紫外线只能照射到物体表面,如果被处理的对象形状不规则,则紫外线照射可能会产生很大的死角;而化学试剂灭菌法存在剩余试剂的二次污染问题;至于加热灭菌法,包括干热和湿热,其最大的缺点是对于一些对温度敏感的材料无法使用。

　　用于灭菌消毒的低温非平衡等离子体，其气体温度通常要求维持在几十摄氏度以下，甚至是室温。但是它的电子温度却很高，通常在几千到几万摄氏度的范围，该特性对于一些温度敏感材料的消毒至关重要。由于其气体温度较低，因此不会对被处理的材料造成损坏；而其较高的电子温度则使等离子体具有很高的活性，可以产生很强的紫外线、大量的带电粒子和活性自由基。非平衡等离子体灭菌消毒就是利用这些紫外线、各种带电粒子和活性自由基的共同作用来达到灭菌消毒的效果。这些因素中具体哪一种或哪几种因素起主导作用由特定的等离子体源所决定，并和被处理的细菌、病毒等的种类有关。当灭菌消毒过程结束后，等离子体被关闭，这些活性粒子、带电粒子等在较短的时间内都将消失，因此不存在剩余的有害物质。

　　利用非平衡等离子体来杀菌消毒，等离子体源是至关重要的。在二十世纪七八十年代，为了利用非平衡等离子体来杀菌消毒，通常工作气体的压力在10～1000 Pa范围。为了保持工作气体在这样的压力下，真空系统将不可避免。这就使得整个系统的成本上升，导致该技术的推广使用受到了极大的限制。随着大气压非平衡等离子体技术的发展，到了二十世纪九十年代中期，Laroussi博士首次利用大气压非平衡等离子体对大肠杆菌等做了消毒实验[1]。实验结果表明大气压非平衡等离子体能够达到较好的灭菌效果。在此之后，大气压非平衡等离子体在杀菌消毒领域的研究在国际上受到了极大的关注。与此同时，人们研制出多种大气压非平衡等离子体源，主要以千赫兹交流电源驱动的电介质阻挡放电和以射频电源驱动的射频（radio frequency，RF）放电为代表。当这些等离子体源被用来灭菌消毒时，通常有两种做法：一种是利用等离子体直接消毒，即将被消毒的对象放到放电间隙之间；另一种是等离子体间接消毒，它是将被消毒对象放在放电间隙外并尽量靠近放电间隙，通过气体的定向流动，使等离子体所产生的各种活性粒子输运到被消毒物体的表面来达到消毒的目的。第一种方法的局限性是放电间隙的尺寸往往是非常有限的，这就极大地限制了被消毒对象的范围。第二种方法的缺点是带电粒子和一些具有很强活性但存在时间很短的活性粒子在到达被消毒物体表面前就已经消失了，这就使消毒效率大大降低[2]。为了克服上述两种消毒方式各自的缺点，新型的大气压非平衡等离子体射流（nonequilibrium atmospheric pressure plasma jet，N-APPJ）应运而生。这就使被消毒对象不受放电间隙尺寸的限制,同时保证较高浓度的带电粒子和活性粒子能到达被消毒对象的表面,从而达到有效消毒的目的。

在过去的十几年里,N-APPJ 在杀菌消毒方面的应用得到了极大的关注。国内也有多所高校和研究所在大气压非平衡等离子体灭菌消毒的机理方面做了一些很好的基础性研究。除了对传统的电介质阻挡放电、射频放电等离子体的杀菌消毒特性做了基础性的研究外,还利用表面介质阻挡放电等离子体、千赫兹交流电源驱动的等离子体射流和射频放电等离子体射流等对一些典型的微生物,如大肠杆菌等的消毒机理做了研究。

微生物的种类繁多,不同的应用背景下种类差别很大。本书第 2 章介绍了采用等离子体杀灭引起牙髓疾病的细菌的相关研究。这是因为牙髓疾病是口腔科中的常见病。牙髓疾病的治疗主要是根管治疗,其根本目的是对被感染的根管内表面及根管三维网状系统的消毒。现在临床上通常通过器械的清除、抗生素的冲洗及根管内的暂封存物(如氢氧化钙)来实现治疗,大部分对根管治疗的追踪报道显示,根管治疗的成功率大概在 $85\%\sim90\%$,失败的主要原因是微生物持续存在。Sjogren 等[3]发现,在根管充填时,如在根管内检测到阳性细菌,则治疗的成功率仅为 68%;而检测到阴性细菌时,五年随访成功率为 94%。Peters 等[4]也认为根充时根管内存在细菌会导致根尖周炎的发生,即意味着根管治疗的失败。导致根管治疗失败的细菌有多种,如粪肠球菌被认为是导致根管治疗失败的主要细菌之一,且根管治疗中采用的药物对其无效。

在当今的治疗策略中,如何清除根管内持续存在的细菌,对治疗后牙齿的长期保存至关重要。现在临床中采用的器械治疗有激光、微波以及超声法来进行根管消毒,它们主要是利用其热效应或声波效应,在消毒效能和生物相容性等方面均未能达到最佳状态。

而利用非平衡等离子体射流对引起牙髓疾病的细菌进行消毒就有可能取代上述消毒手段。本书第 2 章将介绍这方面的相关研究成果。

1.3 等离子体对病毒的消杀

国内外的研究表明,N-APPJ 不仅能杀死单个的各类细菌,而且能杀灭各类孢子、真菌、生物膜。那么能否用 N-APPJ 来杀灭人类的隐形杀手——病毒。自然界中存在着各种各样的病毒,它们以 DNA 或 RNA 作为遗传物质,只能在宿主细胞内进行增殖,但无法独立生长和复制。病毒可以感染所有的具有细胞的生命体,包括细菌、真菌、植物、动物和人。一个完整的病毒颗粒被称为"病毒体",由蛋白质组成的具有保护功能的"衣壳"(蛋白质外壳)和被衣壳包着的核酸组成。有些病毒的核衣壳外面还有一层由蛋白质、多糖和脂类构成的膜,叫做"包膜"(又称外套膜)。病毒颗粒大约是细菌大小的百分之一,大多数病毒的直径在 $10 \sim 300$ nm,一些丝状病毒的长度可达 1400 nm,但其宽度却只有约 80 nm。大多数病毒无法在光学显微镜下被观察到,扫描或透射电子显微镜是观察病毒颗粒形态的主要工具。

众所周知,许多的严重传染性疾病,如天花、狂犬病、病毒性肝炎、风疹、麻疹、登革热、艾滋病、流感、禽流感、非典型肺炎,以及 2020 年全球大流行的新冠肺炎等,都是由病毒引起的疾病,它们严重威胁着人类健康。病毒不仅能引起传染性疾病,也能引起非传染病,如形成恶性肿瘤等。诚然,在人类的不断努力下,一些病毒性疾病已经得到了有效的控制,但是仍有许多病毒引起的疾病缺乏有效的治疗手段。此外,在旧的病毒及其引起的疾病得到了有效的控制时,新的病毒及其引起的疾病又在不断地出现。在微生物引起的疾病中,由病毒引起的就达 75% 左右,所以找到可靠的杀灭各类病毒的普适方法具有重要的现实意义。

面对病毒的入侵,现如今人们利用现代的科技手段,制成各种生物制品(包括疫苗、菌苗、类毒素、免疫血清、人血液制品、噬菌体、基因工程制品)来诊断、治疗或预防特定的病毒性感染和传染病。但是,这些传统的治疗病毒性疾病的手段具有一定的局限性,例如,疫苗抗体就具有专一性,只针对特定的病毒。此外,病毒的不断变异等使得人们对于许多病毒性疾病的治疗依旧缺乏有效的治疗手段。常见的抗病毒型药物对人体的机能还会产生一定的副作用。

在国内外,采用 N-APPJ 对病毒进行杀毒研究的报道不是很多。这可能是由于病毒不像细菌或细胞那样容易培养和繁殖,它只能在宿主细胞内才能繁殖,而这个过程比较复杂,需要生物方面的专业人员,只有专门从事病毒研究的专业人员才有资质开展相关的研究工作。尽管如此,还是有一些团队开展了相关的研究工作。本书第 2 章将对我们在 N-APPJ 消杀病毒方面的工作做简要的介绍。由于病毒种类繁多,将仅讨论等离子体作用于口腔腺病毒的研究结果。

1.4　等离子体治疗伤口

随着人口老龄化和生活方式的转变,糖尿病患病率呈明显上升趋势。根据国际糖尿病联盟的预测,到 2025 年全球将有 3.8 亿人受到糖尿病的困扰,在我国每年增加糖尿病患者约 120 万人[5]。糖尿病的并发症成为糖尿病治疗中尤为重要的环节,约 20% 的糖尿病人会发生足溃疡等慢性伤口。糖尿病慢性伤口的难愈性给临床治疗增加了极大的困难,这种伤口疗程长、易复发,而且严重影响生活品质[6]。目前一些针对糖尿病慢性伤口的治疗手段都存在不足之处,如负压治疗虽然能够使病人较早恢复行动能力和减少敷料更换次数,但其费用高昂而且仍需要大规模临床试验证明其疗效[6,7];高压氧治疗存在氧中毒、减压病、气压伤的风险[8]。新治疗技术的出现将能够提高糖尿病慢性伤口的治疗效率。

国内外多个研究机构开展了基于常温等离子体的慢性伤口治疗实验研究[9~21],慢性伤口治疗研究的深入对常温等离子体源的性能提出了更高的要求。德国 INP 研究所研制的氩气等离子体射流源作用范围有限,且在工作环境含水量变化时会发生放电模式的转变,会给病人带来电击不适感[11,23];美国德雷塞尔大学研制的空气等离子体源在治疗伤口时,丝状放电多发生在伤口凸起部分和电极之间,而且伤口的等效电容会阻止等离子体深入伤口内部微米尺度的结构[22]。

糖尿病慢性伤口愈合是一个非常复杂的过程,主要包括炎症反应期、细胞增殖分化及肉芽组织形成期、组织重塑期等多个环节,其中一个或多个环节受损均可导致创面愈合延迟。糖尿病慢性伤口中,细菌生物膜可以在 60% 以上的创面被检测到。当细菌数量达到一定程度的时候,细菌生物膜就可能建立并引起伤口感染,细菌生物膜还能够使细菌逃避抗生素对它们的杀灭作用[23,24]。

本书第 2 章最后还将讨论采用等离子体活化油(plasma activated oil,PAO)促进伤口愈合的实验结果。

1.5　大气压非平衡等离子体射流诱导癌细胞凋亡

细胞的死亡分为细胞凋亡(程序化死亡)和细胞坏死。细胞凋亡相比细胞坏死有几个明显的优点。当细胞坏死时,总是伴随着细胞内各种酶及其他成分的迅速释放,这就会导致炎症并损害周围的正常组织。反之,在细胞凋亡时,细胞膜仍保持其完整性,这就不会把细胞内的成分释放出来而引起炎症。这些凋亡细胞最终变成碎片而被巨噬细胞消化掉。

在等离子体医学的诸多研究领域中,等离子体用于癌症的治疗近年来受到了人们的关注。人们发现低温等离子体能够诱导癌细胞的凋亡,因此低温等离子体作为一种潜在的、特别是术后癌症疾病的辅助治疗手段引起了人们的极大兴趣。癌症同心脑血管疾病和意外事故被称为夺取人类生命的三大杀手,因此,世界卫生组织(WHO)和各国政府卫生部门都把攻克癌症列为一项重要任务。传统的癌症治疗以放疗、化疗、手术切除为主。但是,放疗、化疗对患者本身的危害很大,有极其明显的毒副作用,且癌症在手术切除后发生转移或复发的概率甚高,因此寻找新的癌症治疗方法引起了人们极大的关注。本书的第3章将对我们在等离子体诱导癌细胞凋亡方面的一些基础性工作做了介绍。

1.6 大气压非平衡等离子体射流促进神经干细胞的增殖与分化

众所周知,神经系统疾病是严重危害人类健康、影响人们生活质量的一类重大疾病。它主要指发生于中枢神经系统、周围神经系统、植物神经系统的以感觉、运动、意识、植物神经功能障碍为主要表现的疾病,包括脑外伤和脊髓损伤、阿尔茨海默病、帕金森病等。各种中枢神经系统疾病和损伤虽病因各异,但病理上均有中枢神经系统不同部位、不同程度的神经细胞缺失和结构功能异常,而且由于大脑和脊髓的细胞一般是不会再生的,所以这种损害可能是毁灭性的、不可逆转的。因此替代丢失的神经细胞,修复损伤的神经网络结构,促进神经功能的恢复,是治疗这类疾病的思路。现如今,治疗这类疾病的手段主要有以下几种。

(1)传统疗法:应用药物培养受损神经细胞。但是该方法无法修复受损的脑组织和脊髓,无法恢复神经功能。

(2)基因疗法:比如通过转基因技术提供一种合适的微环境(如神经营养因子),将该基因以一定的方法转染合适的受体细胞,再移植到损伤区,让其在体内表达并发挥效应,刺激内源神经干细胞的生长。但其生物安全性无法得到保障。

（3）移植疗法：直接将神经干细胞移植到病变部位，使神经系统再生，是最有前景的治疗方法。但这类方法进展缓慢，主要受到神经干细胞来源、数量的限制。

神经干细胞（neural stem cell，NSC）是指中枢神经系统（central nervous system，CNS）中存在的具有自我更新、自我增殖能力和多种分化潜能的特殊细胞群。神经干细胞在胚胎或成年中枢神经系统内分布广泛，存在于胚胎脑的端脑、小脑、海马、纹状体、皮层、脑室/脑室下区、室管膜/室管膜下区、脊髓和成年脑的侧脑室壁、脊髓等处。神经干细胞与正常神经细胞相比具有以下特征：

（1）自我更新；

（2）多向分化潜能，能通过不对称分裂产生一个与自身相同的细胞和一个与自身不同的神经细胞（神经元、星形胶质细胞、少突胶质细胞等）；

（3）良好的组织融合性；

（4）低免疫源性，无相应成熟细胞相应的特异标志物，该特性使得移植后较少发生异体排斥反应，利于存活；

（5）较好的迁移能力，可远距离迁移到病变部位。

神经干细胞的成功分离和培养使神经系统疾病的彻底治愈成为可能[25]。体外培养神经干细胞不仅可以在可控的培养条件下实现快速体外扩增，满足移植所需的细胞数量；而且，可以根据拟移植部位的细胞类型及细胞结构特异性，在体外使神经干细胞分化成与受者部位细胞类型与构成相似的细胞群体后再行移植，也就是说为了满足特殊部位移植的需要可事先在体外对供者细胞进行"裁剪加工"，使之定向分化，能更容易掺入靶组织，提高移植存活率。研究表明：细胞因子、中药、分泌蛋白、激素、细胞微环境改变、电刺激等可以调控神经干细胞的增殖和分化[26]。但是，这些手段都具有明显的局限性，包括毒副作用、无选择性、效率低等。因此，找到简单可靠、安全有效的调节神经干细胞增殖、分化的方法具有重要的现实意义。

生物体内的一氧化氮（NO）是一种重要的神经传递媒质，在神经系统的发育和信号传递中发挥着重要作用[27]；此外，生物体内的活性氧粒子（reactive oxygen species，ROS）也被报道可以调控神经干细胞的增殖与分化[28]。而 N-APPJ 恰好也能产生大量的 NO 和 ROS。能否利用等离子体所产生的 NO 和 ROS 来影响生物体内的 NO 和 ROS，从而达到调控神经干细胞的增殖和分化的目的，本书第 4 章将介绍我们在这方面所做的一些工作。

1.7 活性氮氧粒子穿透组织的深度

在等离子体医学的各种应用中，N-APPJ 产生的各种活性氮氧粒子（reactive oxygen and nitrogen species，RONS）扮演着重要的角色。当 N-APPJ 用于临床时，N-APPJ 所产生的 RONS 就会作用于组织。那么这些 RONS 在组织中的穿透深度就极其重要。如果它们仅仅只能对组织表面的细胞产生作用，而没有一定的穿透深度，则 N-APPJ 可以应用的领域将非常有限。因此深入了解 RONS 穿透组织的深度对于等离子体医学研究来说是至关重要的一个研究课题。本书第 5 章将对我们在 RONS 穿透肌肉组织、穿透皮肤组织，以及穿透皮肤角质层的分子动力学模拟方面所做的工作做些介绍。

1.8 大气压非平衡等离子体的生物安全性

等离子体医学的潜在应用领域非常广泛，但是作为一种医学应用的新技术，其安全性如何是临床推广应用之前必须要首先回答的问题。作为一个多组分的复杂体系，N-APPJ 可能会对人体或其他动物体造成不同程度的潜在物理、化学危害和生物安全威胁。尽管目前没有证据表明 N-APPJ 会在治疗过程中产生明显的毒副作用，但人们对其安全性仍保持谨慎的怀疑态度[29]。

N-APPJ 对人体潜在的物理伤害主要来源于 N-APPJ 可能过高的气体温度、紫外辐射、工作电流和电场。N-APPJ 的气体温度如果高于 43 ℃，就可能会对人体组织造成热损伤[30]，过度的紫外线辐射会导致红斑、皮肤早衰和黑色素瘤[31]，工作电流过大会使人有电击感甚至造成电损伤，强脉冲电场则会与细胞膜相互作用导致细胞膜极化、穿孔和破裂[32~34]。N-APPJ 潜在的化学伤害主要来源于两方面，一是放电过程中直接产生的 O_3、NO 和 NO_2 等气体，这些气体的浓度一旦超过一定的阈值，就会直接对人体造成伤害，严重的甚至会危及生命；二是 N-APPJ 在与细胞或组织相互作用过程中生成的各种 RONS，这些 RONS 在生物体中的作用存在着明显的剂量依赖效应，如果处理剂量过高，就可能会导致一系列病理生理效应。除了直接的物理化学伤害，现有的研究已经发现 N-APPJ 会造成细胞 DNA 损伤并使其微核率升高[35~38]，这说明 N-APPJ 可能具有致突变的潜能，造成细胞的遗传不稳定性。

因此,对 N-APPJ 生物医学应用过程中的安全性进行系统的研究,可以让人们对 N-APPJ 使用过程中潜在的风险以及后续可能会导致的副作用(如致突变的可能性)有更加全面和深入的认识;可以为医用等离子体设备的设计和优化提出具体的技术指标和要求;也有助于针对特定的应用场合找到 N-APPJ 的最佳治疗条件,如最佳处理时间、频率,最优气体组分等,在实现治疗效果的同时尽量减少对正常细胞、组织的损伤。总的来说,安全性问题是等离子体医学必须回答和解决的核心问题,系统的安全性研究不仅有利于做好风险评估、指导临床应用,还可以消除人们的疑虑,增加人们对于等离子体医学这一新兴学科的接受程度。

如前所述,当前国内外研究人员认为 N-APPJ 的各种生物医学效应是由其产生的各类活性粒子、紫外辐射、电场等对生物体共同作用的结果。这既是 N-APPJ 的独特优势,但同时也给其临床应用的安全性带来了风险。

N-APPJ 直接应用时,对人体可能造成的热损伤、电损伤、紫外辐射等潜在的直接物理伤害,以及放电过程中产生的 O_3 等气体可能对人体造成的伤害,是人们比较容易察觉的,也是早期 N-APPJ 生物医学应用安全性研究的重点。为此,研究人员研制出了多种人体可接触的 N-APPJ 源[39~40],人体与这些 N-APPJ 接触时无明显的电击感和灼热感,治疗过程中不会产生明显的不适,同时工作过程中周围 O_3 等气体的浓度也在安全范围以内。

随着 N-APPJ 在生物医学领域应用范围的不断拓展,N-APPJ 对于生物体作用效果的剂量依赖效应引起了研究人员的广泛关注。大量实验结果表明,当处理剂量较低时,N-APPJ 处理对细胞基本没有伤害,甚至可以促进细胞的分化和增殖;当处理剂量合适时,能够选择性地诱导多种癌细胞的凋亡和坏死,并且对应的正常细胞仅受到较低的损伤;但是当处理剂量过高时,会导致大量正常细胞的凋亡和坏死[41~45]。N-APPJ 与细胞或组织相互作用时生成的各种 RONS 被认为在上述过程中起到了关键作用。因此充分了解这些 RONS 的生化特性,在生物体中的具体作用以及安全浓度范围成为 N-APPJ 安全性研究的重要组成部分。

本书第 6 章将对化学方法配比的 RONS 溶液对正常细胞和癌细胞的细胞毒性进行比较研究。这一章以人角质形成细胞(HaCaT 细胞)和人黑色素瘤细胞(A875 细胞)为模型,研究了长寿命 RONS(H_2O_2、NO_2^- 和 NO_3^-)的不同组合对 HaCaT 细胞和 A875 细胞的细胞毒性。一方面确定 HaCaT 细胞可承受的长寿命 RONS 安全浓度范围，另一方面了解化学方法配比的 RONS 溶液能否选择性杀死 A875 细胞。

第 6 章还对 N-APPJ 直接处理和 PAM 对正常细胞和癌细胞的细胞毒性进行了比较研究。这一部分继续以 HaCaT 细胞和 A875 细胞为模型，对比研究 N-APPJ 的两种应用方式对 HaCaT 细胞和 A875 细胞的细胞毒性，以确认两种处理方式的处理效果是否存在差异。

除了对正常细胞的细胞毒性外，N-APPJ 处理过程中还会对细胞 DNA 等遗传物质造成损伤，因此确认 N-APPJ 潜在的遗传毒性和诱变特性是其进行生物医学应用的强制性前提条件。本书第 6 章也将介绍 N-APPJ 对正常细胞的遗传毒性和诱变特性最新研究成果。这一部分以人体正常肝细胞（L02 细胞）为模型，首先通过微核试验、HPRT 基因突变检测等生物学上公认的遗传毒性检测方法研究了不同处理时间下，N-APPJ 是否会对 L02 细胞造成遗传毒性和致突变作用。接着，为了确定 N-APPJ 对 L02 细胞造成的损伤是否会在后代细胞中累积，表现出"远后效应"，又对处理后存活的 L02 细胞继续传代培养 7 代（20 天左右），并对最后第 7 代细胞再次用 N-APPJ 处理，再次检测相关指标，对比两次处理后的结果，从而深入了解 N-APPJ 的遗传毒性和诱变特性。

1.9　等离子体的剂量

从 1996 年第一篇关于大气压等离子体杀菌的文章发表，到 2007 年第一次国际等离子体医学会议的举办，等离子体医学经过这些年的快速发展，吸引了越来越多国内外参与这个方向的研究者，其应用领域也不断得到拓展。但是针对等离子体医学的一个核心科学问题，即什么是"等离子体剂量"，研究者一直没有给出一个科学且被广泛接受的定义。最近，我们提出了"总等效氧化势（equivalent total oxidation potential，$ETOP$）"的概念，并用它作为等离子体剂量。本书第 7 章将对此做详细介绍，并对未来如何对 $ETOP$ 进行优化进行了讨论。

参考文献

[1] Laroussi M，Rader M，Dyer F，et al. Plasma-Aided Sterilization[M]. American Physical Society：Division of Plasma Physics Meeting，1996，

7P:32.

[2] Fridman G, Brooks A, Balasubramanian M, et al. Comparison of direct and indirect effects of non-thermal atmospheric pressure plasma on bacteria[J]. Plasma Processes and Polymers, 2007,4:370-375.

[3] Sjogren U, Figdor D, Persson S, et al. Influence of infection at the time of root filling on the outcome of endodontic treatment of teeth with apical periodontitis[J]. International Endodontic Journal,1997,30:297-306.

[4] Peters L, Wesselink P. Periapical healing of endodontically treated teeth in one and two visits obturated in the presence or absence of detectable microorganisms [J]. International Endodontic Journal, 2002, 35: 660-667.

[5] Xu Y, Wang L, He J, et al. Prevalence and control of diabetes in Chinese adults[J]. The Journal of the American Medical Association, 2013,310: 948.

[6] Erfurt-Berge C, Renner R. Chronic wounds—Recommendations for diagnostics and therapy[J]. Reviews in Vascular Medicine, 2015,3:5.

[7] Dowsett C, Grothier L, Henderson V, et al. Venous leg ulcer management:single use negative pressure wound therapy[J]. British Journal of Community Nursing, 2013,Suppl:S6.

[8] Tibbles P, Edelsberg J. Hyperbaricoxygen therapy[J]. New England Journal of Medicine, 1996,334:1642.

[9] Isbary G, Stolz W, Shimizu T, et al. Cold atmospheric argon plasma treatment may accelerate wound healing in chronic wounds:results of an open retrospective randomized controlled study in vivo[J]. Clinical Plasma Medicine, 2013,1:25.

[10] Bekeschus S, Schmidt A, Weltmann K, et al. The plasma jet kINPen-A powerful tool for wound healing[J]. Clinical Plasma Medicine, 2016, 4:19.

[11] Isbary G, Morfill G, Schmidt H, et al. A first prospective randomized controlled trial to decrease bacterial load using cold atmospheric argon plasma on chronic wounds in patients[J]. British Journal of Dermatolo-

gy，2010，163：78.

[12] Fridman G，Peddinghaus M，Balasubramanian M，et al. Blood coagulation and living tissue sterilization by floating-electrode dielectric barrier discharge in air[J]. Plasma Chemistry and Plasma Process，2006，26：425.

[13] Nasir N，Lee B，Yap S，et al. Cold plasma inactivation of chronic wound bacteria[J]. Archives of Biochemistry & Biophysics，2016，605：76.

[14] Chen G，Chen S，Zhou M，et al. The preliminary discharging characterization of a novel APGD plume and its application in organic contaminant degradation[J]. Plasma Sources Science and Technology，2006，10：1088.

[15] Jin Y，Ren C，Xiu Z，et al. Comparison of yeast inactivation treated in He，air and N_2 DBD plasma[J]. Plasma Science and Technology，2006，8：720.

[16] Xu L，Liu P，Zhan R，et al. Experimental study and sterilizing application of atmospheric pressure plasmas [J]. Thin Solid Films，2006，400：506-507.

[17] Xu G，Shi X，Cai J，et al. Dual effects of atmospheric pressure plasma jet on skin wound healing of mice[J]. Wound Repair and Regeneration，2015，23：878.

[18] Xiao D，Cheng C，Lan Y，et al. Effects of atmospheric pressure nonthermal nitrogen and air plasma on bacteria inactivation[J]. IEEE Transactions on Plasma Science，2016，44：2699.

[19] Misra N，Tiwari B，Raghavarao K，et al. Nonthermal plasma inactivation of food-borne pathogens[J]. Food Engineering Reviews，2011，3：159.

[20] Shi X，Chang Z，Wu X，et al. Inactivation effect of argon atmospheric pressure low-temperature plasma jet on murine melanoma cells[J]. Plasma Processes Polymers，2013，10：808.

[21] Zhang H，Wu G，Li H，et al. Studies on the volt-ampere characteristics of a direct-current，dualjet plasma generator[J]. IEEE Transactions on Plasma Science，2008，37：1129.

[22] Babaeva N，Kushner M. Intracellular electric fields produced by dielec-

tric barrier discharge treatment of skin[J]. Journal of Physics D: Applied Physics, 2010, 43:185206.

[23] Zarchi K, Jemec G. The efficacy of maggot debridement therapy—a review of comparative clinical trials[J]. International Wound Journal, 2012, 9:469.

[24] Dumville J, Worthy G, Bland J, et al. Larval therapy for leg ulcers (VenUS Ⅱ)[J]. British Medical Journal, 2009, 338:b773.

[25] Rossi F, Cattaneo E. Neural stem cell therapy for neurological diseases: dreams and reality[J]. Nature reviews Neuroscience, 2002, 3:401.

[26] Hess D, Borlongan C. Stem cells and neurological diseases[J]. Cell Proliferation, 2008, 41:94.

[27] Boyer L, Lee T, Cole M, et al. PubMed central, figure 3: Cell[J]. Cell, 2005, 122:947-956.

[28] Chambers I, Colby D, Robertson M, et al. Functional expression cloning of nanog, a pluripotency sustaining factor in embryonic stem cells[J]. Cell, 2003, 113:643.

[29] Bredt D, Snyder S. Nitric oxide, a novel neuronal messenger[J]. Neuron, 1992, 8:3-11.

[30] Gibbs S. Regulation of neuronal proliferation and differentiation by nitric oxide[J]. Molecular neurobiology, 2003, 27:107.

[31] Belle J, Orozco N, Paucar A, et al. Proliferative neural stem cells have high endogenous ROS levels that regulate self-renewal and neurogenesis in a PI3K/Akt-Dependant manner[J]. Cell stem cell, 2011, 8:59.

[32] Chaudhari P, Ye Z, Jang Y. Roles of reactive oxygen species in the fate of stem cells[J]. Antioxidants & redox signaling, 2014, 10:1089.

[33] Wende K, Bekeschus S, Schmidt A, et al. Risk assessment of a cold argon plasma jet in respect to its mutagenicity[J]. Mutation Research/Genetic Toxicology and Environmental Mutagenesis, 2016, 798-799: 48-54.

[34] Yarmolenko P, Moon E, Landon C, et al. Thresholds for thermal damage to normal tissues:an update[J]. International Journal of Hyperthermia,

2011,27:320-343.

[35] Ichihashi M,Ueda M,Budiyanto A,et al. UV-induced skin damage[J]. Toxicology，2003,189:21-39.

[36] Jordan C,Neumann E,Sowers A. Electroporation and electrofusion in cell biology[M]. New York:Springer,1989.

[37] Chen X,Kolb J,Swanson R,et al. Apoptosis initiation and angiogenesis inhibition:melanoma targets for nanosecond pulsed electric fields[J]. Pigment Cell & Melanoma Research，2010,23:554-563.

[38] Steuer A,Schmidt A,LabohÁ P,et al. Transient suppression of gap junctional intercellular communication after exposure to 100-nanosecond pulsed electric fields[J]. Bioelectrochemistry，2016,112:33-46.

[39] Kim G,Kim W,Kim K,et al. DNA damage and mitochondria dysfunction in cell apoptosis induced by nonthermal air plasma[J]. Applied Physics Letters，2010,96:021502.

[40] Leduc M,Guay D,Coulombe S,et al. Effects of non-thermal plasmas on DNA and mammalian cells[J]. Plasma Processes and Polymers，2010, 7:899-909.

[41] LazoviĆ S,MaletiĆ D,Leskovac A,et al. Plasma induced DNA damage: comparison with the effects of ionizing radiation[J]. Applied Physics Letters，2014,105:124101.

[42] Hong S,Szili E,Fenech M,et al. Genotoxicity and cytotoxicity of the plasma-jet-treated medium on lymphoblastoid WIL2-NS cell line using the cytokinesis block micronucleus cytome assay[J]. Scientific Reports， 2017,7:3854.

[43] Lu X,Xiong Z,Zhao F,et al. A simple atmospheric pressure room-temperature air plasma needle device for biomedical applications[J]. Applied Physics Letters，2009,95:181501.

[44] Weltmann K,Kindel E,Brandenburg R,et al. Atmospheric pressure plasma jet for medical therapy:plasma parameters and risk estimation [J]. Contributions to Plasma Physics，2009,49:631-640.

[45] Zhao S,Xiong Z,Mao X,et al. Combined effect of N-Acetyl-cysteine

(NAC) and plasma on proliferation of HepG2 cells[J]. IEEE Transactions on Plasma Science，2012，40：2179-2184.

[46] Kalghatgi S，Kelly C，Cerchar E，et al. Effects of non-thermal plasma on mammalian cells [J]. The Public Library of Science：ONE，2011，6：e16270.

[47] Kalghatgi S，Friedman G，Fridman A，et al. Endothelial cell proliferation is enhanced by low dose non-thermal plasma through fibroblast growth factor-2 release [J]. Annals of Biomedical Engineering，2010，38：748-757.

[48] Kieft I，Darios D，Roks A，et al. Plasma treatment of mammalian vascular cells：a quantitative description[J]. IEEE Transactions on Plasma Science，2005，33：771-775.

[49] Xiong Z，Zhao S，Mao X，et al. Selective neuronal differentiation of neural stem cells induced by nanosecond microplasma agitation[J]. Stem Cell Research，2014，12：387-399.

第 2 章
大气压非平衡等离子体射流灭活口腔内致病微生物及促进伤口愈合

利用等离子体灭活口腔常见致病微生物以及促进伤口愈合是等离子体医学的重要应用研究方向。本章旨在对大气压非平衡等离子体射流（N-APPJ）及其活化物消杀常见病原微生物、促进伤口愈合的机理和应用展开讨论。本章首先分析了 N-APPJ 产生的各种活性粒子在灭活病原微生物中的作用，开展了等离子体灭活口腔内常见细菌、真菌和病毒的实验研究，发现等离子体能够有效穿透多种细菌生物膜。本章还利用 N-APPJ 产生等离子体活化油和活化紫草油，系统分析了其促进伤口愈合的关键机理。

2.1 引言

等离子体医学是等离子体科学近年来的重要研究方向之一。1996 年，Laroussi 博士发表了第一篇关于大气压非平衡等离子体在生物灭菌方面应用的论文[1]，此后，国内外研究学者开始不断尝试将等离子体应用到生物医学领域，并思考如何用安全高效无毒副作用的等离子体来取代或者辅助传统药物治疗，由此开辟了一个全新的研究领域：等离子体医学。在过去二十多年中，大量的研究工作证实，等离子体可以有效地对包括生物组织在内的各种表面、空气和水进行消毒，并且能够促进凝血[2~6]。如今，等离子体医学已经发展成为一门涉及等离子体物理学、生命科学以及临床医学的新兴交叉学科。

尽管国内外研究学者通过大量研究表明等离子体医学在许多应用方面具有很大的潜力,然而,等离子体与生物对象的相互作用机制目前尚不清晰。研究表明,等离子体放电过程中会产生大量的带电粒子、活性氮氧粒子(RONS)、激发态和亚稳态的粒子以及少量的紫外线[7~8]。这些活性粒子与生物对象发生相互作用时,可能使其失活或者生理学状态发生改变。

等离子体中的带电粒子包括电子和各种正负离子,相关研究表明,这些带电粒子(包括电场)对病菌都有灭活作用[8~9],然而,人们对带电粒子与生物体间的相互作用机制的了解非常有限。由于缺乏电子密度、电子能量、离子密度和能量等参量的有效测量手段,关于等离子体中的带电粒子以及电场与生物体的作用机制研究仍处于初步阶段。Fridman、Laroussi 以及 Stoffels 等人对带电粒子的作用做了大量基础的研究工作,他们认为在某些情况下带电粒子在与生物体的相互作用过程中可能起着重要作用[6,8~11]。

相关研究表明,等离子体中的 O 原子以及含氧活性粒子(如 O_2^-、OH、H_2O_2 等)在杀菌过程中可能起主要的作用[10,12~13]。例如当工作气体中混有少量的 O_2 时,灭菌效果会显著提高。OH 可能会与细胞内的生物大分子发生反应来杀死细胞,并通过进一步生成 H_2O_2 破坏细胞内部的 DNA 分子[14~15],导致细胞抗氧化系统崩溃,等等。此外,OH 也可以通过溶于水改变溶液的pH 值[16],从而间接影响生物对象。

等离子体中还含有大量的处于激发态和亚稳态的粒子,深入了解这些粒子与生物体的相互作用机制也是至关重要的。

紫外线的波段范围为 10~400 nm,可分为 UVA(320~400 nm)、UVB(290~320 nm)、UVC(200~290 nm)三个波段。相关研究表明,UVC(200~290 nm)是造成伤害最大的紫外波段,其主要作用于生物体的 DNA 和蛋白质,能够促使胸腺嘧啶和胞嘧啶在同一股 DNA 链上相互靠近并发生作用形成二聚物,这样就改变了 DNA 的遗传特性,其还可以使蛋白质(骨架蛋白、酶等)发生变性,从而导致生物体失活[17~20]。通过紫外线来杀灭细菌所需功率密度至少为 mW·s/cm² 的量级[21~22]。而相关研究表明,大气压非平衡空气等离子体中的紫外线辐射通常是很弱的[23~24],因而在灭菌过程中可能不会起到主要作用。

从微观角度,正是等离子体内的上述活性组分对生物对象的综合作用,使得等离子体能够产生特定的生物效应。然而,等离子体中的各个活性组分对生物对象的影响程度也具有很高的研究价值,本章将对此展开讨论。通过改变等离子体源的工作参数,如放电结构、电气参数以及工作气体使用等,可以改变上述活性组分的浓度,从而可以深入了解等离子体的各活性组分对生物对象的影响。

随着 N-APPJ 技术的突破,等离子体在维持较低气体温度(可低至室温)的同时,具备了更高的活性。如图 2.1.1 所示的一种介质阻挡放电等离子体射流装置[25],该装置使施加电场方向与射流推进方向一致,使其能够在沿着电场和气流的方向上产生长达 11 cm 的大气压等离子体射流。此外,该装置所产生的等离子体气体温度接近室温,人可以任意触摸,因此它非常适合于等离子体医学方面的应用研究。新型 N-APPJ 的发明极大促进了等离子体医学的发展,人们不断提出一些新的应用领域,目前主要包括灭菌消毒、根管治疗、皮肤伤口愈合、皮肤病处理、牙齿美白、癌细胞灭活等[26~34]。

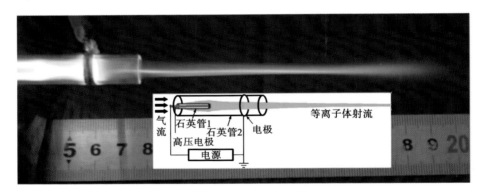

图 2.1.1 Lu 等开发的 N-APPJ 装置[25]

电压 5 kV,频率 40 kHz,工作气体为 He 气,气体流量为 15 L/min

在上述诸多研究方向中,利用 N-APPJ 实现口腔内致病微生物的灭活是一个研究热点。研究表明,口腔疾病的来源主要是各种致病微生物,包括细菌、真菌、支原体、原虫和病毒等[35]。其中,细菌是口腔内数量最多、种类最复杂的微生物。此外,口腔内还有真菌、病毒、支原体等。这些致病微生物能够在口腔内共同生存,并在一定的外界诱发条件下或通过日复一日的积累,引起各种各样难以根治的口腔疾病[35~38]。例如对于牙齿根管类疾病,尽管现代口腔医学针对口腔疾病提供了包括机械清洁、药物封装、激光冲洗、超声波震荡在内的多种治疗手段,然而,这些方法均不能完全地杀灭生存于根管内部的致病菌。研究证实,90％以上的根管治疗失败都是由于残留在根管内部的顽固病菌重新感染导致的[39~40]。而自从人们发现等离子体能够灭活各种微生物以来,利用大气压低温等离子体技术,尤其是 N-APPJ 技术实现口腔治疗,开始受到了越来越多的关注。如 E.Stoffels 等最早将等离子体应用于口腔医学领域[41],他们发现利用"等离子体针"作用于牙齿组织并不会对牙髓造成明显的热损伤,反而会对大肠杆菌有着很高的灭活能力。随后他们又使用"等离子体针"高效地灭活了在口腔内造成龋齿病变的变异链球菌[42]。图 2.1.2 则给出了一种新型射流装置,它将等离子体产生在根管内部,从而非常适合于牙齿根管治疗。研究发现该 N-APPJ 装置能够在几分钟的时间内有效杀死粪肠球菌[43]。

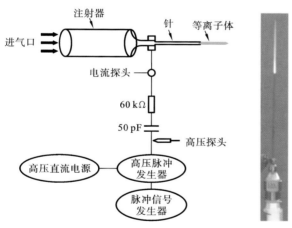
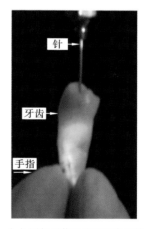

(a)新型等离子体射流装置　　(b)射流照片　　(c)用新型装置处理牙齿根管

图 2.1.2　一种能够在牙齿根管内产生等离子体的等离子体射流装置示意图[43]

由于 N-APPJ 气体温度可低至室温,化学活性高,能够有效地灭活各种各样的微生物,且由于其为电离态气体,因而能够渗透到传统的根管治疗方法无法达到的细小孔道中,故其对于口腔微生物,尤其是根管内细菌的灭活极具潜力。刚开始时,大多数等离子体对于口腔内致病微生物的灭活主要局限于浮游细菌,对于真菌以及病毒的灭活研究则较少。此外,在口腔等呼吸系统中,细菌、真菌等微生物通常是以一种生物膜的形式存在,从而使病菌更难被抗生素等药物杀灭[44~45],因此研究大气压等离子体对这种具有复杂结构生物膜的灭活极为重要。系统研究大气压等离子体对口腔内微生物的灭活效果及作用机制，并进一步研究大气压低温等离子体对复杂生物膜的作用深度，对等离子体用于根管治疗具有重要科学意义。

等离子体医学的另一个应用是皮肤病的治疗。皮肤是人体最大的器官，包括表皮、真皮及皮下组织三层，面积达到 $1.5\sim2$ m²，重量约占体重的 16%。作为人体的第一道免疫防线，皮肤为人体提供重要屏障保护。但是皮肤经常会受细菌感染、化学侵蚀、物理挫伤以及高温灼伤等因素的破坏。皮肤伤口愈合是一个复杂的过程，包括止血凝血、炎症反应、细胞增殖和重塑等[46]。特别是一些慢性伤口，如糖尿病性溃疡[47]、静脉溃疡[48]等由于基础性疾病以及反复感染等原因，经常会长时间处于炎症阶段，加长了治疗周期的同时，也降低了患者的生活质量。而长时间的药物处理往往使伤口细菌产生抗药性，如耐甲氧西林金黄色葡萄球菌，使得传统杀菌消炎药物的疗效受到限制，因此相关治疗迫切需要新技术的出现。研究表明，大气压非平衡等离子体能够有效促进皮肤伤口的愈合。如 Fridman 等报道了一种浮动电极介质阻挡放电等离子体装置[6]，人体皮肤组织，如手指，作为浮动电极，等离子体在石英玻璃介质和浮动电极之间形成，如图 2.1.3(a)所示。以这种方式产生的等离子体可以直接作用于活的人体组织且不会造成热或化学损伤，能够快速进行组织消毒并促进血液凝固。德国 CINOGY 公司开发出一种可在高压电极与皮肤之间产生介质阻挡放电的"Plasma Derm"装置，该装置可对皮肤表面进行灭菌，并且能够有效治疗慢性腿部溃疡[49]。Bekeschus 等使用 kINPen® 等离子体射流源治疗人体难以愈合的皮肤伤口和溃疡，如图 2.1.3(c)所示。他们对 26 名患者进行了临床治疗，证实 N-APPJ 具有促进伤口愈合的效果[50]。

（a）FE-DBD　　　　　（b）Plasma Derm　　　　　（c）kINPen®

图 2.1.3　等离子体处理皮肤[6,50~51]

另一方面，可利用等离子体处理介质来得到等离子体活化介质（plasma activated medium，PAM），这样将 PAM 用于促进伤口愈合，患者可以居家进行治疗,无须使用相对复杂的等离子体设备。利用 PAM[52] 治疗伤口比利用等离子体源直接处理具有更加便于操作的特点。在几种 PAM 中,等离子体活化水(plasma activated water,PAW)较早地进入人们的视野。Graves 等研究发现,通过等离子体直接处理水,产生了一种 pH 值呈酸性且含有过氧化氢、硝酸根和亚硝酸根阴离子的溶液,它具有良好的杀菌效果。然而,在常温下 PAW 中的过氧化氢和亚硝酸盐的浓度随放置时间的增加会逐渐降低,此时 PAW 的抗菌能力也会逐渐降低[53]。因此如何获得低成本、高活性、耐存储的等离子体活化介质仍需更多的研究。

2.2 大气压非平衡等离子体射流各组分对微生物灭活的影响研究

为了深入了解等离子体产生的各种活性成分在杀菌中所扮演的角色,采用金黄色葡萄球菌为处理对象,使用比浊仪将菌液浓度调制成 0.5 麦氏浓度 $(1.5 \times 10^8 \text{ CFU/mL})$,然后将标准液浓度稀释至 10^6 CFU/mL 备用。

图 2.2.1 是本研究所用的 N-APPJ 装置示意图。它主要由石英管、铜丝以及针筒组成,其中,针筒的内径为 6 mm,喷嘴直径为 1.2 mm。针筒内部放有石英管,其内径和外径分别为 2 mm 和 4 mm,长度为 4 cm。铜丝则插入石英管内作为高压电极,其直径为 2 mm,其上接有脉冲高压。高压电极尖端与喷嘴之间的间距为 1 cm。纯 He 放电产生的等离子体射流长度可达 6 cm。

实验时取 200 μL 该浓度的细菌稀释悬浮液均匀地涂抹在培养皿中的琼脂上。涂抹完毕之后立即采用等离子体射流处理 2 min。随后将其置于 37 ℃ 洁净环境下培养 24 h。对于对照组,菌样则仅以相同流速下的工作气体(无等离子体)进行处理。每组实验均重复四次。

实验采用直接和间接处理两种方式来研究等离子体中带电粒子在细菌灭活时所起的作用。对于直接处理,将琼脂平板上均匀涂抹的细菌样品放置在等离子体射流正下方,并直接与等离子体射流接触,同时调节菌样与喷嘴的距离 X;对于间接处理,则将直径为 0.1 mm 的接地线放置在距离喷嘴 0.5 cm 的位置处 $(X_1 = 0.5 \text{ cm})$,并调节接地线与菌样的垂直间距 X_2。由于接地线的直径相比喷嘴的直径要小得多,因此,接地线对气流的影响可以忽略。图 2.2.1 (c)和(d)给出了直接和间接等离子体射流处理时的照片,其中,图 2.2.1(d)清楚地显示了等离子体射流截止在接地线处。应当指出,当接地线并不是直接接地时，例如通过 2 MΩ 的电阻接地或者作为浮动电极，等离子体射流的发光部分同样止于接地线处。但是，当接地线直接接地时，等离子体会受到严重干扰，因此，本节所开展的所有间接处理实验，其接地线均通过 2 MΩ 的电阻接地。

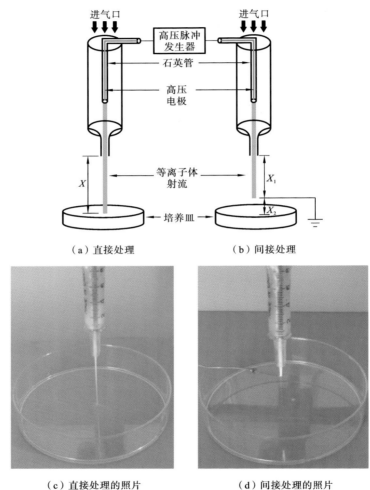

（a）直接处理　　　　　　　　（b）间接处理

（c）直接处理的照片　　　　　　（d）间接处理的照片

图 2.2.1　实验装置示意图和等离子体射流照片[54]

对于直接处理，X 是喷嘴和细菌样品之间的距离；对于间接处理，X_1 是喷嘴与细接地线之间的距离，X_2 是细接地线与细菌样品之间的距离。

为了获得各种激发态粒子浓度，采用光谱仪测量了等离子体射流的辐射光谱。此外，等离子体射流发出的紫外线强度通过 IL1400A 紫外光度计测量。

在测量紫外线强度时,培养皿被移开,并将紫外光度计的检测器放置在对应位置。

2.2.1　带电粒子对细菌灭活的作用

首先采用 $He+3\%N_2$ 作为工作气体,分直接和间接等离子体处理两种方式,气体流速为 2 L/min。对照组则在无等离子体(关闭电源)的条件下,以相同流速的 $He+3\%N_2$ 气体处理细菌样品。对于本节所有的等离子体灭活实验,其放电参数为:电源电压为 9 kV,脉冲频率 f 为 4 kHz,脉冲宽度 t_{pw} 为 1.6 μs。图 2.2.2(a)~(h)给出的是实验处理结果。细菌被杀死的区域呈现出暗黑色,而未受影响的区域为灰色,此处长满了细菌。由对照组照片可以得出初步结论,在无等离子体作用下,$He+3\%N_2$ 气体对细菌的生长没有影响。

由于等离子体射流在接地线处停止推进,因此可以认为并没有大量带电粒子到达细菌样本表面。根据图 2.2.2(f)~(h)的结果显示,对于间接处理,除菌面积并没有减少。因此可以得出结论,即带电粒子在 $He+3\%N_2$ 等离子体射流灭活过程中的作用很小,而接地线对气流的影响亦可忽略不计。由于等离子体射流所携带的峰值电流可以达到 300 mA 以上[26],因此根据喷嘴的

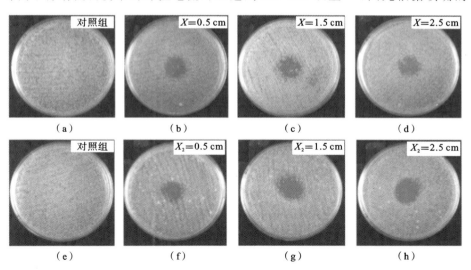

图 2.2.2　金黄色葡萄球菌样品的实验处理结果[54]

工作气体为 $He+3\% N_2$,(a)~(d)为直接等离子体处理,其中对照组为(a),不同细菌样品与喷嘴间距 X 时的实验结果分别为(b)~(d);(e)~(h)为间接等离子体处理,其中对照组为(e),不同细菌样品与接地线间距 X_2 时的实验结果为(f)~(h),其中 X_1 固定在 0.5 cm 的位置

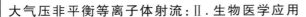

直径和电子漂移速度可以估算出等离子体射流的峰值电子密度，大约在 10^{13} cm^{-3} 的数量级。这说明带电粒子的浓度可能远低于活性自由基的浓度。

然后使用 $He+3\%O_2$ 作为工作气体，气体流速同样设置为 2 L/min。图 2.2.3(a)～(d)给出了直接和间接等离子体处理的实验结果。从结果可以看出，$He+3\%O_2$ 等离子体直接和间接处理的除菌区域要比图 2.2.2 中的除菌区域面积大得多。这点将在后面讨论。此外，对比图 2.2.3 直接和间接处理的抑菌面积可知，直接处理的影响区域比间接处理的影响区域也要大得多。由于直接和间接处理主要影响的是带电粒子数，因此可以认为，在这种情况下，带电粒子起到了一定的作用。这与 $He+3\%N_2$ 等离子体处理的实验结果不同。这可能是由于当等离子体以 $He+3\%N_2$ 为工作气体时，内部的主要离子是 He^+、He_2^+ 以及 N_2^+，它们的密度之和应接近电子的密度，即大约为 10^{13} cm^{-3}。而当采用 $He+3\%O_2$ 混合气体时，除了 He^+、He_2^+、O_2^+ 和电子之外，等离子体中还可能存在高浓度的 O_2^-。O_2^- 主要通过以下反应形成：

$$e+O_2+M \longrightarrow O_2^-+M \tag{2.2.1}$$

其中，M 是参与上述反应的中性粒子，在本实验中可以为 O_2 或者 He。为简单起见，这里假设式(2.2.1)对于 O_2 或者 He 的反应速率相同，即 $1.4\times10^{-29}\times(300/T_e)\times\exp(-600/T)\times\exp[700(1/T-1/T_e)]$ cm^6/s[55]。在 $T=300$ K，$T_e=1$ eV 的条件下，该式所描述的反应过程的特征时间估算仅为 8 ns，即电子附着形成 O_2^- 所需时间仅为 8 ns。这相比放电电流的脉冲宽度(100 ns)要小得多[26]，因此，在放电电流脉冲结束后，O_2^- 的浓度可能远比电子密度要高，因而可能在带电粒子中起主要作用。相关模拟结果亦表明，在一些特定条件下，O_2^- 的浓度可以比电子的浓度高出几个数量级[56]。当然，该结论仍需后续模拟和实验工作的进一步证实。

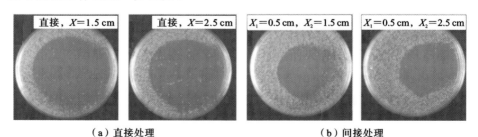

（a）直接处理　　　　　　　　　　（b）间接处理

图 2.2.3　工作气体为 $He+3\%$ O_2 时金黄色葡萄球菌样品的实验处理结果[54]

2.2.2　N_2^*、N_2^{+*} 和 He^* 等激发态粒子的作用

图 2.2.4 给出了 $He+3\%N_2$ 的发射光谱的测量结果，可以看出发射光谱中激发态的 N_2、N_2^+ 和 He 占主导地位。进一步进行的空间分辨的光谱测量发现，$N_2(C^3\Pi_u \rightarrow B^3\Pi_g)$、$N_2^+(B^2\Sigma_u^+ \rightarrow B^3\Sigma_g^+)$ 以及 He^* 在距离管嘴 1.5 cm 处的辐射强度要比 2.5 cm 处的强 5 到 10 倍。然而，由图 2.2.2(b)～(d)可知，等离子体除菌效率并不取决于样品离喷嘴的距离。因此可以认为激发态的 He、$N_2C^3\Pi_u$ 和 $N_2^+B^2\Sigma_u^+$ 对细菌的灭活并没有直接的作用。

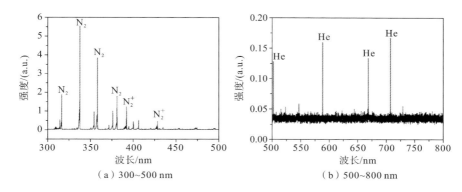

（a）300~500 nm　　　　　　　　（b）500~800 nm

图 2.2.4　工作气体为 $He+3\%N_2$，流量为 2 L/min 时 N-APPJ 典型发射光谱[54]

2.2.3　活性氧粒子的作用

通常认为活性氧粒子(ROS)在微生物灭活中占主导地位[10,12,13]。本研究结果进一步证实，ROS 的确在灭活过程中起着至关重要的作用。通过对比图 2.2.2 及图 2.2.3 可以看出，相比 $He+3\%N_2$ 等离子体，采用 $He+3\%O_2$ 为工作气体的 N-APPJ 处理培养基时，菌样受影响区域明显增大。由于大量带电粒子被接地线收集，因此 N-APPJ 灭活效果的提升主要归因于 ROS。其中起主要作用的 ROS 可能包括 O、OH、O_3 和 $O_2(a^1\Delta_g)$。

如图 2.2.3(b)所示，当采用间接等离子体处理时，尽管接地线与细菌样品的距离不同，但是菌样受影响区域的面积是相近的。因此，对灭活过程起重要作用的活性粒子还应具有毫秒级或更长时间的寿命，从而保证其浓度在距离接地线几厘米的范围不会显著降低。由于 O_3 以及某些亚稳态的 O_2^*，如 $O_2(a^1\Delta_g)$ 的寿命可以达到毫秒级，因此在杀菌中可能起主要作用。

除此之外，O 原子可能也在细菌灭活中起重要作用。在 $He+3\%O_2$ 等离子体中，O 原子主要通过如下途径消耗：

$$O + O + M \xrightarrow{k_2} O_2 + M \tag{2.2.2}$$

$$O + O_2 + M \xrightarrow{k_3} O_3 + M \tag{2.2.3}$$

$$O + O_3 \xrightarrow{k_4} O_2 + O_2 \tag{2.2.4}$$

在室温下，上述三类反应的反应速率分别为 $k_2 = 3.6 \times 10^{-33}$ cm^6/s，$k_3 = 6.4 \times 10^{-34}$ cm^6/s，$k_4 = 8.3 \times 10^{-15}$ cm^3/s[57]，其中，O 和 O$_3$ 的浓度可能小于 0.1%[58]。由此 O 的寿命依据上述公式估算也可能在毫秒范围内。因此，在这种情况下，O 原子同样发挥着重要作用。

2.2.4　热的作用

为了评估热对失活的作用，通过比较实验测得的 N$_2$ 第二正则系的发射光谱与不同温度下的模拟光谱，可以获得等离子体射流的气体温度。当模拟光谱和测量光谱达到最佳拟合效果时，所对应的转动温度可近似为气体温度。实验与模拟结果对比如图 2.2.5 所示，当转动温度为 300 K 时，模拟光谱与测量光谱吻合得很好。因此，等离子体射流的气体温度为室温，可以排除温度对微生物失活的影响。

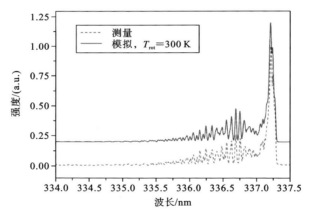

图 2.2.5　模拟和测量的 N$_2$ 第二正则系 0-0 跃迁的转动光谱[54]

这里模拟光谱经过垂直移动以便与实验测得的光谱进行比较

2.2.5　紫外线的作用

对于这里所有工作气体产生的等离子体，经测量，紫外线辐射强度的范围仅为 $0.05 \sim 0.1$ mW/cm^2。因此，紫外线在细菌的灭活中的作用很小，可以忽略。

2.2.6 大气压非平衡等离子体射流灭活效果与酒精处理对比

最后,为了说明 N-APPJ 的灭活效率,这里还对比了酒精的处理效果。如图 2.2.6 所示,量取 50～100 mL 酒精均匀地涂抹在细菌样品的中心部分,直径约 1.5 cm,并与对照组(无任何处理)比较。在 37 ℃ 条件下,培养 24 h 后,对照组样品和酒精处理组样品的测试结果表明,酒精处理区域内细菌的生长虽然受到抑制,但仍有大量细菌生长,这进一步说明了 N-APPJ 灭活微生物的高效性。

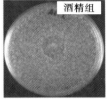

（a）对照组　　　（b）酒精处理结果

图 2.2.6　处理后的金黄色葡萄球菌照片[54]

2.2.7 小结

这里以金黄色葡萄球菌(革兰阳性菌)为实验对象,研究了 N-APPJ 产生的各类活性成分在微生物灭活中的作用。结果发现当采用 He＋3％ N_2 为工作气体时,带电粒子在细菌灭活过程中的作用很小;而当工作气体为 He＋3％O_2 时,带电粒子则在细菌灭活中发挥了重要作用,O_2^- 可能是起主要作用的带电粒子。进一步的研究结果表明,包括 O、OH、O_3 和 $O_2(a^1\Delta_g)$ 在内的 ROS 在细菌灭活中起着至关重要的作用,而等离子体中的激发态粒子,如激发态 He、$N_2C^3\Pi_u$ 和 $N_2^+B^2\Sigma_u^+$ 对金黄色葡萄球菌的灭活没有直接影响。此外,研究发现电磁辐射(热辐射和 UV)在灭活过程中不起作用或作用很小。

2.3 大气压非平衡等离子体射流针对口腔内细菌灭活及生物膜作用研究

目前,已报道的口腔细菌达到 300 多种。本节根据实际情况选取了两种具有代表性的口腔致病细菌,分别是牙龈卟啉单胞菌(革兰阴性菌,杆状或球杆状,可导致牙龈炎等多种口腔疾病,专性厌氧菌)[59]和粪肠球菌(革兰阳性菌,球状或椭圆状,导致牙齿根管治疗失败的主要致病菌,兼性厌氧菌)[40],并利用 N-APPJ 对上述两种细菌开展了灭活研究。研究结果表明 N-APPJ 能够高效地杀死浮游形式的牙龈卟啉单胞菌和粪肠球菌。由于上述细菌在口腔中通常是以生物膜的形式存在,因此,本节还进一步开展了 N-APPJ 针对上述两种细菌生物膜作用深度的研究,并采用新型手持式等离子体装置实现了最高约 25.5 μm 的灭活深度。此外,由于现实中口腔内致病菌种类繁多,因而可能会形成包含多种细菌在内的混合生物膜,因此,本节还开展了 N-APPJ 对混合生物膜的灭活深度研究。实验结果进一步表明,N-APPJ 最高可以实现约 40 μm 的穿透深度,并能有效杀灭约 75% 的生物膜中的细菌。最后,为了与临床应用相结合,本节还讨论了药物增强型等离子体作用生物膜的相关研究结果。

2.3.1 大气压非平衡等离子体射流作用牙龈卟啉单胞菌的灭活

牙龈卟啉单胞菌是一种革兰氏阴性产黑色素的厌氧菌。大量研究发现牙龈卟啉单胞菌在成人牙周炎中检出率最高,并被认为是成人牙周炎的主要致病菌之一[60,61],能够导致慢性牙周炎、侵袭性牙周炎、牙周脓肿等疾病。因此,本节将介绍 N-APPJ 对牙龈卟啉单胞菌的灭活效果的研究成果。

实验时采用比浊仪将牙龈卟啉单胞菌菌液浓度调制成 0.5 麦氏浓度（$\times 10^8$ CFU/mL）备用。开展杀菌实验时再将此菌悬浮液稀释 100 倍,使用接种棒将菌液均匀涂布于无菌的厌氧血琼脂培养基中,之后进行等离子体处理。

采用与 2.2.1 节相同的 N-APPJ 装置。采用脉冲高压驱动,工作电压幅值为 8 kV,频率为 10 kHz,脉宽为 1600 ns。采用的工作气体为 He 及 He+3%O_2 混合气体,气体流量为 1 L/min。实验具体分为五组,其中,（a）组作为对照组;（b）组和（c）组为纯 He 等离子体处理组,处理时间分别为 8 min 和 12 min;（d）组和（e）组为 He+3%O_2 等离子体处理组,处理时间同样分别为 8 min 和 12 min。处理完毕后将样品放入厌氧袋内,然后置于 37 ℃恒温箱中培养 5 天后取出拍照,观察灭活效果。每组实验重复三个样本。

这里还采用透射电子显微镜（TEM）对处理前后的细菌进行观察,了解其形态的变化。TEM 是应用最为广泛的一种电子显微镜,它主要是利用透射电子成像,因而要求样品较薄（100 kV 时,样品厚度不超过 100 nm）。TEM 的分辨率可达 0.1 nm。这里采用 Tecnai G2 12 分析型 TEM（FEI 公司）探索菌样内部结构。

图 2.3.1 给出了牙龈卟啉单胞菌的实验结果。由图可知,对照组经任何

处理的空白对照组(a),牙龈卟啉单胞菌长满于培养皿,而经等离子体处理的
四组样本均出现了明显的抑菌圈,说明 N-APPJ 对于牙龈卟啉单胞菌有较好
的灭菌效果。对比图 2.3.1(b)、(c)可知,8 min 的纯 He 等离子体处理对于牙
龈卟啉单胞菌抑菌圈较小,界限不是很清晰,而当处理时间增大到 12 min 时
才形成具有明显界限的抑菌圈,说明牙龈卟啉单胞菌比金黄色葡萄球菌的抗
等离子体能力要强。而在相同的处理时间下,使用 He+3%O_2 作为等离子体
工作气体时,抑菌圈明显要大于纯 He 处理组。这是由于 O_2 存在,等离子体中
ROS 显著增加,并向外扩散,从而使得处理面积增大。

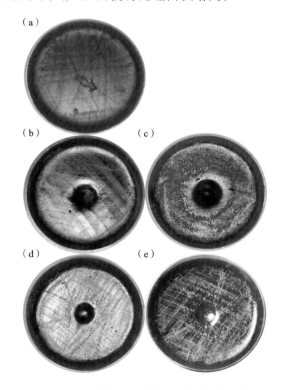

图 2.3.1　牙龈卟啉单胞菌培养结果[62]

(a) 对照组;(b) He N-APPJ 处理 8 min;(c) He N-APPJ 处理 12 min;

(d) He+3%O_2 N-APPJ 处理 8 min;(e) He+3%O_2 N-APPJ 处理 12 min

　　图 2.3.2 给出了等离子体处理后的牙龈卟啉单胞菌细胞的 TEM 图像,其
中图 2.3.2(a)为完整的牙龈卟啉单胞菌细胞,可以发现细胞成杆状,并且壁膜
完好无缺。图 2.3.2(b)和(c)为两种典型的等离子体处理后的细胞状态,图

2.3.2(b)中细胞已经失去了杆状结构，细胞壁/膜被彻底破坏，细胞质流失，整个细胞呈碎片化分布；而图 2.3.2(c)中的细胞则由于细胞膜受损而开始消融，细胞质开始向外流失，最终在等离子体作用下形成类似图 2.3.2(b)的结果。因此，TEM 结果表明等离子体对细胞进行灭活时，首先是对细胞膜进行破坏，然后伴随着细胞质的流失，最终使细胞死亡。

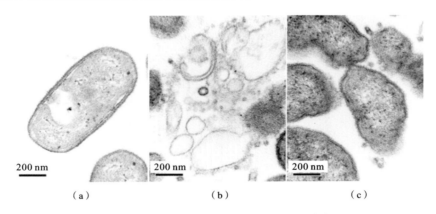

图 2.3.2　牙龈卟啉单胞菌的 TEM 图像[63]

(a)正常的牙龈卟啉单胞菌细胞；(b)和(c)为两种典型等离子体处理后的 PG 细胞的内部结构

2.3.2　大气压非平衡等离子体射流针对牙龈卟啉单胞菌生物膜作用

尽管研究证实了 N-APPJ 对浮游形式的牙龈卟啉单胞菌的灭活作用，然而在实际情况下，牙龈卟啉单胞菌通常是以生物膜的形式存在的，由于生物膜的保护作用，牙龈卟啉单胞菌不易被抗菌剂杀灭，这也是导致慢性牙周炎等疾病的主要原因。对于生物膜相关的细菌感染疾病的常用治疗手段是用抗生素，但是细菌生物膜对于抗菌药物和宿主的防御体系具有天然的抵抗力，再加上耐药因子的传播，特别是随着抗生素的广泛应用、耐药菌株异常增加，使得传统抗生素的疗效有限。为此，基于以上因素，下面就 N-APPJ 对于牙龈卟啉单胞菌生物膜的作用深度展开进一步研究。

首先按标准流程培养牙龈卟啉单胞菌生物膜。所采用的等离子体装置与 2.3.1 节相同，采用脉冲高压驱动，其工作电压幅值为 8 kV，频率为 10 kHz，脉宽为 1600 ns。采用的工作气体为 He + 1% O_2 混合气体，气体流量为 1 L/min。喷嘴末端距样本的间距为 1 cm。实验分对照组和等离子体处理组，其中，对照组仅利用气流（无等离子体）处理 5 min，处理组则利用等离子体处理 5 min,每组实验重复三个样本。图 2.3.3 给出了 N-APPJ 处理牙龈卟啉单胞菌生物膜的照片。

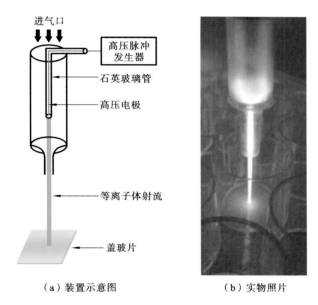

（a）装置示意图　　　　　　　　（b）实物照片

图 2.3.3　等离子体射流作用于牙龈卟啉单胞菌生物膜的装置图和实物照片[63]

共聚焦激光扫描显微镜(confocal laser scanning microscope,CLSM)是以激光作为激发光源,采用光源针孔与检测针孔共轭聚焦技术,对样本进行断层扫描,以获得高分辨率光学切片的荧光显微镜系统。

扫描电子显微镜(scanning electron microscope,SEM)简称为扫描电镜,它是利用细聚焦的电子束轰击样品表面,通过电子与样品间的相互作用产生的二次电子、背散射电子对样品表面或断口形貌进行观察和分析。

N-APPJ 处理前后牙龈卟啉单胞菌生物膜的三维 CLSM 照片如图 2.3.4 所示。其中图 2.3.4(a)、(b)分别为对照组和 5 min 等离子体处理组的结果。图中绿色代表活细胞,红色代表死细胞。从图中可以看到,对照组样本完全呈绿色,而 N-APPJ 处理组则几乎全是呈红色的死细胞。这说明 5 min 的等离子体处理对牙龈卟啉单胞菌生物膜有着十分好的灭活作用。

生物膜具有多层结构。而图 2.3.4(b)只表明 N-APPJ 能有效杀死生物膜表层的细菌,那么对于更深层的细菌,N-APPJ 灭活效率究竟如何? 为了获得 N-APPJ 对生物膜更深层处的细菌的杀菌效果,进一步采用逐层扫描分析,其

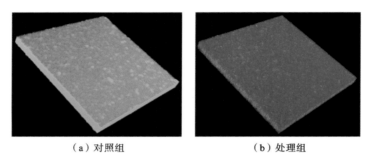

（a）对照组　　　　　　　　（b）处理组

图 2.3.4　牙龈卟啉单胞菌生物膜的三维 CLSM 照片[63]

绿色表示活细胞，红色表示死细胞

中 CLSM 的扫描步长为 $1~\mu\mathrm{m}$。由于该细胞生物膜厚度约为 $15~\mu\mathrm{m}$，因此共扫描了 15 层。不同层的二维 CLSM 照片如图 2.3.5 所示。由于单个牙龈卟啉单胞菌的尺寸约为 $0.3~\mu\mathrm{m} \times 0.8~\mu\mathrm{m} \times 0.3~\mu\mathrm{m}$，因此牙龈卟啉单胞菌的生物膜实际约有 30 层，即每层图像包含大约 2 层牙龈卟啉单胞菌细胞。

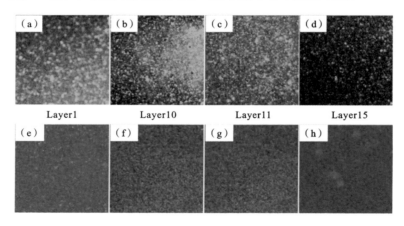

图 2.3.5　不同层的牙龈卟啉单胞菌生物膜的二维 CLSM 图像[63]

（a）～（d）为对照组；（e）～（h）为 N-APPJ 处理组。绿色表示活细胞，红色表示死细胞

　　由图 2.3.5 可以看出，生物膜的细胞密度从第 11 层开始逐渐减小，这是由于底层细菌生存环境恶劣、营养匮乏的缘故。对于对照组，扫描结果显示从第 1 层到第 10 层几乎无死亡细胞，而极少数死细胞（红色）出现在第 11 层以后。由于气体首先是与顶层生物膜接触，但从第 1 层到第 10 层几乎无死亡细胞，因此可以得出结论，即从第 11 层开始所观察到的死亡细胞很可能是由于缺乏营养导致的自然死亡，而气流自身对牙龈卟啉单胞菌生物膜没有影响。

N-APPJ 处理组的扫描结果如图 2.3.5 所示。可以看出，细胞数量同样从第 11 层开始减少，这与对照组的扫描结果是一致的。然而，染色结果表明，经过 5 min 的 N-APPJ 处理，牙龈卟啉单胞菌生物膜（1～15 层）内的所有细菌几乎全部死亡。因此可以得出结论：等离子体可以穿透至少 15 μm 的牙龈卟啉单胞菌生物膜，并杀死其中的细菌。

为了更加直观地了解生物膜的结构形态，进一步使用扫描电镜技术对牙龈卟啉单胞菌生物膜进行了观察。图 2.3.6 为对照组和 N-APPJ 处理组的 SEM 图像（1000 倍放大）。可以看出，对照组的牙龈卟啉单胞菌活细胞呈球杆状，并相互连接在一起形成致密的生物膜结构。而经 N-APPJ 处理的牙龈卟啉单胞菌生物膜如图 2.3.6(b) 所示，其层状结构明显消失，单体细胞呈萎缩状或碎片化，并且上层细胞由于等离子体的刻蚀作用而破裂消失，这与 CLSM 扫描结果相符。

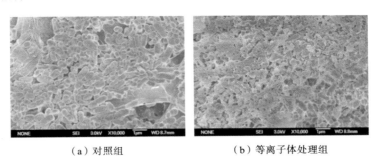

（a）对照组　　　　　　　　（b）等离子体处理组

图 2.3.6　牙龈卟啉单胞菌生物膜的 SEM 图像[62]

2.3.3　大气压非平衡等离子体射流作用粪肠球菌灭活

除了牙龈卟啉单胞菌之外，粪肠球菌也是人体上呼吸道、口腔、消化道和肠道的常见细菌之一。粪肠球菌是革兰阳性菌，兼性厌氧，单菌体呈圆形或椭圆形，可以引起心内膜炎、胆囊炎、脑膜炎、尿路感染及伤口感染等多种疾病。同时，由于其可长期存活于营养极其匮乏的环境中，耐酸碱能力强，因而是导致牙齿根管治疗失败的主要感染菌之一。为此，本节以粪肠球菌为研究对象，介绍粪肠球菌的浮游菌在 N-APPJ 作用下的灭活情况。

首先使用比浊仪将粪肠球菌浓度调制成 0.5 麦氏浓度（1.5×10^8 CFU/mL）备用。开展杀菌实验时再将此菌悬浮液稀释 100 倍，使用接种棒将菌液均匀涂布于无菌的琼脂培养基中，之后进行等离子体处理。

采用的 N-APPJ 装置与 2.2.1 节相同。图 2.3.7(a)给出了脉冲直流驱动的 N-APPJ 处理粪肠球菌示意图,其工作电压幅值为 8 kV,频率为 10 kHz,脉宽为 1600 ns。采用的工作气体为 He+2%O₂,气体流量为 2 L/min。实验首先研究不同作用时间下 N-APPJ 对粪肠球菌的灭活效果。实验时将 25 个培养皿随机分为 5 组,实验组作用时间分别为 5 min、10 min、15 min,每组 5 例样本,阳性对照组和阴性对照组各 5 例。将涂好的粪肠球菌实验组分别用等离子体射流处理 5 min、10 min、15 min;对照组仅用气流(无等离子体)处理,时间为 15 min;另一对照组不做任何处理。将处理后的培养皿置于 37 ℃恒温培养箱中培养 24 h。培养 24 h 后用游标卡尺分别测量培养皿中抑菌圈直径,并做记录。每个实验条件重复三个样本。

实验还进一步研究了不同作用环境下 N-APPJ 对粪肠球菌的灭活影响。具体地,实验分为两组,一组为不加盖处理组,其菌样直接暴露在大气环境中,如图 2.3.7(c)所示;另一组为加盖处理组,如图 2.3.7(d)所示,仅在盖子中心位置开一个射流直径相同的小孔(大约 5 mm),以保证射流能够接触细菌。处理时间为 10 min,将处理后的培养皿置于 37 ℃恒温培养箱中培养 24 h。培养 24 h 后用游标卡尺分别测量培养皿中抑菌圈直径,并做记录。每个实验条件重复三个样本。

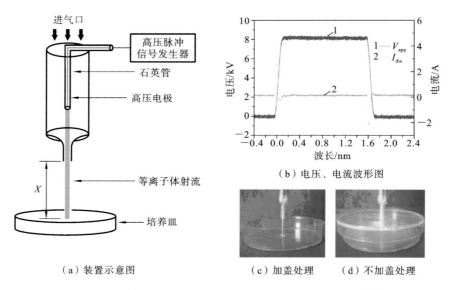

图 2.3.7　等离子体射流处理粪肠球菌的装置和放电特性[64]

由 2.2.2 节可知,该 N-APPJ 对金黄色葡萄球菌灭活效果非常明显。由于粪肠球菌和金黄色葡萄球菌同属革兰氏阳性球菌,因此本实验通过采用相同的等离子体参数来研究 N-APPJ 对粪肠球菌的灭菌效果。结果如图 2.3.8（a）和（d）所示,经过 2 min 的 N-APPJ 处理,金黄色葡萄球菌平均抑菌圈直径为（2.62±0.26）cm,粪肠球菌抑菌圈直径为（1.06±0.30）cm,经统计学分析两组间有显著差异（$P<0.05$）。

图 2.3.8(c)进一步比较了加盖以及不加盖条件下的 N-APPJ 处理结果。

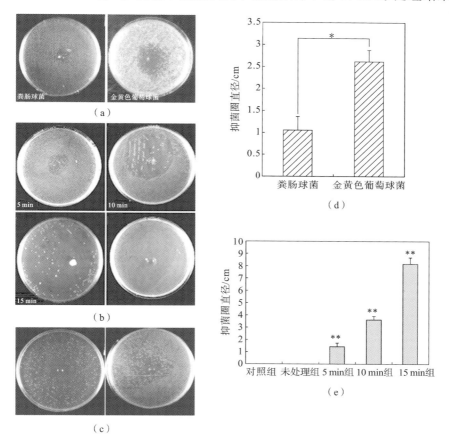

图 2.3.8 等离子体处理粪肠球菌和金黄色葡萄球菌的总体结果[64]

(a) 粪肠球菌和金黄色葡萄球菌的抑菌圈对比;(b) 不同时间下 N-APPJ 的处理结果对比;
(c) 加盖和不加盖条件下等离子体处理结果;(d) 抑菌圈直径统计分析:t 检验,* $P<0.05$ 表示
与另一组有显著性差异;(e) 不同时间下 N-APPJ 处理粪肠球菌的抑菌圈直径统计分析:单因素
方差分析,** $P<0.01$ 表示与其他组比较均有极显著性差异

可以得出，在相同的处理时间下，在培养皿上加盖的处理组效果要远远强于不加盖的等离子体处理组。特别地，在加盖条件下，等离子灭活范围分布更为均匀，这主要是由于培养皿盖对气流和活性粒子的限制作用，使得放电时培养皿内活性粒子浓度不断增加，并使其能够更为均匀地分布在培养基表面，因而有效地扩大了等离子体的灭活范围。

图 2.3.8(e)进一步统计了不同处理时间下的 N-APPJ 的灭活效率。可以看出，当用 N-APPJ 处理粪肠球菌培养皿 5 min、10 min、15 min 后，游标卡尺测量抑菌圈直径的平均值分别为(1.48±0.24) cm、(3.64±0.27) cm 和(8.16±0.51) cm，而对照组无抑菌圈形成。单因素方差分析揭示各组间有显著性差异($P<0.01$)，当处理时间延长 5 min，相应的灭菌效果则成倍提升。

图 2.3.9 为等离子体处理前后的粪肠球菌的 SEM 图像。其中，图 2.3.9(a)为正常的粪肠球菌菌体的表面结构形态，图 2.3.9(b)则为等离子体处理 5 min 后的粪肠球菌细胞结构形态。由图中可以看出，正常的粪肠球菌菌体呈椭圆形，表皮光滑，细胞膜结构完整；而经过 5 min 的 N-APPJ 处理后，粪肠球菌细胞出现萎缩、破裂及碎片化，这说明等离子体的处理能够破坏粪肠球菌的细胞膜结构，导致胞内物质流失，进而导致了细胞死亡。

（a）对照组　　　　（b）等离子体处理5 min

图 2.3.9　粪肠球菌的 SEM 图像[62]

图 2.3.10 为等离子体处理前后的粪肠球菌内部结构变化的 TEM 图像。其中，图 2.3.10(a)为对照组中的正常粪肠球菌透射照片，图 2.3.10(b)～(d)为等离子体处理后的 3 种典型性粪肠球菌细胞内部结构。由图可知，未经等

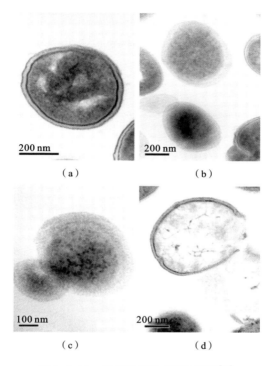

图 2.3.10　粪肠球菌的 TEM 图像[65]

(a)为正常的粪肠球菌;(b)~(d)为等离子体处理后的几种典型的粪肠球菌细胞损伤情况

离子体处理的细胞呈椭圆形,细胞膜完整,胞内物质密度均匀;图 2.3.10(b)中的粪肠球菌细胞膜开始消融,细胞膜功能失活,胞内物质开始流失,细胞出现皱缩;图 2.3.10(c)则显示了细胞膜破裂后胞内物质外流的情景;图 2.3.10(d)中给出了等离子体处理后粪肠球菌细胞膜破裂,胞内物质完全流失的结果。

　　由 2.2.2 节可知,等离子体中含有大量的带电粒子以及 ROS(如 OH、O)等物质。因此,带电粒子可能会在电场的作用下快速撞击细胞表层,使分子间化学键发生断裂,同时依靠大量 ROS 成分与细胞表面的蛋白质或者脂肪等作用,使蛋白质发生变性或者形成脂质过氧化物,从而使得细胞膜功能丧失而出现细胞破碎、细胞质外流等现象,这样大量的活性粒子就能进入细胞膜直接作用于胞内物质和遗传物质,从而导致细胞死亡。

2.3.4　大气压非平衡等离子体射流针对粪肠球菌生物膜的作用

　　与牙龈卟啉单胞菌类似,在实际情况下,粪肠球菌也是以生物膜的形式存在的。已有研究指出,粪肠球菌可在封装有 $Ca(OH)_2$ 的根管内形成生物膜结构,从而使其能够抵抗常规根管内封药,导致根管内慢性感染[66]。因此,进一步研究 N-APPJ 对粪肠球菌生物膜的作用深度非常重要。

粪肠球菌生物膜按标准方法培养获得。这里采用的等离子体装置如图 2.3.11 所示。该手持式 N-APPJ 射流仅由 12 V 电池驱动,无需其他外部电源,也无需任何外部供气装置。该装置通过直流升压器将 12 V 电压转换为 10 kV 高压驱动气体放电。电极采用 12 根不锈钢针阵列结构,单个针尖的直径约为 50 μm。图 2.3.11(a)所示的限流电阻 R_1 和 R_2 均为 50 MΩ,用于限制放电电流。这样做是为了最大程度减小等离子体对人体的电击感,使其能够安全地触摸,如图 2.3.11(b)所示。经过测量,等离子体射流的气体温度在 20 ℃～28 ℃范围内,保持室温的水平。

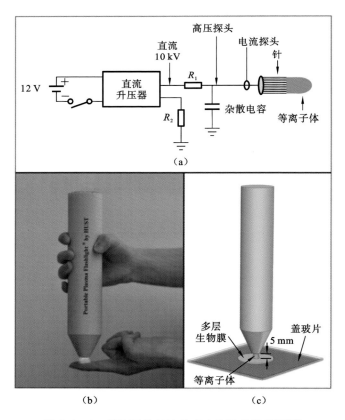

图 2.3.11　等离子体射流处理生物膜的装置图[67]

图 2.3.12(a)和图 2.3.13(a)分别是对照组(未处理组)样品和等离子体处理组样品的三维 CLSM 图像。图 2.3.12(b)～(e)和图 2.3.13(b)～(e)分别是对照组和等离子体处理组样品的二维 CLSM 图像。图像中的红色斑点表示死细胞,而绿色斑点表示活细胞。用 CLSM 对生物膜从最上层表面到最下层逐层进行扫描得到上述二维图像。每个样品包含 17 层,预设步长为 1.5 μm,因此生物膜总厚度约 25.5 μm。

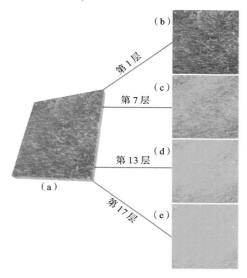

图 2.3.12　对照组样品 CLSM 图像和特定层二维 CLSM 图像[67]

(a)为对照组样品的三维 CLSM 图像;(b)～(e)为第 1 层、第 7 层、第 13 层和第 17 层的二维 CLSM 图像。从图中可以看出所有细胞均为活细胞

从图 2.3.12(a)和图 2.3.13(a)中可以看出,对照组样品呈绿色而处理组样品完全呈红色。因此同样可以得出结论,室温空气等离子体能够有效灭活生物膜表层以上的细菌。然而,由于生物膜具有多层结构,因此,研究 N-APPJ 能否有效地灭活生物膜表层以下的细菌同样重要。而通过对比对照组和实验组可以发现,经等离子体处理的样品的全部 17 层细胞几乎全部被杀死。这证实了等离子体产生的活性粒子能够穿透 25.5 μm 厚的粪肠球菌生物膜并发挥杀菌作用。

为了进一步研究等离子体手电产生的活性粒子的种类,使用光谱仪测量了该空气 N-APPJ 的发射光谱。图 2.3.14 给出了测得的 250～800 nm 范围内的典型发射光谱。可以清晰地看到等离子体手电产生的活性粒子由激发态 N_2 和 O 原子主导。

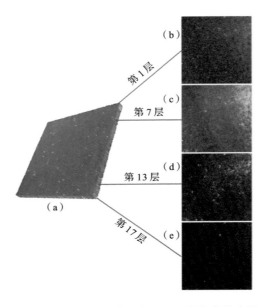

图 2.3.13 等离子体处理 5 min 组样品的三维 CLSM 图像和特定层二维 CLSM 图像[67]

(a)为等离子体处理 5 min 组样品的三维 CLSM 图像;(b)～(e)为第 1 层、第 7 层、第 13 层和第 17 层的二维 CLSM 图像

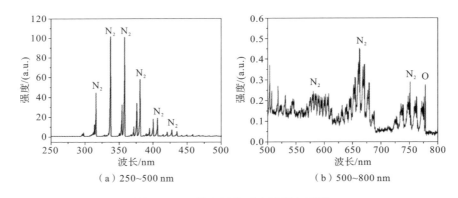

（a）250～500 nm

（b）500～800 nm

图 2.3.14 等离子体手电发射光谱[67]

由 2.2.2 节可知,激发态的 N_2 粒子对细菌的灭活作用并没有 ROS 重要。因此,ROS 在细菌灭活中更为关键。Yan 等也提出 ROS 会导致细胞内部发生各种生物化学反应[68]。这些活性 ROS 可以通过与生物膜发生反应,从而起到杀菌效果。通过进一步测量该等离子体手电的紫外线强度,发现其能量通量小于 0.05 W/cm^2[69,70],因此,该装置紫外线辐射在灭活生物膜中的细菌中所起的作用其实是很小的。这也是该等离子体手电装置的一个显著优点。

2.3.5 大气压非平衡等离子体射流针对口腔内混合菌种生物膜的作用

通常情况下,口腔内疾病的诱发并不是由单一的菌种所形成的生物膜导致的,病原生物膜中常常含有各种不同种类的致病菌。例如细菌致龋齿的首要条件是定植在牙面形成牙菌斑,它是口腔内一种具有复杂细菌群结构的生物膜,其抗药性及各种生化代谢率均高于浮游细菌。因此,使用等离子体对口腔混合菌种进行灭活研究具有十分重要的临床意义。为此,本节下面将介绍 N-APPJ 针对口腔内混合菌种生物膜的作用深度的研究成果。

1. 口腔混合菌种生物膜的培养

唾液收集:收集健康志愿者(饭后,刷完牙,停止饮水 1.5 h)的唾液于无菌塑料管内,加入 2.5 mmol/L 苏糖醇,搅拌 10 min 后,在 4 ℃下离心 10 min(30000 g)。取上清液,用 PBS 稀释成 50% 的溶液,用孔径 0.22 μm 的无菌滤膜过滤,于 -20 ℃保存备用。为了验证其是否无菌,可以将其接种在厌氧血琼脂培养基上,在 37 ℃厌氧和有氧条件下分别培养 72 h,观察菌落生长情况。

菌液制备:用分光光度法在 BHI 培养基内制备菌液,使其含有空腔链球菌(CECT 90T)10^3 CFU/mL、内氏放线菌(ATCC 19039)10^5 CFU/mL、小韦荣球菌(NCTC 11810)10^5 CFU/mL、具核梭杆菌(DMSZ 20482)10^6 CFU/mL、牙龈卟啉单胞菌(ATCC33277)10^6 CFU/mL 及伴放线菌聚集菌(DMSZ 8324)10^6 CFU/mL。

生物膜培养:将无菌牛牙本质块(5 mm×5 mm×0.17 mm)放入 24 孔板内,加入上述 50% 无菌唾液,在 37 ℃洁净环境下培养 4 h。吸出孔内唾液,每孔加入 1.5 mL 混合菌液和 2.5 mL 的脑心浸液肉汤,于 37 ℃厌氧条件下培养 3 周,隔天换液。

2. 等离子体处理口腔混合菌种生物膜

实验装置结构与 2.2.1 节的相同。采用高压直流驱动,其工作电压幅值为 15 kV,工作气体为 He+1%O$_2$,气体流量为 0.5 L/min。实验分为三组,其中 N 组为空白对照组,为了进一步与临床靠拢,特增加 A 组,将生物膜样品分别用生理盐水处理 2 min 和 5 min,B 组则用等离子体分别处理 2 min 和 5 min。每组实验重复三个样本。

3. 实验结果分析

图 2.3.15 和图 2.3.16 分别为实验中各组口腔混合菌种生物膜的 CLSM 3D 图像以及灭活效果统计图。由图可知,2 min 的生理盐水冲洗对于生物膜

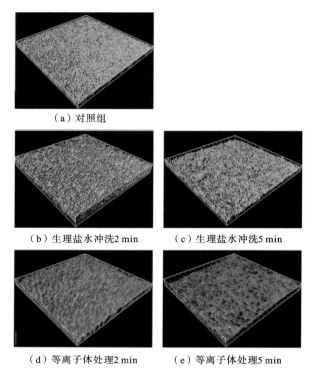

（a）对照组

（b）生理盐水冲洗2 min

（c）生理盐水冲洗5 min

（d）等离子体处理2 min

（e）等离子体处理5 min

图2.3.15 等离子体处理口腔混合菌种生物膜的三维 CLSM 图像[62]

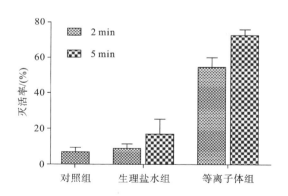

图2.3.16 各组灭活效果统计结果[62]

的影响不大，5 min 的冲洗使得生物膜的厚度有所下降，这可能是由于生理盐水的浸泡使得生物膜结构变得松软而使得生物膜表面的浮游细菌及连接不够紧密的上层细胞发生了脱落。因此，生理盐水的冲洗并不能真正地灭活细菌，而只能在物理上有所辅助。由于实际临床上的冲洗时间不超过 30 s，因此本实验所得到的生理盐水的处理效果在实际情况下还会进一步降低。

从图 2.3.15(d)和(e)的三维 CLSM 图像可以看出,N-APPJ 处理对于混合菌种生物膜有很好的作用效果。由于等离子体对细胞膜表面的刻蚀作用,经过 5 min 的等离子体处理,生物膜的厚度下降了约三分之一。由图 2.3.16 的柱状统计结果可知,对照组中的死亡细菌比率约为 8%,而 2 min 的生理盐水冲洗的死亡细菌比例和对照组差不多,说明短时间内生理盐水冲洗对混合菌种生物膜几乎没有作用。即使经过 5 min 的生理盐水冲洗,生物膜中的死亡细菌比例也仅仅增加到 18%,进一步证明了上述结论。由于生理盐水冲洗掉了上层中的活细胞,而底层的死亡细胞本来就较上层的多,所以使得整体死亡细菌比率增加。

而等离子体处理能够有效灭活生物膜内的细菌,由图 2.3.16 可知,经过 2 min 的 N-APPJ 处理,生物膜内细菌灭活率达到 55% 以上,而 5 min N-APPJ 处理效果更是达到 75% 以上。由于混合生物膜的激光共聚焦扫描显微镜的扫描步长为 1 μm,共扫描了 40 层,故此等离子体至少能穿透 40 μm 的混合菌种生物膜。

然而,必须注意的是,在同样的条件下,处理单一的粪肠球菌生物膜,等离子体处理 5 min 的灭活效率超过 90%,而处理混合菌种时只有 75% 左右,这是由本实验混合菌种中包含了各种不同的细菌(包括口腔链球菌、内氏放线菌、小韦荣球菌、具核梭杆菌、牙龈卟啉单胞菌及伴放线菌聚集菌等)造成的。由于这些细菌属性不同,细胞构造不同,生长环境不同,对营养的要求以及抗恶劣生存条件的差异的不同,使得最终等离子体对混合菌种生物膜的灭活率有所下降。

2.3.6 药物增强型大气压非平衡等离子体射流对生物膜作用效果

由前述结果可知,N-APPJ 能够高效地灭活口腔内的各种细菌生物膜。而在实际临床应用中,往往还需采用多种医疗手段辅助治疗。例如,在口腔临床上,除了采用生理盐水进行冲洗,还会使用一些其他药物来加强消毒效果,例如采用洗必泰(CHX)等抗生素药物进行抗菌。由于上述药物对生物膜的穿透作用有限,而 N-APPJ 已证实具有很好的穿透细菌生物膜灭菌的能力,因此,本节将介绍使用等离子体与 CHX 相结合的方式来实现灭菌的效果。

首先采用标准方法制备粪肠球菌悬液,通过分光光度计调整粪肠球菌悬液浓度为 3×10^6 CFU/mL;然后从 5 名患有根尖周炎的志愿者的受感染单根牙齿的根管中收集混合菌群,混合在 BHI 中;之后按照标准步骤将细菌细胞浓度调整到 3.0×10^7 CFU/mL。

将无菌牛牙本质块($5\ mm \times 5\ mm \times 0.17\ mm$)放入 24 孔板内,其中一半用粪肠球菌感染,而另一半用人的根管感染混合菌群感染。将 $200\ \mu L$ 细菌悬液和 1.8 mL 无菌 BHI 肉汤滴入到每个孔中,在 37 ℃厌氧条件下分别培养一周和三周,隔天换液。培养完毕除去孔板中多余的肉汤,将长满生物膜的牛牙本质片用无菌盐水冲洗 1 min,除去未附着的细菌以及杂质后备用。

实验装置结构在 2.2.1 节的基础上加设了一个装有 2% CHX 的药剂瓶,其中,CHX 溶液由浓度为 20% 的原液配制,并连接在气管上,如图 2.3.17 所示。通过脉冲高压使掺有药剂的气体产生等离子体,所用脉冲电压的幅值为 8 kV,频率为 8 kHz,脉宽为 1600 ns。工作气体为 He+1% O_2,气体流量为 1 L/min。等离子体喷嘴末端距样本的间距为 5 mm。

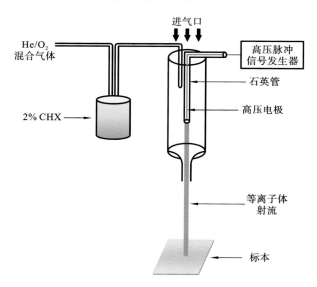

图 2.3.17　CHX N-APPJ 发生装置示意图[71]

实验分为 5 组,分别进行 2 min 和 5 min 的处理。第一组由单独 N-APPJ 处理,第二组由 2% CHX 改良的 N-APPJ 处理,第三组由掺 2% CHX 的工作气体处理(无等离子体),第四组由 2 mL 2% CHX 处理,最后一组由 2 mL 0.9% 生理盐水处理,每组单个实验条件重复三个样本。处理完毕,用生理盐水轻轻冲洗样品。

每个样品随机选取 5 个区域(每个区域 0.3 mm×0.3 mm)使用 CLSM 检测,并进行三维重建分析。每组进行 30 次观测,两种处理时间各观测 15 次。对于培养一周的生物膜扫描深度设置为 15 μm(步长为 1 μm,扫描 15 次),对于培养三周的生物膜扫描深度设置为 50 μm。通过 SPSS 统计软件进行随机多重比较,结合单因素方差分析检验组间差异,当 $P<0.05$ 时认为结果具有统计学意义。

图 2.3.18 给出了牛牙本质块上生物膜的三维 CLSM 图像,可以看出,培

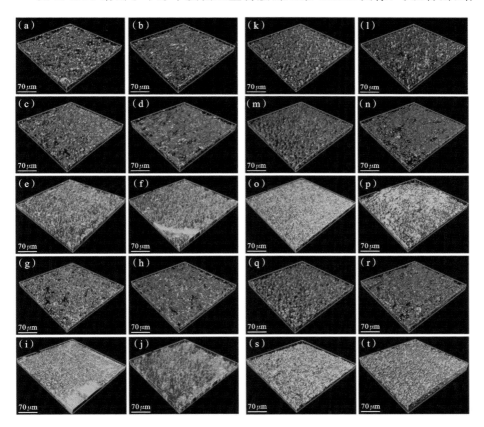

图 2.3.18   培养三周的生物膜的三维 CLSM 图像[71]

(a)~(j)为粪肠球菌生物膜;(k)~(t)为多菌种混合生物膜;(a)和(k)为等离子体处理 2 min;(b)和(l)为等离子体处理 5 min;(c)和(m)为 CHX N-APPJ 处理 2 min;(d)和(n)为 CHX N-APPJ 处理 5 min;(e)和(o)为 2%CHX+工作气体处理 2 min;(f)和(p)为 2%CHX+工作气体处理 5 min;(g)和(q)为 CHX 冲洗 2 min;(h)和(r)为 CHX 冲洗 5 min;(i)和(s)为生理盐水处理 2 min;(j)和(t)为生理盐水处理 5 min

养一周和三周的细菌生物膜生长良好。其中处理组的死细胞（红色）比例从
$40\%\sim80\%$不等，而对照组（第三组和第五组，分别为工作气体以及生理盐水
处理）的死细胞比例仅为 $10\%\sim13\%$。

图 2.3.19 为各个实验条件下细菌死亡的占比数据。随着时间的增加，生
物膜中细菌死亡数目明显增加（$P<0.05$）。单独 N-APPJ 处理和 CHX 处理
之间的抗菌效率没有明显差异（$P>0.05$），这表明 N-APPJ 具有较好的灭活能
力。而使用药物增强型等离子体射流处理，无论是 2 min 还是 5 min，其灭活
效率相比其他处理方式都是最优的（$54\%\sim80\%$，$P<0.05$），表明将抗菌药物
与等离子体结合使用可以明显改善总体的抗菌效果。此外，进一步计算表明，
处理仅培养一周的生物膜死细胞数量要比培养三周的高出 $7\%\sim14\%$，说明在
生物膜形成早期处理将具有更好的治疗效果。

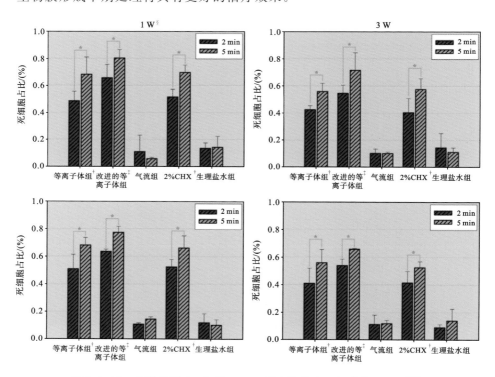

图 2.3.19　杀菌处理 2 min 和 5 min 后生物膜中死细胞体积占比[71]

*处理时间之间的差异明显（$P<0.05$）；†‡处理有明显的效果（$P<0.05$）；§新老生物膜之间差
异明显（$P<0.05$）

2.4 大气压非平衡等离子体射流对致病真菌的灭活研究

前面主要介绍了 N-APPJ 作用口腔内两种代表性细菌及其生物膜的灭活研究。然而,除了细菌之外,口腔内还存在有典型细胞核和完善细胞器的真核微生物。白色念珠菌就是一种典型的真菌病体,在口腔可引起急性或者慢性口腔假丝酵母菌病等[72,73],因而同样是口腔内重要致病菌之一。基于此,本节将介绍 N-APPJ 针对白色念珠菌的灭活研究。

首先按照标准方法培养白色念珠菌菌液,使用比浊仪将菌液浓度调至 0.5 麦氏浓度(1.5×10^8 CFU/mL),然后将标准液稀释至 10^6 CFU/mL 备用。实验时使用接种棒将菌液均匀涂布于无菌的沙保培养基中,之后进行等离子体处理。

等离子体装置与 2.2.1 节的相同。采用脉冲直流电压驱动,电压幅值、脉冲频率及宽度分别为 8 kV、8 kHz 以及 1600 ns。所用工作气体为 He+3% O_2,流速为 2 L/min。实验装置示意图及等离子体处理真菌的照片如图 2.4.1 所示。

实验分为两组,一组为不加盖处理组,其菌样直接暴露在大气环境中,如图 2.4.1(a)所示。而图 2.4.1(b)中,培养皿则被加盖,仅在盖子中心位置开了一个射流直径相同的小孔(大约 5 mm),以保证射流能够接触真菌。喷嘴与样品表面间的距离约为 8 mm。两组实验各包含 5 个样本,其中 4 个样本分别被等离子体处理 2 min、3.5 min、5 min 和 8 min,另外一个样本作为对照。图 2.4.1(c)和(d)给出了 N-APPJ 处理的实物图。由图 2.4.1(d)可知,当空气进入培养皿的通道受到限制时,N-APPJ 的发光强度会大幅降低。

图 2.4.2 和图 2.4.3 分别给出了 N-APPJ 处理后的白色念珠菌(培养24 h 后)的照片对比图以及白色念珠菌的存活率曲线图。从这两个图可以看出,随着处理时间的增加,白色念珠菌的存活率逐渐降低,且白色念珠菌存活数目与培养皿加盖与否密切相关。在无盖条件下,即使经过 8min 长的 N-APPJ 处理,也仅有约 50% 的真菌被有效灭活;而当对培养皿加盖处理,仅 3.5 min 就有超过 99.9% 的白色念珠菌被灭活。经过计算发现,在加盖条件下,单位菌落的细菌数目要比无盖条件下少四个数量级。

进一步由图 2.4.2 可知,当培养皿不加盖时,由于没有培养皿盖的限制作用,等离子体有效作用区域非常有限,其作用半径随处理时间逐渐增加。而在

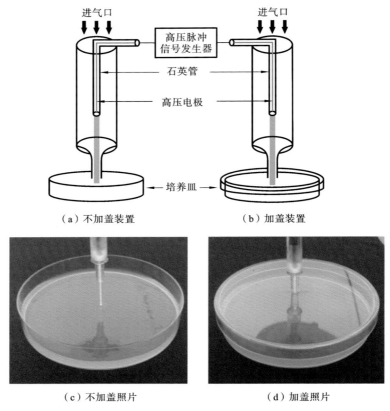

（a）不加盖装置　　　　　　　　　（b）加盖装置

（c）不加盖照片　　　　　　　　　（d）加盖照片

图 2.4.1　实验装置示意图及等离子体射流处理照片[74]

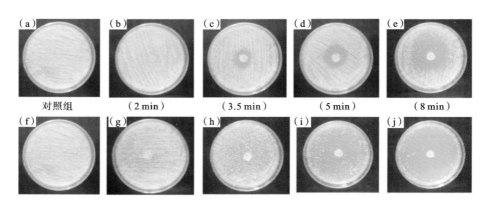

对照组　　　　（2 min）　　　　（3.5 min）　　　　（5 min）　　　　（8 min）

图 2.4.2　加盖和不加盖条件下等离子体处理白色念珠菌的灭活效果[74]

（a）～（e）为加盖；（f）～（j）为不加盖

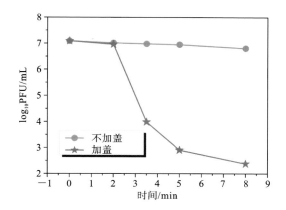

图 2.4.3　加盖和不加盖条件下 N-APPJ 处理白色念珠菌存活率曲线[74]

加盖条件下,等离子灭活范围则均匀囊括了整个培养基表面。这与 2.3 节所述的结论是一致的。

　　由于气流为 2 L/min,喷嘴内径为 1.2 mm,可以计算出气体流速约为 30 m/s,因此活性粒子到达培养皿边缘所需的最短时间约为 1 ms。而如果根据气体扩散速度近似计算,该时间则需要 10 ms 以上。由于 O 原子可能在白色念珠菌的失活过程中起重要作用,下面首先分析了 O 原子的寿命。由 2.2 节可知,O 的寿命与 O、O_2 的复合以及与 O_3 分子的复合、分解有关。Waskoenig 等通过模拟研究了射频驱动大气压微等离子体射流中 O 原子的形成机理,结果表明,N-APPJ 核心中的 O 原子浓度约为 10^{15} cm^{-3},并沿气流流出方向急剧下降[75]。Park 等人使用 He+O_2 大气压等离子体全局模型计算了 O 原子和 O_3 分子的密度,结果表明,当仅使用 0.5% 的 O_2 混合气时,气体混合物中 O_2 的分压会严重影响 O 原子和 O_3 分子的密度,使其达到峰值 10^{16} cm^{-3},当 O_2 的分压进一步增加时,O 原子和 O_3 分子的密度开始降低[76]。因此,不加盖时 O 的寿命可能较短,无法作用于培养皿边缘,因而导致了图 2.4.2(b)～(d)所示的处理效果;而加盖时,培养皿内 O_2 的浓度低,O 的寿命会明显增加,导致它能够到达培养皿的所有区域。另外,更重要的是,有盖时,寿命长的活性粒子在培养皿内的时间远高于无盖时的情况。因为不加盖时,气流与培养皿接触后立刻往上流动而不再与培养皿接触。

　　此外,在图 2.4.2 中还观察到一个有意思的现象,即对于 He+3% O_2 射流处理中心区域的毫米范围内,真菌似乎相对受影响较小,而对于纯 He 等离子体则未出现上述现象。这可能是由于气流中重粒子，如 O_2 的推动作用，使得细胞深入琼脂中，从而降低了等离子体对中心区域的处理效率。

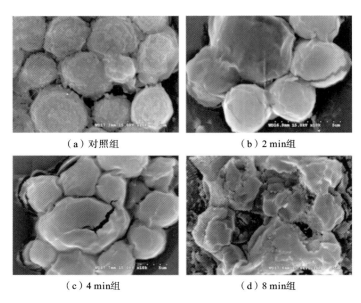

（a）对照组　　　　　　　　　（b）2 min组

（c）4 min组　　　　　　　　　（d）8 min组

图 2.4.4　白色念珠菌的 SEM 图像[74]

　　图 2.4.4 为对照组和经等离子体处理过的白色念珠菌的 SEM 图像。图 2.4.4(a)～(d)分别对应处理时间为 0 min、2 min、4 min 和 8 min。通过对比可以发现，未经处理的白色念珠菌成圆球状，并且细胞外部结构是完整的，而经等离子体处理的细胞表面具有明显的缝隙或者破裂情况，这表明等离子体会对细胞壁或膜结构造成损害。随着处理时间的增加，这种结构性损伤更为明显，细胞也逐渐向碎片化发展。经过 8 min 的处理，白色念珠菌的细胞结构被完全破坏。

　　图 2.4.5 为对照组以及等离子体处理组的 TEM 成像。图 2.4.5(a)为未经等离子体处理的典型白色念珠菌的 TEM 图像。从图中我们可以看出细胞壁是均匀的，细胞膜是完整的，细胞质是均匀的。图 2.4.5(b)～(d)是细胞经过等离子体处理后观察到的不同程度超微结构的破坏情况。从图 2.4.5(b)可以清楚地看到细胞形态发生了改变，即细胞膜出现破裂，细胞质出现外流。在图 2.4.5(c)中观察到了更为严重的细胞破坏情况，即细胞质从细胞中大量溢出，细胞内观察不到任何完整的细胞器结构。更为有趣的是，在该图中甚至可以看到脂质小体。图 2.4.5(d)给出了表征细胞死亡的典型的核固缩现象。

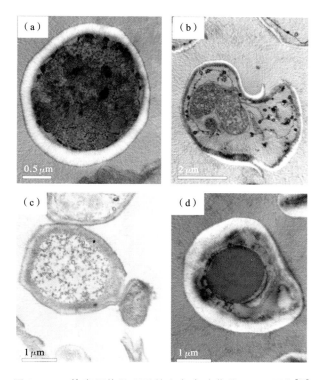

图 2.4.5 等离子体处理后的白色念珠菌的 TEM 图像[74]

（a）为正常的白色念珠菌细胞；（b）～（d）为等离子体处理后白色念珠菌 3 种典型的细胞内部结构图

图 2.4.6 为加盖条件下 N-APPJ 产生的典型发射光谱（300～800 nm）。

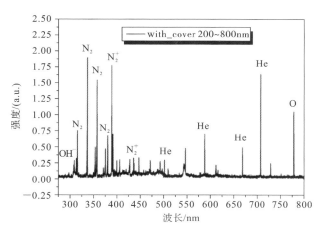

图 2.4.6 加盖条件下 N-APPJ 的光谱诊断结果[74]

可以清楚地看到等离子体射流中存在激发态 O、OH、N_2、N_2^+ 和 He 等粒子。值得指出的是，加盖时，O 原子（波长 777 nm）的相对强度要比无盖条件下高出约两个数量级。由于 O 原子在生物医学应用中的重要作用，因此限制细胞样品与大气环境接触将能够有效提高处理效率。

2.5　大气压非平衡等离子体射流灭活病毒研究

口腔内的致病微生物除了细菌和真菌外，还包括一类更为微小的非细胞生物，即病毒。而目前针对病毒的灭活手段局限于一些常规手段，如疫苗、菌苗、类毒素、免疫血清以及基因工程制品等。尽管这些生物制剂在针对特定病毒时具有较好的效果，然而由于病毒自身具有可变异性，这使得常规治疗方法存在一定的时效性。此外，这些抗病毒药物也可能对人体机能正常运转产生一定的副作用。因此，寻找一种高效广谱的病毒灭活方法至关重要。基于这种考虑，本节讨论了利用 N-APPJ 灭活口腔内常见的两种病毒，即单纯性疱疹病毒（HSV-Ⅰ）和口腔腺病毒（AdV）。

2.5.1　大气压非平衡等离子体射流对腺病毒的灭活效果

腺病毒为双链 DNA 无包膜病毒。核衣壳呈二十面体立体对称，直径为 $70 \sim 90$ nm，对细胞有毒性。腺病毒对理化因素造成的影响的抵抗力较强，在室温条件下可存活 10 天以上，腺病毒主要通过呼吸道、胃肠道和密切接触传播，是口腔中最为常见的病毒之一[77]。在体外培养腺病毒时，常以人胚肾细胞（HEK293）细胞作为载体进行相关研究。

本实验采用高压直流驱动的 N-APPJ 装置，针头通过 130 MΩ 电阻连接到电源，该电阻用于将放电电流限制在人体可触摸的安全范围内，如图 2.5.1 所示。与真菌处理方案相同，实验同样分为加盖与不加盖两组，其中射流的工作电压为 15 kV，工作气体为 $He + 1\%O_2$（0.5 L/min）。实验开始，首先在无菌钛片（直径 2 cm）上滴上 20 μL 病毒原液，分别用等离子体处理 0 min、2 min、4 min、8 min、16 min，每次重复 3 个样本。处理结束，将钛片放入无菌的培养皿中，每个培养皿加入 200 μL 细胞悬浮液，用移液枪反复冲洗钛片后放置 20 min，使钛片上的病毒充分溶于培养液中，然后将培养液全部析出转移至 1 mL 的无菌离心管中，以准备滴度测定。

病毒滴度是病毒感染性能的表征，病毒滴度的测定方法有 pfu、efu、

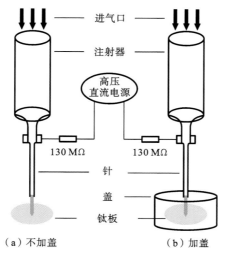

图 2.5.1　等离子体处理腺病毒的实验示意图[77]

TCID50、VI 等，这里使用经典的 TCID50 法（即半数致死量法）来测定病毒的
梯度，如图 2.5.2 所示。

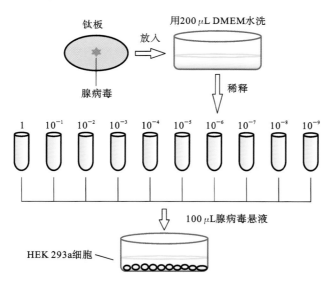

图 2.5.2　病毒滴度测试流程图[77]

　　图 2.5.3 为等离子体处理后的病毒滴度曲线，可以看出加盖后的处理
效果明显高于不加盖的处理效果。加盖情况下等离子体处理 2 min 就使得
病毒滴度下降了 1.5 个数量级，处理 8 min 后更是下降了 2 个数量级，这证

明了等离子体对腺病毒具有很强的灭活效果。图 2.5.4 为将处理后的病毒液稀释后感染 HEK293 细胞的荧光照片，可以看出，随着处理时间的增加，图片中的荧光强度越来越弱，说明腺病毒感染的细胞数量越来越少，即腺病毒浓度越来越低，与滴度曲线结果一致。实验结果说明等离子体对离体病毒也具有很好的灭活效果。

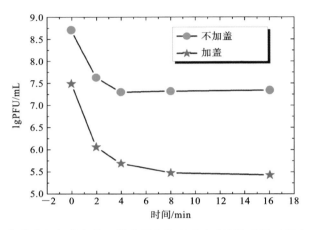

图 2.5.3　加盖和不加盖条件下等离子体处理后腺病毒滴度随时间变化曲线[77]

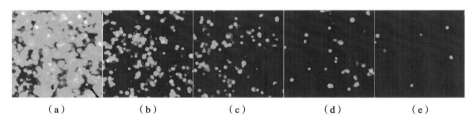

　（a）　　　　　　（b）　　　　　　（c）　　　　　　（d）　　　　　　（e）

图 2.5.4　等离子体处理后腺病毒侵染 HEK293 细胞的荧光图片[77]

2.5.2　大气压非平衡等离子体射流对 HSV-Ⅰ病毒的灭活效果

单纯性疱疹病毒（HSV）为有包膜的双链 DNA 病毒。作为疱疹病毒的典型代表，HSV-Ⅰ 病毒可引发原发性单纯疱疹、婴幼儿口腔单纯疱疹等疾病[78]。HSV-Ⅰ也是口腔中最常见的病毒之一，普遍存在于患者、康复者或者健康携带者的疱疹液、唾液中。临床上对 HSV-Ⅰ病毒感染患者多是通过口服或者静脉滴注抗病毒药物的方法来进行治疗，但有些药物毒副作用较大，全身应用时难以达到理想的效果，而且众多抗病毒药物、激素的不合理应用会导致耐药病毒株的出现[79]。本节将介绍采用 N-APPJ 对 HSV-I 病毒进行处理的实验结果。

本实验所使用的 N-APPJ 装置由千赫兹交流电源驱动(见图 2.5.5),工作气体为 He +0.5% O$_2$ 混合气体,流速约为 2 L/min。处理前,在无菌的离心管中加入 30 μL 的 HSV 病毒原液,然后将其放置于喷嘴下方,喷嘴末端与液面相隔 1 cm,处理时间分别为 0 min、10 min、20 min。两个对照组分别设置为工作气体是不含等离子体的纯气流的一组及处理媒介为紫外线的一组。每种工作条件重复 3 次。

HSV-Ⅰ病毒滴度的测量结果如图 2.5.6所示。由图可知,持续 10 min 的等离子体处理可以使病毒滴度下降约 1.5 个量级,而作用相同时长的对照组(纯气流作用)

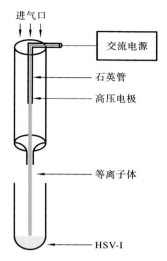

图 2.5.5　等离子体处理单纯性疱疹病毒Ⅰ型(HSV-Ⅰ)的实验装置示意图[62]

只使病毒滴度稍稍下降,说明等离子体对单纯性疱疹病毒Ⅰ型具有良好的作用效果。紫外线处理组效果稍微优于等离子体处理组,但是在实际临床应用上,紫外辐射对人体伤害较大,且紫外线对一些微小缝隙或者组织处理显得无能为力。等离子体对人体基本无害,对病毒的灭活效果也较好,且其电离气态的特性使得其可以扩散到任何隐蔽的部位,所以等离子体在临床上有着其独特的优势。

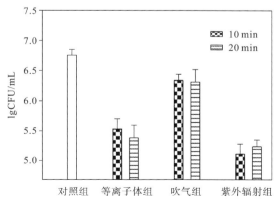

图 2.5.6　不同处理条件下的单纯性疱疹病毒Ⅰ型(HSV-Ⅰ)病毒滴度变化[62]

2.6　大气压非平衡等离子体射流活化油作用伤口愈合研究

前面几节着重介绍了等离子体在口腔杀菌方面的初步研究成果。随着等离子体生物医学的不断发展,特别是大气压非平衡等离子体射流技术的出现,等离子体在皮肤伤口愈合中的应用逐渐引起人们的关注。初步研究表明,N-APPJ 可以通过其杀菌作用刺激创伤相关的皮肤细胞增殖和迁移,促进伤口愈合[80]。

另一方面,等离子体对生物体的作用很大程度上依赖于其内部关键活性粒子。因此,如果能够将其活性直接或间接地保存下来,并在需要的时候实现针对性的处理,就可以大大提高其应用范围。因此,人们开始研究 PAM,例如 PAW。然而,PAW 活性会随着存储时间快速消失,它只有在低温下（-80 ℃）才能保留接近初始溶液的杀菌能力[81],这导致其应用受到限制。

本节将介绍通过 N-APPJ 处理橄榄油得到的 PAO[80]。经过检测,PAO 的过氧化值是臭氧油的 7 倍。PAO 在一般药品储存条件下（2 ℃～8 ℃,无阳光照射）保持稳定,估计保质期为一年。进一步的实验结果表明,PAO 能够有效杀死耐甲氧西林金黄色葡萄球菌（MRSA）以及大肠杆菌,并且 PAO 对小鼠皮肤急性损伤同样具有很好的治疗作用。

在此基础上,本节还介绍了等离子体活化紫草油（PARAO）[82],它实际上是一种药物增强型的等离子体活化介质。紫草油（RAO）中所含的紫草素对烧烫伤有良好的治疗效果,这一有效成分能够与等离子体在油中产生的活性成分相互配合,进一步提高治疗效果。实验结果表明,PARAO 能有效杀灭烧伤创面常见细菌（MRSA 和铜绿假单胞菌）,抑制炎症,刺激皮肤再生,减少瘢痕形成。通过 PARAO 处理小鼠的Ⅱ度烧伤创面的愈合速度同样优于 RAO。

2.6.1　大气压非平衡等离子体射流活化油及其杀菌和治疗效果评估

1. PAO 的制备

该方案采用 N-APPJ 直接处理橄榄油的方式,所用的等离子体装置与 2.2.1 节的相同。该等离子体由交流电源驱动,电压峰-峰值为 24 kV,频率为 10 kHz。所用工作气体为 $He+10\%O_2$,气体流量为 0.5 L/min。图 2.6.1(a) 给出了 N-APPJ 处理橄榄油的示意图。处理时,首先在反应容器中加入 100 g 橄榄油,然后用 N-APPJ 对橄榄油进行 1～7 h 的处理,并且每隔半个小时测量

大气压非平衡等离子体射流灭活口腔内致病微生物及促进伤口愈合

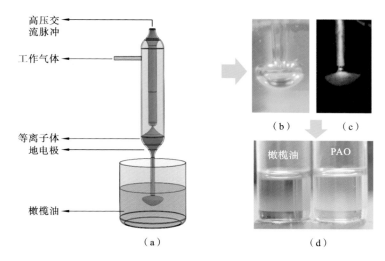

图 2.6.1　N-APPJ 处理橄榄油的装置和过程[80]

(a) N-APPJ 处理橄榄油示意图；(b) 气流在油内形成气腔的照片；(c) 气腔内的等离子体

照片；(d) 未处理的生橄榄油和经 N-APPJ 处理完毕的透明 PAO(经 4 h 等离子体处理)

一次油温。图 2.6.1(b)给出了气流对橄榄油作用的瞬态照片。从中可以看出，由于气流的喷射作用，油中会形成不稳定的空腔(偶尔会出现破裂以及形成气泡等现象)，对比图 2.6.1(c)可知，在空腔底部发生了沿面放电现象，这是空腔内表面的电荷积累产生的较强的径向电场所致[83~84]。处理完毕，将 PAO 冷藏(2 ℃~8 ℃，避光)或者在室温下存储在透明的玻璃瓶中，以确定 PAO 的保质期。图 2.6.1(d)为未处理的橄榄油和处理完毕的活化油照片。

2. PAO 的特性分析

PAO 相关的主要参数包括过氧化值(PV)、碘值(IV)、酸值(AV)三类。过氧化值是等离子体处理后油中形成的过氧化物总量[85]，以过氧化物的毫摩尔数表示。碘值是指碘与油中的 C═C 双键反应的量，它表示油的不饱和度。碘值常用韦氏法(Wijs)进行测定。酸值是指油中游离脂肪酸的含量，单位为 mg。

图 2.6.2 给出了 PAO 的过氧化值、碘值和酸值的检测结果。其中，图 2.6.2(a)为 PAO 的过氧化值随处理时间的变化曲线。经过 7 h 的 N-APPJ 处理，过氧化值由 4 meq/kg 上升到 210 meq/kg。而采用传统的臭氧油处理相同的时间过氧化值只能达到 28 meq/kg[85]，这说明等离子体直接处理的活化油当中生成了较多的过氧化物。由于 C═C 双键的能量仅为 6.36 eV，而等

离子体中有部分电子能量较高,甚至高于 10 eV[86],并且亚稳态分子或离子的能级也非常高,因此沿空腔内表面放电产生的高能粒子可能会破坏等离子体与油交界面处的 C＝C 双键,而 O 原子则与 C—H 键直接反应形成 H_2O_2 和羧酸,这比臭氧油中通过溶解 O_3 来与 C＝C 双键反应要快得多。同时,由流注放电引起的对流也促进了活性物质在 PAO 中的传输。

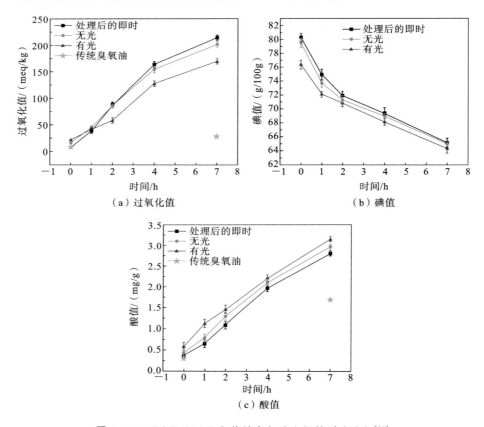

图 2.6.2　PAO、SPAO 和传统臭氧油之间的对比分析[80]

为了进一步了解 PAO 的性能,下面将 PAO 与通过臭氧发生器产生的臭氧化油比较[85]。臭氧发生器的主要参数:O_3 产量为 200 mg/h,空气流量为 2 L/min。气流中的 O_3 密度为 $2.09×10^{16}$ cm^{-3},这比本研究中使用的 N-APPJ 产生的 O_3 密度要高 10 倍。产生的臭氧通过气流进入油中,其中溶解的臭氧会与 C＝C 双键反应,然而,臭氧在橄榄油中的溶解极为有限。虽然臭氧在橄榄油中的溶解度未知,但已知氧气在橄榄油中的溶解度仅为同等条件下在水中溶解度的 0.026％[87]，因此，可以预估臭氧在油中的溶解度极小。此外，由于等离子体呈电中性，因此，其离子密度与电子密度相同。而亚稳态原子和分子（如 He* 和 He₂*）的密度要比电子的密度高出 1 到 2 个数量级，因此，等离子体与橄榄油交界面处具有高密度的电子、离子和亚稳态分子等高能粒子。表面放电的 O 原子密度为 6×10^{16} cm^{-3}，是臭氧油中通入臭氧密度的 3 倍。C＝C双键被高能粒子解离，然后 O 原子可以与单一氢键重新结合形成过氧化氢和羧酸。后面的 FTIR 测量也表明，PAO 中消耗的 C＝C 双键要比臭氧油中消耗的更多，因此，等离子体活化油的过氧化值要远高于臭氧化油。

图 2.6.2(b)展示了 PAO 的碘值在处理 7 h 后从 81 g/100 g 下降到 65 g/100 g，进一步表明了等离子体通过消耗 C＝C 双键形成活性粒子。图 2.6.2(c)为 PAO 的酸值随 N-APPJ 处理时间的变化。随着等离子体处理时间的增加，酸值也逐步增加。经过 7 h 的 N-APPJ 处理，PAO 的酸值从 0.45 mg/g 增加到 2.6 mg/g。N-APPJ 处理 7 h 的 PAO 的酸值要比臭氧油高 57％[85]。

与传统臭氧油相比，PAO 和 SPAO（两种存储条件：第一种在 2 ℃～8 ℃冷藏，避光；第二种在 25 ℃～35 ℃存储，有光照。两种均保存三个月以上）具有更高的反应活性和稳定性。

为了分析等离子体内部的活性粒子与橄榄油的结合情况，下面首先对 PAO 和橄榄油原液的 FTIR 做比较。PAO 和橄榄油的红外光谱如图2.6.3(a)所示。

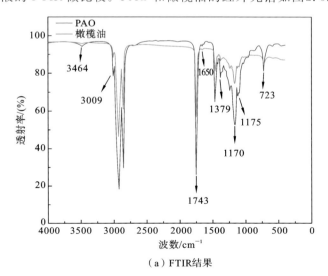

（a）FTIR结果

图 2.6.3　PAO 和未处理的橄榄油的 FTIR 和 GC-MS 扫描结果[80]

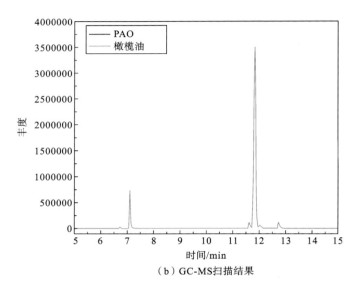

（b）GC-MS扫描结果

续图 2.6.3

在红外光谱中，橄榄油中不饱和脂肪酸的 C—H 振动（约 723 cm^{-1}）、C＝C 展宽（约 1650 cm^{-1}）、C＝O 展宽（约 1743 cm^{-1}）和 C—H 展宽（约 3009 cm^{-1}），以及氧化 C—O 展宽（约 1170 cm^{-1}）和 C—H 展宽（约 3009 cm^{-1}）用于评估 PAO 的活性[88~90]。

表 2.6.1 列出了 PAO 和未处理的橄榄油的 FTIR 变化情况。由表可知，C＝C 展宽（约 1650 cm^{-1}）透光率下降，而 C—H 展宽（约 3009 cm^{-1}）、C—O 展宽（约 1105 cm^{-1}）、C＝O 展宽（约 1743 cm^{-1}）、O—H 展宽（约 3464 cm^{-1}）和 C—H 振动（约 723 cm^{-1}）[89]的透光率则在等离子体处理后显著增加。实际上，植物油中最重要的不饱和脂肪酸是亚麻酸（具有三个双键）、亚油酸（具有

表 2.6.1 等离子体活化油（4 h）和橄榄油的 FTIR 对比结果[80]

官 能 团	波数/cm^{-1}	透光率变化
O—H 展宽	3464	增强（5.1±0.5）%
C＝C 展宽	1650	减弱（4.7±2.1）%
＝C—H 展宽	3009	增强（12.5±3.4）%
＝C—H 振动	723	增强（4.8±1.7）%
C＝O 展宽	1743	增强（56.9±13.3）%
C—O 展宽	1170,1105	增强（23.8±5.2）%

两个双键)和油酸(具有单个双键)。之前的测量表明,臭氧化过程可以减少这些不饱和脂肪酸[88]。而通过 N-APPJ 处理橄榄油的过程明显加强了射流与橄榄油交界面处放电所引起的不饱和脂肪酸的氧化。C═C 展宽减少,C—H、C—O、O—H 展宽增加表明 N-APPJ 处理会导致 C═C 双键的裂解和氧化,这是 PAO 产生的主要机制,等离子体中的活性氧粒子还会进一步转化为羧酸和 H_2O_2 等活性成分。

通过将 PAO 与臭氧油的 FTIR 进行对比可以揭示出这两种活化油的氧化机理之间的差异。臭氧油和橄榄油中对应于 C═C 伸缩振动模式(约 1650 cm^{-1})的透光率差异可以忽略不计[88]。然而,等离子体活化油中对应于 C═C 伸缩振动模式(约 1650 cm^{-1})的透光率明显更高,这表明在等离子体与油交界面处的高能粒子会消耗更多的 C═C 双键。此外,臭氧油中 1743 cm^{-1} 对应的 C═O 键位透光率变化不大[88],而等离子体活化油 1743 cm^{-1} 对应 C═O 键位的透光率从原始橄榄油的 60% 降低到等离子体活化油的 22%,这不仅表明更多的羧酸在等离子体活化油中产生,并且 57% 的透光率的增加也说明了与之对应的羧酸含量更高,这个结果与前面分析的 PAO 中的酸值比臭氧油要高的结论是相符的。

图 2.6.3(b)的 GC-MS 测量结果表明,N-APPJ 处理显著降低了油酸(保留时间为 11.83 min,不饱和脂肪酸)的相对强度,硬脂酸(保留时间为 11.62 min,不饱和脂肪酸)的相对强度也略有降低。这个结果与通过傅里叶红外光谱(FTIR)测量的 C═C 展宽信号降低的结果是一致的。等离子体处理后棕榈酸(保留时间为 7.09 min,饱和脂肪酸)的相对强度降低,这表明等离子体的强解离和氧化能力也会影响橄榄油的 C—C 单键。

^{1}H-NMR 谱图如图 2.6.4 所示,其中 1 为橄榄油,2 为 PAO,3 为保存三个月的 PAO(SPAO)。氢谱中显示了氧化信号的几个特征区域,特别是 $\delta=5.11$(对应臭氧化物的多重态)处和 $\delta=9.7$(醛基质子的三重态)处对应的信号。除此之外,氢谱中 $\delta=5.13$ 处的质子共振信号与碳谱中 $\delta=104$ 处的碳共振信号相关,它们属于相应的质子和 C═C 双键,这些信号对应于活性氧原子或臭氧氧化的粒子,以及橄榄油中亚油酸的 C═C 双键[90]。

橄榄油经等离子体处理后,$\delta=130$,$\delta=129$ 和 $\delta=128$ 处的 C═C 双键显著减少,这与之前测得的活化油碘值下降和傅里叶红外光谱的 C═C 双键吸收信号降低的结果是相符的。图 2.6.4 进一步给出了 $\delta=4.30$ 处双峰信号和

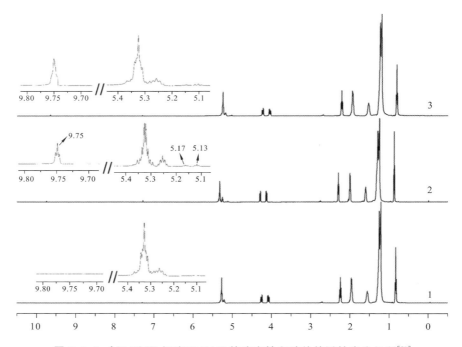

图 2.6.4 ¹H-NMR 证实了 PAO 的稳定性和独特的活性产生机制[80]

1:未处理的橄榄油；2:PAO；3:SPAO(2 ℃～8 ℃,避光,药物的通常保存条件)

$\delta=2.28$ 处三重峰信号所对应的亚甲基氢,以及 $\delta=5.32$ 处的多重峰所对应的甘油C—H 单键。上述信号在橄榄油、PAO 和 SPAO 的之间的区别很小,这表明并非所有双键都与原子氧、臭氧或者等离子体中的其他激发态粒子发生反应[90]。

与臭氧油的¹H-NMR 谱中 $\delta=5.11$ 处信号强度明显增加不同[91],PAO 中 $\delta=5.11$ 处的信号几乎不变。与臭氧油中 $\delta=104$ 的信号强度增加相比,PAO 的¹³C-NMR 中 $\delta=104$ 处信号强度的增加幅度也很小[92]。在氢谱中 $\delta=5.11$ 处和碳谱中 $\delta=104$ 处的两种信号均对应于 1,2,4-三氧环戊烷的官能基团[92]。因此可以得出结论,相比臭氧油,等离子体处理的活化油中的中间产物 1,2,4-三氧环戊烷的浓度很小。

与臭氧油的臭氧化过程不同,等离子体主要是通过内部的高能粒子来消耗 C═C 双键,这已通过 FTIR 证明,因而造成了 1,2,4-三氧环戊烷的浓度差异。图 2.6.6 进一步给出了臭氧油和活化油中活性粒子生成的不同机制,即在活化油中,通过 C═C 双键的裂解作用以及活性氧原子的氧化作用,使得等

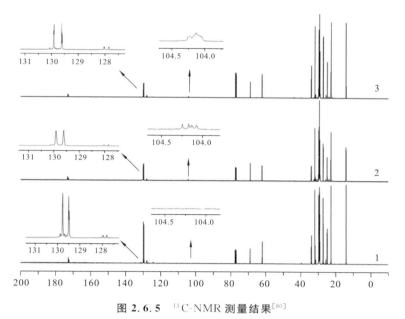

图 2.6.5 ^{13}C-NMR 测量结果[80]

1:未处理的橄榄油;2:PAO;3:SPAO(2 ℃~8 ℃,避光,药物的通常保存条件)

离子体活化油中产生羧酸和 H_2O_2。在等离子体活化油的机制下,臭氧氧化 C＝C 双键以形成 1,2,4-三氧环戊烯这一过程的作用是很小的。

下面进一步比较了存储 3 个月(2 ℃~8 ℃,避光,药物的通常保存条件)的 SPAO(保存 3 个月以上的 PAO)的 ^{1}H-NMR 和 ^{13}C-NMR,如图 2.6.4 和图 2.6.5 所示,发现其与 PAO 的差异可以忽略不计。这与前面过氧化值、碘值和酸值的比较结果是一致的。这些结论表明等离子体活化油在闭光冷藏的情况下能够至少保存 3 个月。

实验还考察了比较苛刻条件下(25 ℃~35 ℃条件下,阳光照射 3 个月后)PAO 存储后的活性情况。如图 2.6.2 的蓝色三角形表示,可以发现,该存储条件下 SPAO 相比刚处理得到的 PAO,其过氧化值降低了 22.7%,碘值增加了 3%,酸值增加了 16.4%。活化油的过氧化值,作为其最关键的参数,远高于臭氧油。由于绝大部分药物在阴凉干燥处,以及冷藏的条件下都可以拥有更好的存储效果,而已有报道臭氧氧化的橄榄油在－10 ℃至 8 ℃的温度范围内可以稳定存储至少 1 年[93],因此,等离子体活化油的保质期保守估计应当与臭氧油相近,即 1 年以上。

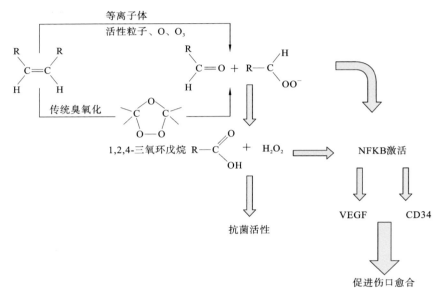

图 2.6.6　等离子体活化油和臭氧油的活性粒子产生机制[80]

如前所述，等离子体活化水的保质期则非常有限，这主要是由于水中的 H_2O_2 自然降解。即便在磷酸盐缓冲盐的辅助下，等离子体活化水也只能在 $-25\ ℃$ 的温度下保存 3 天[94]。与 PAW 相比，PAO 中的氢过氧化物和二烷基过氧化物显著减缓了 H_2O_2 的降解，这可能是 PAO 保质期更长的原因。

3. PAO 的杀菌效果

由于伤口的愈合过程中会受到大肠杆菌、MRSA 以及铜绿假单胞菌等引起的皮肤感染的影响。因此，这里研究了 PAO 对大肠杆菌和 MRSA 的抗菌活性。培养结果表明，PAO 和 SPAO 以及橄榄油对大肠杆菌可以产生直径 $11\sim29\ mm$ 的抑菌环，如图 2.6.7 所示。其中图 2.6.7(c)进一步表明，橄榄油下方仍有细菌菌落，说明橄榄油自身对灭菌的影响很小。而 PAO 的抑菌面积是单纯橄榄油处理的 9 倍，说明 PAO 具有较高的杀菌效率。储存 3 个月后的 SPAO 也保持了较强的灭菌能力（图 2.6.7(b)、(f)）。图 2.6.7(e)～(h)表明 PAO 和 SPAO 也能有效地杀死 MRSA。由于 MRSA 的接种浓度（$10^6\ CFU/mL$）比大肠杆菌（$10^4\ CFU/mL$）要高 2 个数量级，因此 PAO 和 SPAO 处理的 MRSA 的抑菌环直径要小于大肠杆菌（比较图 2.6.7(a)、(b)和图 2.6.7(e)、(f)）。

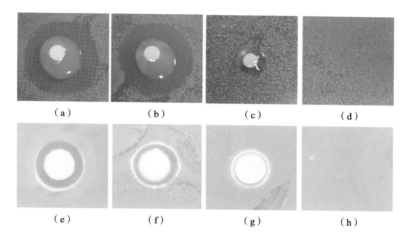

图 2.6.7 PAO、SPAO 及橄榄油处理大肠杆菌和 MRSA 的结果[80]

(a)、(e) 为 PAO；(b)、(f) 为 SPAO(2 ℃～8 ℃,闭光三个月以上)；(c)、(g) 为橄榄油；(d)、(h) 为对照组；(a)～(d) 为大肠杆菌,(e)～(h) 为 MRSA

基于上述实验结果,可以得出影响等离子体活化油杀菌效率的两个关键因素。第一个是等离子体活化油中的羧酸,它可以导致细胞膜破裂,抑制必需的代谢反应,并使细胞内 pH 稳态失衡[95]。除了实验中使用的非致病性大肠杆菌外,羧酸还可以杀死其他几种细菌[96]。第二个因素是 H_2O_2。H_2O_2 由正负离子、氢过氧化物和二烷基过氧化物等产生,并且其又可以产生更多具有生物活性的和细胞毒性的含氧活性粒子,例如羟基自由基,它是一种强氧化剂并且可以引发诸多生物大分子的氧化[97]。

4. PAO 的伤口愈合效果

下面采用经过 4 h N-APPJ 处理后的 PAO 对伤口进行处理,所得结果如图 2.6.8 所示。可以得出,PAO 组创面愈合时间明显短于对照组和未经 N-APPJ 处理的橄榄油组。至第 7 天时,与橄榄油组和对照组相比,PAO 组的伤口愈合情况已有显著改善。至第 14 天,PAO 组创面愈合,对照组和橄榄油组创面愈合率分别为 79% 和 83%。对照组伤口在第 19 天才完全闭合。对比 SPAO 可知,存储 3 个月后的活化油仍然具有加速伤口愈合的能力。具体地,SPAO 处理伤口愈合率在第 3 天为 35%,第 7 天为 60%,第 10 天为 86%,第 14 天为 95%。这非常接近等离子体立即处理后的活化油伤口愈合率。

进一步对 PAO 处理后的小鼠皮肤进行了免疫组化分析。成纤维细胞可

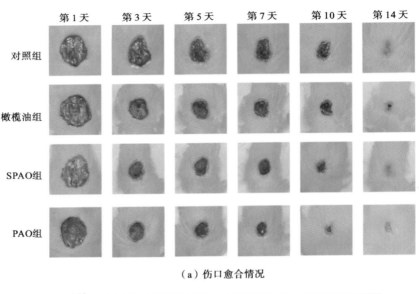

（a）伤口愈合情况

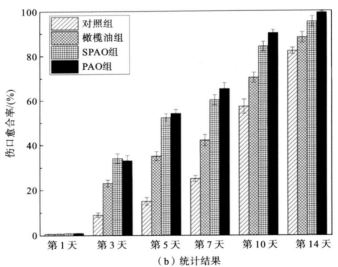

（b）统计结果

图 2.6.8　PAO、SPAO、橄榄油处理伤口愈合照片及统计结果[80]

以影响细胞周期蛋白 CD34（促进胶原合成和基质再生的诱导）和血管内皮生长因子 VEGF 的产生，因而其在皮肤伤口的上皮化中起到很关键的作用。CD34 和 VEGF 都是由转录因子 NFkB 调节的基因，NFkB 可以被氧化剂激活[98]。因此，在伤口局部释放过氧化物或其介质可以激活伤口中的 NFkB 转录因子，促进其向细胞核的易位，以及在伤口愈合中发挥关键作用的 CD34 和

大气压非平衡等离子体射流灭活口腔内致病微生物及促进伤口愈合

VEGF 的转录。

　　CD34 和 VEGF 的免疫细胞化学反应强度如图 2.6.9 所示。根据处理后第 7 天组织检查,各组 CD34 和 VEGF 免疫组化染色均为阳性。从图 2.6.9

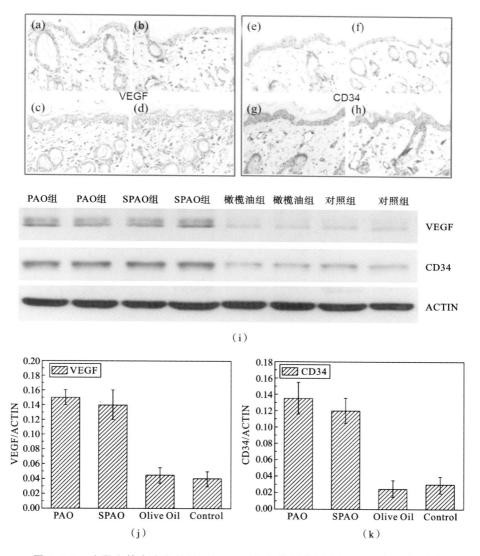

图 2.6.9　小鼠血管内皮生长因子(VEGF)和细胞周期蛋白(CD34)表达情况[80]

　　(a) 空白对照组 VEGF 表达;(b) 橄榄油组 VEGF 表达;(c) PAO 组 VEGF 表达;(d) SPAO 组 VEGF 表达;(e) 空白对照组 CD34 表达;(f) 橄榄油组 CD34 表达;(g) PAO 组 CD34 表达;(h) SPAO CD34 表达;(i) Western Blot 分析结果;(j)、(k) VEGF 和 CD34 累积光密度值比较[80]

中可以直观地看出 VEGF 与 CD34 在等离子体活化油组的累积光密度值要显著高于对照组和橄榄油组。其中，VEGF 中对照组为 420 ± 100，橄榄油组为 530 ± 110，SPAO 组为 1550 ± 200，PAO 组为 1650 ± 200；CD34 中对照组为 400 ± 100，橄榄油组为 370 ± 80，SPAO 组为 1110 ± 120，PAO 组为 1220 ± 110。VEGF 与 CD34 在皮下组织的阳性表达要更多，也就说明小鼠皮肤伤口微血管数量增殖更多，恢复速率更快。此外，Western Blot 分析（图 2.6.9(i)～(k)）进一步表明，PAO 和 SPAO 组的 VEGF 与 CD34 蛋白表达量明显比橄榄油和对照组的更高。与相关臭氧油的研究结果对比，臭氧油组和对照组累计光密度值的比值 VEGF 分别为 2.78 和 2.5[99]，而本研究中对应的比值为 4.15 和 3.04。因此，等离子体活化油相比臭氧油能够促进更多生长因子的释放，而这也归因于等离子体活化油中更高的过氧化物含量。

2.6.2　大气压非平衡等离子体射流活化紫草油及其杀菌和治疗效果评估

1. PARAO 的制备

紫草油中的紫草素是一种有较强脂溶性的萘醌类化合物，呈紫红色，具有抗炎、抗菌、抗癌等作用，也是紫草油中的主要有效成分。其含量可通过紫外-可见分光光度法测定。采用与 2.2.1 节相同的 N-APPJ 装置直接处理紫草油（RAO）。该装置使用交流电源驱动，电压峰-峰值为 24 kV，频率为 10 kHz。所用工作气体为 Ar+10%O₂，气体流量为 0.5 L/min。图 2.6.10(a)给出了 N-APPJ 处理紫草油的示意图。处理时，首先在反应容器中加入 100 g 紫草油。然后用 N-APPJ 装置的末端喷嘴置于油面以下 2 mm 的位置放电处理 1～24 h。图 2.6.10(b)为等离子体处理紫草油的瞬态照片。由于气流的注入，使得油中形成了不稳定的空腔，气体在空腔内的放电是以射流形式，以及空腔内表面沿面放电共同组成。这与 2.6.1 节所述的 N-APPJ 处理活化油的瞬态过程一致。图 2.6.10(c)为未处理的紫草油和经 N-APPJ 处理完毕的紫草活化油的照片。从外观上，两者近乎没有差别。

PARAO 抗菌活性评估方法与前面相同。采用铜绿假单胞菌和 MRSA 进行菌液制备。然后在 20 个琼脂平板分别接种铜绿假单胞菌(105 CFU/mL)和 MRSA 菌液(106 CFU/mL)。之后将直径为 6 mm，含有 100 mg PARAO 或 RAO 的滤纸盘放置在琼脂表面，并将培养基置于 37 ℃培养箱中培养 12 h。培养结果如在滤纸盘周围有可见的抑菌环，则表明 PARAO 或 RAO 对铜绿假单胞菌和 MRSA 有抗菌活性。然后测量抑菌圈的直径。每组实验重复 6 个样本。

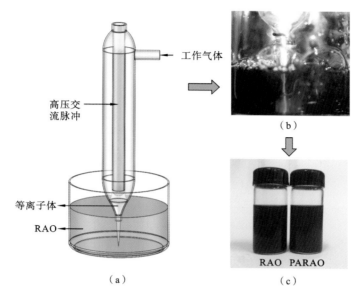

图 2.6.10　N-APPJ 活化紫草油[82]

（a）N-APPJ 处理紫草油示意图；（b）N-APPJ 处理紫草油的瞬态照片；

（c）未处理的 RAO 和经 8 h N-APPJ 处理的 PARAO 照片

2. PARAO 主要参数检测结果

图 2.6.11(a)为 PARAO 的过氧化值和紫草素吸光度随处理时间的变化，其中，0 h 的值代表未经处理的紫草油。在 N-APPJ 处理前 8 h，过氧化值的增加较为明显，从最开始的 4 meq/kg 增加到 300 meq/kg。此后，过氧化物增加幅度放缓。PARAO 的紫外吸光度结果表明，紫草素浓度在 0～8 h 内仅下降 5.4%，而处理 24 h 紫草素浓度下降 34.5%。因此，等离子体处理引起的紫草素的减少是有限的，尤其是 N-APPJ 处理 8 h 内，紫草素含量变化不大，这与图 2.6.10(c)给出的 RAO 和 PARAO 的颜色是一致的。尽管较高的过氧化值可以促进灭菌，然而，尽可能高的紫草素可以维持 RAO 的基本功能。因此，下面的实验均使用 8 h N-APPJ 处理的 PARAO 来研究其灭菌效果和对烧伤创面的愈合效果。

如图 2.6.11(b)所示，随着处理时间的增加，PARAO 的碘值从 123 g/100g 降低到 67 g/100g。不饱和程度降低，这表明 C＝C 双键被等离子体中的高能粒子打开，形成了活性物质。图 2.6.11(c)中可以看到随着等离子体处

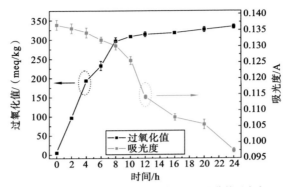

（a）PARAO的过氧化值和表征紫草含量的紫外吸光度

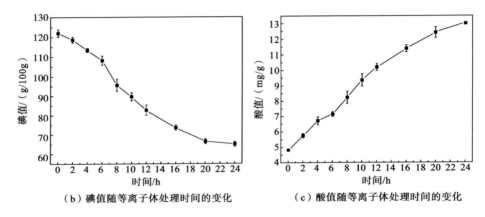

（b）碘值随等离子体处理时间的变化   （c）酸值随等离子体处理时间的变化

图 2.6.11   PARAO 的过氧化值、表征紫草素含量的紫外吸光度、

碘值和酸值随 N-APPJ 处理时间的变化[82]

理时间的增加，PARAO 的酸值从 4.8 mg/g 增加到 13 mg/g，由 2.6.1 节可知，这是羧酸产生导致的结果。

通过对比 RAO 和 PARAO 的 FTIR 结果（图 2.6.12）可以看出，C＝C（1656 cm^{-1}）和＝C—H（3009 cm^{-1}）的透光率减小，而 C—O（1105 cm^{-1}、1170 cm^{-1}）、C＝O（1746 cm^{-1}）和 O—H（3474 cm^{-1}）的透光率显著增加[89]。由于 RAO 的主要成分是芝麻油，其主要的不饱和脂肪酸包括具有三个 C＝C 双键的亚麻酸、具有两个 C＝C 双键的亚油酸和具有单个 C＝C 双键的油酸。等离子体-油交界面处的放电进一步增强了这些不饱和脂肪酸的分解和氧化。C＝C 展宽和＝C—H 展宽的减少，以及 C—O、C＝O 和 O—H 展宽振动的增加，表明等离子体中的高能活性粒子对 C＝C 双键进行了解离和氧化，其中主要产物为羧酸和 H$_2$O$_2$。这与等离子体活化油的产生机制相同，也是其作用

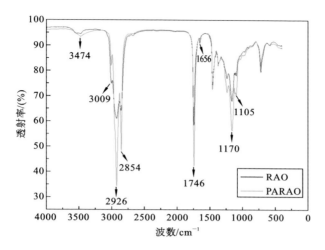

图 2.6.12　PARAO 和 RAO 的 FTIR 结果对比[82]

皮肤创面时的主要活性物质。

3. PARAO 的杀菌效果

由于烧伤创面经常会受到 MRSA 以及铜绿假单胞菌等细菌的感染,因此,下面研究了 PARAO 对体外 MRSA 以及铜绿假单胞菌的抗菌活性。如图 2.6.13 所示,培养结果表明,相比较 RAO 以及对照组,PARAO 对 MRSA 和

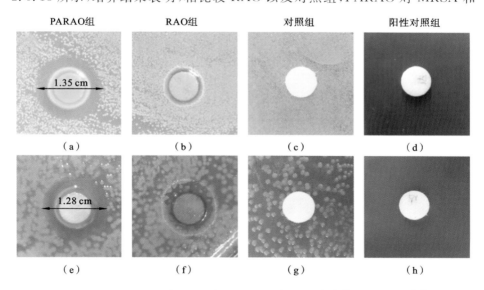

图 2.6.13　PARAO 及 RAO 处理 MRSA、铜绿假单胞菌的实验结果[82]

(a)、(b) MRSA;(e)、(f)铜绿假单胞菌;(c)、(g) 空白对照组;(d)、(h) 采用头孢他啶处理的阳性对照组

铜绿假单胞菌具有很强的抗菌作用。其中,PARAO 处理 MRSA 的抑菌环直径为(1.35±0.25) cm,而由 RAO 处理下方仍存在少量菌落,说明 RAO 的灭活作用较弱。由 2.6.1 节可知,这主要是由于高浓度的过氧化氢以及羧酸的作用。进一步比较发现,PARAO 对 MRSA 的灭活效率要高于铜绿假单胞菌,并且优于 PAO 处理 MRSA 的结果(约 1.1 cm),这说明了药物增强型的 PARAO 具有更好的杀菌效果。阳性对照组头孢他啶的灭菌效率远高于等离子体活化紫草油,其对 MRSA 和铜绿假单胞菌的抑菌环直径分别为(4±0.3) cm 和(6±0.5) cm,如图 2.6.13(d)和(h)所示。

4. PARAO 的伤口愈合效果

图 2.6.14(a)给出了 PARAO 处理小鼠烧伤创面后的愈合情况。相比较空白对照组(无任何处理)和 RAO 组,采用 N-APPJ 处理的活化紫草油可以显著加速小鼠烧伤创面的愈合。由于免疫系统自身造成的炎症反应,烧伤创面早期会出现水肿,表现为伤口区域面积扩大。然而,图 2.6.14(a)显示第 3 天 PARAO 组的伤口扩展明显低于其他两组,这说明 PARAO 能够减轻这种由于炎症反应造成的水肿现象。在通过 PARAO 治疗 5 天后,伤口减小到初始伤口大小的(84.2±5.3)%,情况明显好于 RAO 组的伤口(98.3±6.3)%;而空白对照组中伤口仍然处于水肿状态,其大小为初始伤口的(110.2±7.3)%;除了能够减轻水肿以外,PARAO 组相比其他组能够更早地出现再上皮化,肉芽组织也更加完整。在第 14 天,PARAO 组的伤口已完全闭合,而此时空白对照组和 RAO 组的伤口闭合率仍只有 77% 和 89%。RAO 组和空白对照组的伤口分别在第 16 天和第 19 天闭合。由于检测结果已表明 N-APPJ 处理(8 h)对紫草素的影响很小。因而,PARAO 不仅保留了 RAO 促进伤口愈合的能力,还能产生高浓度的 H_2O_2 和羧酸来进一步增强其活性,从而加快了伤口愈合。

进一步对伤口切片进行了免疫组化分析。图 2.6.15 为 H&E 染色照片。第 1 天中三组样本的组织切片显示,全部表皮和部分真皮层受到损伤,并且发生了水肿,而更深处的筋膜和肌肉组织并未损伤,说明伤口均为Ⅱ度烫伤。到了第 7 天,可以发现三组均出现了再上皮化,但 PARAO 组中的上皮组织更加平滑、成熟,与真皮层间的边界更清晰;而 RAO 组中纤维蛋白凝块仍保留在伤口上。在整个治疗期间,PARAO 组的再上皮过程也较 RAO 组更快。在第 14 天,可以观察到 PARAO 组的肉芽组织成熟度和表皮层结构均优于其他两组,

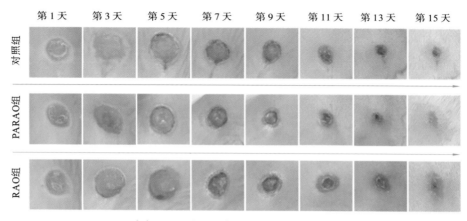

（a）PARAO和RAO处理小鼠烧伤创面后的愈合情况

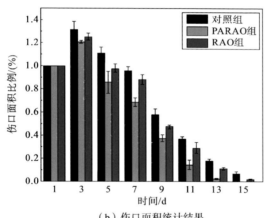

（b）伤口面积统计结果

图 2.6.14　PARAO 及 RAO 处理小鼠烧伤创面后的愈合情况和统计结果[82]

且出现了毛囊结构等皮肤附属物，具有与正常皮肤相似的组织学和形态，伤口区域完全再生；而此时在空白对照组中仍观察到淋巴细胞和中性粒细胞浸润。综上，PARAO 组比其他两组表现出了更轻的炎症反应，更快速以及更优秀的再上皮化过程。

胶原蛋白是皮肤的主要成分，通过提供组织强度和细胞外基质框架来促进细胞黏附和迁移，因而在组织愈合中非常重要。胶原蛋白也是影响疤痕愈合的关键因素之一，过度炎症和胶原蛋白的不成熟会引起的疤痕皮肤具有明显不同于正常皮肤的胶原蛋白模式。图 2.6.16 进一步给出了伤口组织切片

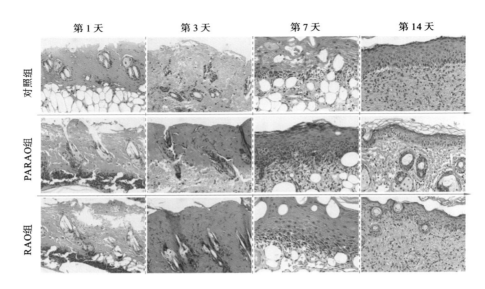

图 2.6.15 PARAO、RAO 处理以及对照组第 1、第 3、第 7 和第 14 天的伤口组织 H&E 染色图像[82]

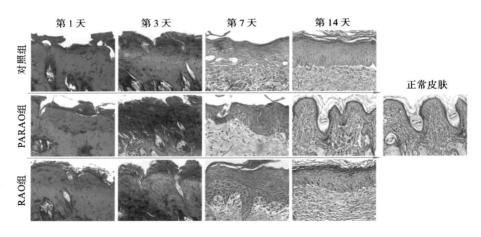

图 2.6.16 PARAO、RAO 处理以及对照组第 1、第 3、第 7 和第 14 天的伤口组织 MT 染色图像[82]

的 MT 染色照片。可以看出，在整个伤口愈合的过程中，PARAO 治疗组的切片具有更快速的胶原沉积以及更整齐的连续胶原蛋白排列，并且其状态也最接近正常皮肤。

参考文献

［1］ Laroussi M. Sterilization of contaminated matter with an atmospheric pressure plasma［J］. IEEE Transactions on Plasma Science，1996，24：1188-1191.

［2］ Moisan M，Barbeau J，Crevier M-C，et al. Plasma sterilization，methods and mechanisms［J］. Pure and Applied Chemistry，2002，74：349-358.

［3］ Lerouge S，Wertheimer M，Yahia L. Plasma Sterilization：a review of parameters，mechanisms，and limitations［J］. Plasmas and Polymers，2001，6：175-188.

［4］ Al-Shamma'a A，Pandithas I，Lucas J. Low-pressure microwave plasma ultraviolet lamp for water purification and ozone applications［J］. Journal of Physics D：Applied Physics，2001，34：2775.

［5］ Chen C，Fan H，Kuo S，et al. Blood clotting by low-temperature air plasma［J］. IEEE Transactions on Plasma Science，2009，37：993-999.

［6］ Fridman G，Peddinghaus M，Balasubramanian M，et al. Blood coagulation and living tissue sterilization by floating-electrode dielectric barrier discharge in air［J］. Plasma Chemistry and Plasma Process，2006，26：425-442.

［7］ Gaunt L，Beggs C，Georghiou G. Bactericidal action of the reactive species produced by gasdischarge nonthermal plasma at atmospheric pressure：a review［J］. IEEE Transactions on Plasma Science，2006，34：1257-1269.

［8］ Stoffels E，Sakiyama Y，Graves D. Cold atmospheric plasma：charged species and their interactions with cells and tissues［J］. IEEE Transactions on Plasma Science，2008，36：1441-1457.

［9］ Laroussi M，Mendis D，Rosenberg M. Plasma interaction with microbes［J］. New Journal of Physics，2003，5：41-41.

［10］ Fridman G，Friedman G，Gutsol A，et al. Applied plasma medicine［J］. Plasma Processes and Polymers，2008，5：503-533.

［11］ Dobrynin D，Fridman G，Friedman G，et al. Physical and biological mechanisms of direct plasma interaction with living tissue［J］. New Journal of

Physics，2009，11：115020.

[12] Graves D B. The emerging role of reactive oxygen and nitrogen species in redox biology and some implications for plasma applications to medicine and biology[J]. Journal of Physics D：Applied Physics，2012，45：263001.

[13] Reuter S，Tresp H，Wende K，et al. From RONS to ROS：tailoring plasma jet treatment of skin cells[J]. IEEE Transactions on Plasma Science，2012，40：2986-2993.

[14] Imlay J A，Chin S M，Linn S. Toxic DNA damage by hydrogen peroxide through the Fenton reaction in vivo and in vitro[J]. Science，1988，240：640-642.

[15] Henle E S，Linn S. Formation，prevention，and repair of DNA damage by Iron/Hydrogen peroxide[J]. Journal of Biological Chemistry，1997，272：19095-19098.

[16] Doubla A，Laminsi S，Nzali S，et al. Organic pollutants abatement and biodecontamination of brewery effluents by a non-thermal quenched plasma at atmospheric pressure[J]. Chemosphere，2007，69：332-337.

[17] Kuzina S I，Mikhailov A I. Photo-oxidation of polymers—2. Photo-chain reaction of peroxide radicals in polystyrene[J]. European Polymer Journal，1998，34：291-299.

[18] Jurkiewicz B A，Buettner G R. Ultraviolet light-induced free radical formation in skin：an electron paramagnetic resonance study[J]. Photochemistry and Photobiology，1994，59：1-4.

[19] Chadwick C，Potten C，Nikaido O，et al. The detection of cyclobutane thymine dimers，(6-4) photolesions and the dewar photoisomers in sections of UV-irradiated human skin using specific antibodies，and the demonstration of depth penetration effects[J]. Journal of Photochemistry and Photobiology B-Biology，1995，28：163-170.

[20] Ogura R，Sugiyama M，Nishi J，et al. Mechanism of lipid radical formation following exposure of epidermal homogenate to ultraviolet light [J]. Journal of Investigative Dermatology，1991，97：1044-1047.

[21] Sharrer M J,Summerfelt S T,Bullock G L,et al. Inactivation of bacteria using ultraviolet irradiation in a recirculating salmonid culture system [J]. Aquacultural Engineering,2005,33:135-149.

[22] Zamir M,Otaki M,Furumai H,et al. Direct and indirect inactivation of microcystis aeruginosa by UV-radiation[J]. Water Research,2001,35: 1008-1014.

[23] Deng X,Shi J,Kong M G. Physical mechanisms of inactivation of bacillus subtilis spores using cold atmospheric plasmas[J]. IEEE Transactions on Plasma Science,2006,34:1310-1316.

[24] Sosnin E A,Stoffels E,Erofeev M V,et al. The effects of UV irradiation and gas plasma treatment on living mammalian cells and bacteria:a comparative approach[J]. IEEE Transactions on Plasma Science,2004, 32:1544-1550.

[25] Lu X,Jiang Z,Xiong Q,et al. An 11 cm long atmospheric pressure cold plasma plume for applications of plasma medicine[J]. Applied Physics Letters,2008,92:081502.

[26] Lu X,Jiang Z,Xiong Q,et al. A single electrode room-temperature plasma jet device for biomedical applications[J]. Applied Physics Letters, 2008,92:151504.

[27] Laroussi M,Akan T. Arc-free atmospheric pressure cold plasma jets:a review[J]. Plasma Processes and Polymers,2007,4:777-788.

[28] Lee M H,Park B J,Jin S C,et al. Removal and sterilization of biofilms and planktonic bacteria by microwave-induced argon plasma at atmospheric pressure[J]. New Journal of Physics,2009,11:115022.

[29] Haddow D B,MacNeil S,Short R D. A cell therapy for chronic wounds based upon a plasma polymer delivery surface[J]. Plasma Processes and Polymers,2006,3:419-430.

[30] Monna V,Nguyen C,Kahil M,et al. Sterilization of dental bacteria in a flowing N-O$_2$ postdischarge reactor[J]. IEEE Transactions on Plasma Science,2002,30:1437-1439.

[31] Lee H W,Kim G J,Kim J M,et al. Tooth bleaching with nonthermal at-

mospheric pressure plasma[J]. Journal of Endodontics，2009，35：
587-591.

[32] Shashurin A，Keidar M，Bronnikov S，et al. Living tissue under treatment of cold plasma atmospheric jet[J]. Applied Physics Letters，2008，93：181501.

[33] Zhang X，Li M，Zhou R，et al. Ablation of liver cancer cells in vitro by a plasma needle[J]. Applied Physics Letters，2008，93：021502.

[34] Kim S J，Chung T H，Bae S H，et al. Induction of apoptosis in human breast cancer cells by a pulsed atmospheric pressure plasma jet[J]. Applied Physics Letters，2010，97：023702.

[35] Patil S，Rao R S，Sanketh D S，et al. Microbial flora in oral diseases[J]. Journal of Contemporary Dental Practice，2013，14：1202-1208.

[36] Langeland K，Rodrigues H，Dowden W. Periodontal disease，bacteria，and pulpal histopathology[J]. Oral Surgery Oral Medicine Oral Pathology，1974，37：257-270.

[37] Laudenbach J M，Simon Z. Common dental and periodontal diseases：evaluation and management[J]. Medicina Clínica，2014，98：1239-1260.

[38] Beck J D，Slade G，Offenbacher S. Oral disease，cardiovascular disease and systemic inflammation[J]. Periodontology，2010，10：1034.

[39] Siqueira J F. Aetiology of root canal treatment failure：why well-treated teeth can fail[J]. International Endodontic Journal，2001，34：1-10.

[40] Stuart C H，Schwartz S A，Beeson T J，et al. Enterococcus faecalis：its role in root canal treatment failure and current concepts in retreatment [J]. Journal of Endodontics，2006，32：93-98.

[41] Sladek R E J，Stoffels E，Walraven R，et al. Koolhoven，plasma treatment of dental cavities：a feasibility study[J]. IEEE Transactions on Plasma Science，2004，32：1540-1543.

[42] Sladek R E J，Stoffels E. Deactivation of escherichia coliby the plasma needle[J]. Journal of Physics D：Applied Physics，2005，38：1716-1721.

[43] Lu X，Cao Y，Yang P，et al. An RC plasma device for sterilization of root canal of teeth[J]. IEEE Transactions on Plasma Science，2009，37：

668-673.

[44] Silva B R,Freitas V A A,Nascimento-Neto L G,et al. Antimicrobial peptide control of pathogenic microorganisms of the oral cavity:a review of the literature[J]. Peptides,2012,36:315-321.

[45] Costerton W,Veeh R,Shirtliff M,et al. The application of biofilm science to the study and control of chronic bacterial infections[J]. Journal of Clinical Investigation,2003,112:1466-1477.

[46] Gosain A,DiPietro L A. Aging and wound healing[J]. World Journal of Surgery,2004,28:321-326.

[47] Jeffcoate W J,Harding K G. Diabetic foot ulcers[J]. The Lancet,2003, 361:1545-1551.

[48] Etufugh C N,Phillips T J. Venous ulcers[J]. Clinics in Dermatology, 2007,25:121-130.

[49] Brehmer F,Haenssle H A,Daeschlein G,et al. Alleviation of chronic venous leg ulcers with a hand-held dielectric barrier discharge plasma generator (PlasmaDerm® VU-2010):results of a monocentric,two-armed, open,prospective,randomized and controlled trial (NCT01415622)[J]. Journal of the European Academy of Dermatology and Venereology,2015, 29:148-155.

[50] Bekeschus S,Schmidt A,Weltmann K-D,et al. The plasma jet kINPen- A powerful tool for wound healing[J]. Clinical Plasma Medicine,2016, 4:19-28.

[51] Wandke D. PlasmaDerm®- Based on di_CAP technology,in comprehensive clinical plasma medicine:cold physical plasma for medical application[M]. Springer International Publishing,2018.

[52] Utsumi F,Kajiyama H,Nakamura K,et al. Effect of indirect nonequilibrium atmospheric pressure plasma on anti-proliferative activity against chronic chemo-resistant ovarian cancer cells in vitro and in vivo[J]. PLoS One,2013,10:12-16.

[53] Traylor M J,Pavlovich M J,Karim S P,et al. Long-term antibacterial efficacy of air plasma-activated water[J]. Journal of Physics D:Applied

Physics，2011,44:472001.

[54] Lu X,Ye T,Cao Y,et al. The roles of the various plasma agents in the inactivation of bacteria［J］. Journal of Applied Physics，2008,104:053309.

[55] Kossyi I A,Kostinsky A Y,Matveyev A A,et al. Kinetic scheme of the non-equilibrium discharge in nitrogen-oxygen mixtures［J］. Plasma Sources Science and Technology，1992,1:207.

[56] Lu X. Effects of gas temperature and electron temperature on species concentration of air plasmas［J］. Journal of Applied Physics，2007,102:033302.

[57] Becker K H,Kogelschatz U,Schoenbach K H,et al. Non-equilibrium air plasmas at atmospheric pressure［M］. CRC Press，2004.

[58] Jeong J Y,Park J,Henins I,et al. Reaction chemistry in the afterglow of an helium-oxygen,atmospheric pressure plasma［J］. Journal of Physical Chemistry A，2000,104:8027-8032.

[59] Mysak J,Podzimek S,Sommerova P Y,et al. Porphyromonas gingivalis：major periodontopathic pathogen overview［J］. Journal of Immunology Research，2014,10:1155.

[60] Genco C A,Van T,Amar S. Animal models for Porphyromonas gingiva-lis-mediated periodontal disease［J］. Trends Microbiology，1998,6:444-449.

[61] Winkelhoff A J V,Loos B G,Reijden W A V D,et al. Velden,Porphy-romonas gingivalis,Bacteroides forsythus and other putative periodontal pathogens in subjects with and without periodontal destruction［J］. Journal of Clinical Periodontology，2002,29:1023-1028.

[62] 熊紫兰.大气压常温等离子体射流源及其在根管治疗中的应用研究［D］. 武汉:华中科技大学,2013.

[63] Xiong Z,Du T,Lu X,et al. How deep can plasma penetrate into a bio-film［J］. Applied Physics Letters，2011,10:1063.

[64] Cao Y,Yang P,Lu X,et al. Efficacy of atmospheric pressure plasma as an antibacterial agent against enterococcus faecalis in vitro［J］. Plasma

Science and Technology，2011,3:93-98.

[65] Zhou X，Xiong Z，Cao Y，et al. The antimicrobial activity of an atmosphericpressure room-temperature plasma in a simulated Root-Canal model infected with enterococcus faecalis[J]. IEEE Transactions on Plasma Science，2010,10:1109.

[66] Distel J W，Hatton J F，Gillespie M J. Biofilm formation in medicated root canals[J]. Journal of endodontics，2002,8:689-693.

[67] Pei X，Lu X，Liu J，et al. Inactivation of a 25.5 μm enterococcus faecalis biofilm by a room-temperature，battery-operated，handheld air plasma jet[J]. Journal of Physics D:Applied Physics，2012,45:165205.

[68] Yan X，Xiong Z，Zou F，et al. Plasma-induced death of hepG2 cancer cells:intracellular effects of reactive species[J]. Plasma Processes and Polymers，2012,12:59-66.

[69] Kong M G，Kroesen G，Morfill G，et al. Zimmermann，plasma medicine: an introductory review[J]. New Journal of Physics,2009:115012.

[70] Nosenko T，Shimizu T，Morfill G E. Designing plasmas for chronic wound disinfection[J]. New Journal of Physics，2009:115013.

[71] Du T，Shi Q，Shen Y，et al. Effect of modified nonequilibrium plasma with chlorhexidine digluconate against endodontic biofilms in vitro[J]. Journal of Endodontics，2013,1438-1443.

[72] Redding S W，Bailey C W，Lopez-Ribot J L，et al. Candida dubliniensis in radiation-induced oropharyngeal candidiasis[J]. Oral Surgery Oral Medicine Oral Pathology Oral Radiology ＆ Endodontology，2001,6: 659-662.

[73] Nicolatou-Galitis O，Dardoufas K，Markoulatos P，et al. Oral pseudomembranous candidiasis，herpes simplex virus-1 infection，and oral mucositis in head and neck cancer patients receiving radiotherapy and granulocyte-macrophage colony-stimulating factor（GM-CSF）mouthwash [J]. Journal of Oral Pathology ＆ Medicine，2001,30:471-480.

[74] Xiong Z，Lu X，Feng A，et al. Highly effective fungal inactivation in He ＋O$_2$ atmospheric pressure nonequilibrium plasmas[J]. Physics of Plas-

mas，2010，17：123502.

[75] Waskoenig J，Niemi K，Knake N，et al. Atomic oxygen formation in a radio-frequency driven micro-atmospheric pressure plasma jet[J]. Plasma Sources Science and Technology，2010，19：045018.

[76] Park G Y，Hong Y J，Lee H W，et al. A global model for the identification of the dominant reactions for atomic Oxygen in He/O_2 atmospheric pressure plasmas[J]. Plasma Processes and Polymers，2010，7：281-287.

[77] Xiong Z，Lu X，Cao Y，et al. Room-temperature, atmospheric plasma needle reduces adenovirus gene expression in HEK 293A host cells[J]. Applied Physics Letters，2011，99：253703.

[78] Tookey P，Peckham C S. Neonatal herpes simplex virus infection in the British Isles［J］. Paediatric & Perinatal Epidemiology，1996，10：432-442.

[79] Krawczyk A，Arndt M A E，Grosse-Hovest L，et al. Overcoming drug-resistant herpes simplex virus（HSV）infection by a humanized antibody[J]. PNAS，2013，110：6760-6765.

[80] Zou X，Xu M，Pan S，et al. Plasma activated oil：fast production，reactivity，stability，and wound healing application［J］. ACS Biomaterials Science & Engineering，2019，5：1611-1622.

[81] Shen J，Tian Y，Li Y，et al. Bactericidal effects against S. aureus and physicochemical properties of plasma activated water stored at different temperatures[J]. Sci Rep，2016，6：28505.

[82] Pan S，Xu M，Gan L，et al. Plasma activated radix arnebiae oil as innovative antimicrobial and burn wound healing agent[J]. Journal of Physics D：Applied Physics，2019，52：335201.

[83] Braun D，Kuchler U，Pietsch G. Microdischarges in air-fed ozonizers[J]. Journal of Physics D：Applied Physics，1991，24：564-572.

[84] Ono R，Oda T. Ozone production process in pulsed positive dielectric barrier discharge[J]. Journal of Physics D：Applied Physics，2006，40：176-182.

[85] Sadowska J，Johansson B，Johannessen E，et al. Characterization of ozon-

ated vegetable oils by spectroscopic and chromatographic methods[J].
Chemistry & Physics of Lipids, 2008,151:85-91.

[86] Liu X Y, Pei X K, Lu X, et al. Numerical and experimental study on a
pulsed-DC plasma jet[J]. Plasma Sources Science and Technology,
2014,23:035007.

[87] Battino R, Rettich T R, Tominaga T. The solubility of oxygen and ozone
in liquids[J]. Journal of Physical and Chemical Reference Data, 1983,
12:163-178.

[88] Beşen B S, Balci O, Güneşoğlu C, et al. Obtaining medical textiles inclu-
ding microcapsules of the ozonated vegetable oils[J]. Fibers and Poly-
mers, 2017,18:1079-1090.

[89] Oliveira P, Almeida N, Conda-Sheridan M, et al. Ozonolysis of neem oil:
preparation and characterization of potent antibacterial agents against
multidrug resistant bacterial strains [J]. Rsc Advances, 2017, 7:
34356-34365.

[90] Díaz M F, Gavín J A, Gómez M, et al. Study of ozonated sunflower oil u-
sing 1H NMR and microbiological analysis[J]. Ozone Science & Engi-
neering, 2006,28:59-63.

[91] Georgiev V F, Batakliev T T, Anachkov M P, et al. Study of Ozonated
olive oil: monitoring of the ozone absorption and analysis of the obtained
functional groups[J]. Ozone Science & Engineering, 2015,37:55-61.

[92] Soriano N U, Migo V P, Matsumura M. Functional group analysis dur-
ing ozonation of sunflower oil methyl esters by FT-IR and NMR[J].
Chemistry and Physics of Lipids, 2003,126:133-140.

[93] Sechi L A, Lezcano I, Nunez N, et al. Antibacterial activity of ozonized
sunflower oil (Oleozon) [J]. Journal of Applied Microbiology, 2001,
90:279-284.

[94] Yan D, Nourmohammadi N, Bian K, et al. Stabilizing the cold plasma-
stimulated medium by regulating medium's composition[J]. Sci Rep,
2016,6:26016.

[95] Brul S, Coote P. Preservative agents in foods: mode of action and micro-

bial resistance mechanisms[J]. International Journal of Food Microbiology，1999，50：1-17.

[96] Choi Y M，Kim O Y，Kim K H，et al. Combined effect of organic acids and supercritical carbon dioxide treatments against nonpathogenic Escherichia coli，Listeria monocytogenes，Salmonella typhimurium and E. coli O157：H7 in fresh pork[J]. Letters in Applied Microbiology，2009，49：510-515.

[97] Juven B J，Pierson M D. Antibacterial effects of hydrogen peroxide and methods for its detection and quantitation[J]. Journal of Food Protection，1996，59：1233-1241.

[98] Valacchi G，Pagnin E，Corbacho A M，et al. Cross，in vivo ozone exposure induces antioxidant/stress-related responses in murine lung and skin[J]. Free Radical Biology & Medicine，2004，36：673-681.

[99] Krkl C，Yiğit M，Özercan İ，et al. The effect of ozonated olive oil on neovascularizatıon in an experimental skin flap model[J]. Advances in Skin & Wound Care，2016，29：322-327.

第3章
大气压非平衡等离子体
射流诱导癌细胞凋亡

3.1　引言

　　肿瘤的发生和发展是在某些致癌因素的诱导下,机体细胞在基因水平上脱离了正常的调控而无限制过度增殖的过程,涉及多级反应和突变的积累,其原因主要包括细胞的异常增殖和细胞凋亡受到抑制。在此过程中,发生突变的肿瘤细胞越来越不受体内调节机制的控制,并逐渐向正常组织侵袭[1]。肿瘤的发展又赋予突变细胞新的特性,从而增加了肿瘤细胞的恶性程度。因此,对肿瘤的治疗不应局限在杀伤肿瘤细胞和抑制肿瘤细胞分裂、增殖,而应包括启动或增强凋亡机制,诱导肿瘤细胞凋亡[2]。

　　细胞凋亡(apoptosis)是一种程序性细胞死亡(programmed cell death,PCD)方式,是由基因控制的细胞自主的有序的死亡,它涉及一系列基因的激活、表达以及调控,是多细胞有机体为调控机体发育、维护内环境稳定、适应生存环境而主动争取的一种重要机制[3]。发生凋亡的细胞具有独特的形态结构和分子生物学特征,包括细胞皱缩、细胞间连接消失、细胞质密度增加、质膜起泡、细胞膜通透性发生改变、磷脂酰丝氨酸(phosphatidylserine,PS)由细胞膜内翻到细胞膜外、胞质骨架的改变、线粒体膜电位消失并释放细胞色素 C 到胞浆、染色质凝集、胞内活性氧粒子和 Ca^{2+} 浓度的改变,以及凋亡调控基因和蛋白表达的变化等[4]；最终可将凋亡细胞遗骸分割包裹形成凋亡小体，并被吞噬细胞所吞噬。在细胞凋亡过程中无细胞内容物外溢，因此不引起周围的炎症反应。

细胞内主要存在有三条基本的凋亡信号转导途径（图 3.1.1）。第一条是由细胞表面死亡受体（如 Fas、TNF）与细胞外相应配体相结合而激活的"外源性途径"，即死亡受体途径；第二条是由线粒体损伤介导的"内源性途径"，即线粒体途径[5]；第三条是内质网应激介导的"内源性途径"，即内质网途径，该途径会引起胞内钙库内质网中 Ca^{2+} 离子的释放，导致胞内 Ca^{2+} 稳态失衡，通过激活 caspase-12 介导细胞凋亡[6]。这三条途径各具特点但又密切联系，共同协调完成了凋亡信号的传导并最终促进细胞凋亡。目前针对等离子体诱导肿瘤细胞凋亡的研究主要集中在线粒体途径和内质网途径中。

上一章针对大气压非平衡等离子体射流对细菌、真菌及病毒的灭活作用做了简要介绍。那么大气压非平衡等离子体射流对真核生物，特别是对肿瘤细胞有没有类似的效果呢？虽然 Hong Yu 等人早在 2005 年就使用电子显微镜技术观察到了等离子体对酵母细胞膜的破坏作用[8]，然而这种方式的细胞死亡将引起细胞内物质外溢，从而引起炎症等不良后果。因此人们越来越关注大气压非平衡等离子体射流对肿瘤细胞的凋亡诱导作用。在本章中，将分别从大气压非平衡等离子体射流对质粒 DNA 的影响、对肿瘤细胞系的增殖抑制、对肿瘤细胞周期的影响及凋亡的生物机制几方面，深入介绍大气压非平衡等离子体射流在诱导癌细胞凋亡方面的研究进展。

3.2　大气压非平衡等离子体射流对质粒 DNA 的影响

质粒是染色体外的一种双链、闭环的 DNA 分子，并以超螺旋状态存在于宿主细胞中，它具有自主复制和转录能力，能在子代细胞中保持恒定的拷贝数，并稳定表达所携带的遗传信息，因此被广泛应用在分子生物学和基因工程研究中。通过研究大气压非平衡等离子体射流对 pAHC25 质粒 DNA 的作用，将能反映出大气压非平衡等离子体射流对遗传物质的破坏作用，进而为大气压非平衡等离子体射流诱导癌细胞凋亡的机制研究提供必要的实验基础。

这里采用的等离子体射流装置示意图如图 3.2.1 所示[9]，它由内外双层空心石英玻璃管制成，外层石英管长约 5 cm，内径约 6 mm，石英管的一端通入

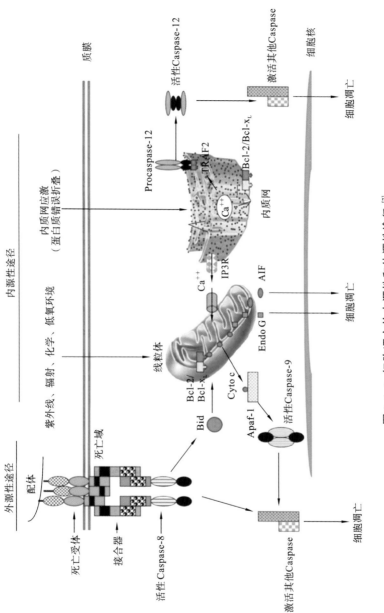

图 3.1.1 细胞凋亡的内源性和外源性途径 [7]

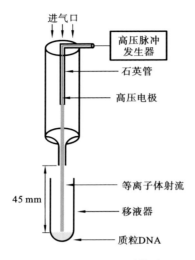

进气口

高压脉冲发生器

石英管

高压电极

等离子体射流

移液器

质粒DNA

45 mm

图 3.2.1　pAHC25 质粒处理
实验装置示意图[9]

气体,另一端喷出等离子体,等离子体出口直径约 1.2 mm;高压脉冲电源的正极通过 2 mm 直径的铜导线接入单端封口的内层石英管中,内层石英管长4 cm,外径为4 mm;内层毛细石英管固定于外层石英玻璃管的中央,封口端距喷嘴约1 cm。该等离子体射流采用 8 kV,8 kHz,脉宽为 1.0 μs 的脉冲电源驱动,工作气体比例为 He：O_2 = 1：0.01。当该射流装置通入一定流速的氦氧混合气体,同时打开高压脉冲电源,等离子体就能从射流装置的喷嘴处喷出。质粒溶解于 60 μL 去离子水中,浓度为 0.1 μg/μL,短暂离心到 EP 管底部用于处理。

　　用大气压非平衡等离子体射流处理各组中的质粒,按时间梯度分为 10 s、30 s、1 min、2 min、4 min、8 min、16 min,每个时间梯度处理 1 个 EP 管的质粒 DNA,同时取 1 组质粒不做任何处理,作为无处理对照组。关上电源用相同流量的气体分别处理 10 s、4 min、16 min,作为气体对照组。喷嘴与 EP 管口的距离为 5 mm,距质粒 DNA 液面 45 mm。等离子体处理完成后进行 0.7% 琼脂糖凝胶电泳检测。

　　处理结果如图 3.2.2 及图 3.2.3 所示,pAHC25 质粒 DNA 经过等离子体处理后,随着处理时间的增加,超螺旋构象的部分逐渐减少,而线性和开环构象的质粒逐渐增加。对于未处理对照组和气体处理组,质粒都是以超螺旋构象存在的。如图 3.2.2 中泳道 1~5 所示,当处理时间达到 4 min 时,超螺旋部分的质粒完全消失(泳道 5)。当处理时间大于 8 min 时,质粒完全变成了碎片(泳道 6 和 7)。为了进一步研究质粒构象变化与等离子体处理时间的关系,分别用等离子体处理质粒 5 min、6 min 和 7 min,结果如图3.2.3所示。当用等离子体处理达到 5 min 时,线性和开环构象的质粒变得越来越明显,如图3.2.3中泳道 2 所示,随着处理时间的继续增加,条带强度逐渐变暗,同时逐渐变得弥散,表明 DNA 逐步地分解。

　　为了进一步研究等离子体对质粒 DNA 上所携带基因的影响,下面首先使用胶回收试剂盒对质粒的琼脂糖凝胶电泳条带进行了纯化,并分别分离得到了

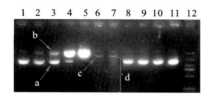

图 3.2.2　等离子体对质粒构象的影响[9]

1～7:等离子体处理 10 s、30 s、1 min、2 min、4 min、8 min 和 16 min;8～10:气体处理对照组;11:无处理对照组;12:DNA Marker DL 10000;a:超螺旋构象质粒;b:开环构象质粒;c:线性构象质粒;d:DNA 碎片

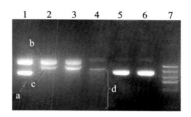

图 3.2.3　等离子体对质粒构象的影响[9]

1～4:等离子体分别处理 1 min、5 min、6 min 和 7 min;5:气体处理对照组;6:无处理对照组;7:DNA Marker DL 10000;a:超螺旋构象质粒;b:开环构象质粒;c:线性构象质粒;d:DNA 碎片

超螺旋、线性和开环构象的质粒,作为 PCR 基因扩增的模板,对 pAHC25 质粒上所携带的 bar(图 3.2.4(a))、ubi-promoter(图 3.2.4(b))和 gus(图 3.2.4(c))基因进行 PCR 扩增,结果表明,经等离子体处理 5 min 后,质粒上所携带的基因并没有明显的缺失。

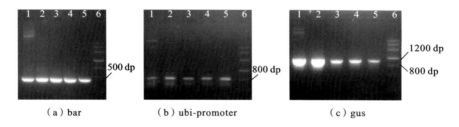

（a）bar　　　　　　　（b）ubi-promoter　　　　　　（c）gus

图 3.2.4　对 bar、ubi-promoter 和 gus 基因的 PCR 扩增结果[9]

1:使用未处理的 pAHC25 质粒做模板;2:使用等离子体处理 5 min 但未纯化的 pAHC25 质粒做模板;3:使用纯化的开环构象的 pAHC25 做模板;4:使用纯化线性构象的 pAHC25 做模板;5:同时使用纯化的开环和线性构象的 pAHC25 做模板;6:DNA marker Ⅲ

综上所述,一定量的等离子体处理能够造成质粒 DNA 的损伤,从而改变了其构象,但是对质粒上所携带的基因没有明显的影响。而高剂量的等离子体处理将直接导致质粒 DNA 完全降解。另一方面,DNA 的损伤是凋亡细胞的一个重要特征,这为等离子体抑制细胞增殖和诱导细胞凋亡的研究提供了一些启发和研究思路。

3.3　大气压非平衡等离子体射流对多种肿瘤细胞系的增殖抑制作用

在本节中,通过利用前期得到的大气压非平衡等离子体射流处理条件和参数,研究其对人肝癌细胞系(HepG2)、前列腺癌细胞系(PC3)、乳腺癌细胞系(MDA-MB-231)、宫颈癌细胞系(Hela)、黑素瘤细胞系(B16)和人正常肝细胞系(L02)的增殖抑制作用。

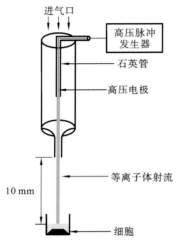

图 3.3.1　细胞实验装置图[10]

各个细胞系分别在相应的培养基中培养至对数生长期后进行传代培养,将细胞浓度调整为 2000 个/孔,接种到 96 孔板中,继续培养 6~8 h,待细胞完全贴壁后进行等离子体处理。等离子体处理时将培养液换成 60 μL PBS。处理装置图如图 3.3.1 所示。等离子体参数如下:使用 He+1% O_2 混合气体,总流速 1 L/min;脉冲直流高压为 8 kV,8 kHz,脉宽为 1.6 μs;喷嘴和 96 孔板的距离为 10 mm。该参数条件下分别使用等离子体处理 1 s (3.125 s/cm²)、2 s (6.25 s/cm²)、4 s (12.5 s/cm²)、6 s (18.75 s/cm²)、8 s (25 s/cm²)、12 s (37.5 s/cm²)、16 s (50 s/cm²)、24 s (75 s/cm²)、32 s (100 s/cm²)、48 s (150 s/cm²),每个时间梯度处理 3 孔细胞。处理后将原来的 PBS 吸出换成新鲜 DMEM 培养液,继续培养 24 h,进行 MTT 法检测细胞活性。

等离子体对几个细胞系的增殖抑制效果如图 3.3.2 所示。从图中可以看出,等离子体对这些细胞系的增殖均有比较明显的抑制作用,但抑制效果也不完全相同。对 HepG2、Hela 和 MDA-MB-231 的抑制更为明显,而对 PC3 的作用则相对要小一些。

IC50 是指诱导肿瘤细胞凋亡 50% 时的药物浓度或剂量。通过计算得到等离子体对上述几个细胞系的 IC50 值分别如下:HepG2 为 21.22 s/cm²,PC3 为 60.53 s/cm²,Hela 为 29.59 s/cm²,MDA-MB-231 为 15.44 s/cm²,B16 为 50.62 s/cm²,L02 为 53.46 s/cm²。对比 HepG2 细胞和 L02 细胞结果可以看出,等离子体虽然对这两个细胞系的增殖都有抑制作用,但是对 L02 细胞的抑

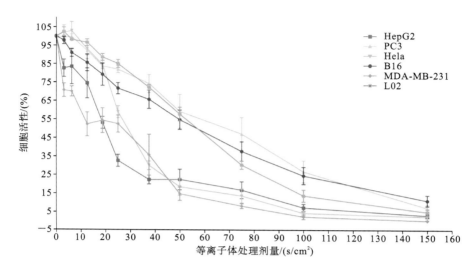

图 3.3.2   等离子体对几个肿瘤细胞系的增殖抑制效果[11]

—■—:HepG2 细胞；—▲—:PC3 细胞；—▼—:Hela 细胞；—●—:MDA-MB-231 细胞；—◆—:B16 细胞；—✳—:L02 细胞

制明显不如 HepG2 细胞强，这表明，L02 细胞对等离子体的耐受程度要强于 HepG2 细胞，即等离子体可以选择性地杀伤肝癌细胞。

下面进一步评估等离子体处理时间和处理后的培养时间对 HepG2 细胞增殖的影响。HepG2 细胞经不同剂量的等离子体处理后，分别培养 0 h、12 h、24 h、36 h 和 48 h，MTT 法检测其细胞活性。结果如图 3.3.3 所示，等离子体对 HepG2 细胞的增殖抑制表现为明显的时间依赖和剂量依赖性。96 孔板中，当等离子体的处理时间达到 2 s 时，细胞继续培养 12 h，细胞的生长已经有了比较明显的抑制作用。

本节比较了等离子体对不同细胞系的增殖抑制效果，发现等离子体对各个细胞系均有不同程度的增殖抑制作用，其中，对 MDA-MB-231 细胞系的抑制效果最强，IC50 值仅为 15.44 s/cm²；而对 PC3 细胞系的抑制效果最弱，IC50 值达到了 60.53 s/cm²。进一步的研究表明，等离子体对 HepG2 细胞的增殖抑制表现为明显的时间依赖性和剂量依赖性。比较等离子体对 HepG2 细胞和 L02 细胞的作用效果，结果表明，虽然等离子体对两个细胞系的增殖均有抑制作用，但是等离子体对 HepG2 细胞的抑制效果明显强于对 L02 细胞的抑制效果，即等离子体可以选择性地杀伤肝癌细胞 HepG2，这暗示着等离子体在肝癌治疗上的应用潜力。

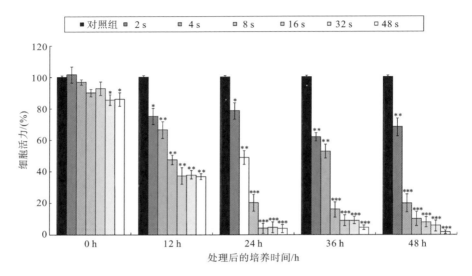

图 3.3.3　MTT 法检测等离子体对 HepG2 细胞系的增殖抑制作用[11]

*$P<0.05$,**$P<0.01$,***$P<0.001$ 和对照组相比;$n=3$

3.4　大气压非平衡等离子体射流诱导 HepG2 细胞的凋亡

　　大气压非平衡等离子体射流可以显著抑制 HepG2 细胞的增殖,但这种增殖抑制作用到底是通过诱导细胞凋亡还是坏死造成的? 细胞凋亡具有典型的生理特征,如细胞皱缩、磷脂酰丝氨酸的外翻、染色质凝集、细胞色素 C 的释放和线粒体膜电位的消失、凋亡小体的形成,等等。为了进一步阐明等离子体是否是通过引起细胞凋亡而抑制 HepG2 细胞增殖的,下面将对其一系列凋亡相关生理特征进行评估。

3.4.1　大气压非平衡等离子体射流对 HepG2 细胞形态的影响

　　首先通过倒置相差显微镜观察等离子体处理对细胞形态的影响。结果如图 3.4.1 所示,与无处理的对照组相比,细胞经等离子体处理 240 s 后,细胞体积明显缩小,形状呈圆形,细胞核固缩,有少许细胞发生脱落;当处理剂量达到 480 s 时,细胞变圆、变小更加明显,细胞脱落得更多,同时,细胞核的颜色变得更深。

3.4.2　大气压非平衡等离子体射流对 HepG2 细胞染色质的影响

　　Hoechst 33342 是一种可以穿透细胞膜的蓝色荧光染料,能够与 DNA 特

（a）对照组　　　　　（b）等离子体处理240 s组　　　（c）等离子体处理480 s组

图 3.4.1　等离子体对 HepG2 细胞形态的影响[11]

异性结合以标记细胞核,对细胞的毒性较低,常用于细胞凋亡检测。正常细胞和处于凋亡早期和中期的细胞均可被 Hoechst 33342 染色。但细胞发生凋亡时,由于染色质凝集和细胞核的固缩断裂等,Hoechst 33342 在凋亡细胞中的荧光强度要比正常细胞中要高。从图 3.4.2 中可以看出,在人肝癌 HepG2 细胞中,经等离子体处理 480 s,多数细胞有细胞核固缩现象,且呈现“异亮”状态,均表明细胞凋亡的发生;而在无处理对照组中,大多数细胞都呈规则的细胞核轮廓,大而圆,几乎没有染色质的凝集和细胞核的固缩。这表明,等离子

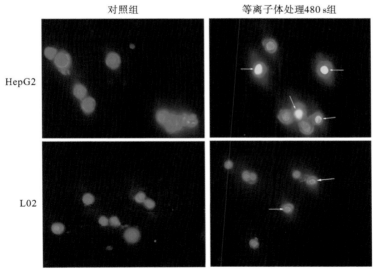

图 3.4.2　Hoechst 33342 荧光染色检测大气压非平衡等离子
体射流处理对细胞质的影响[12]

体处理导致 HepG2 细胞核内染色质固缩,意味着细胞凋亡的发生。然而在人正常肝细胞 L02 中,等离子体处理组仅少数细胞表现出凋亡细胞核形态。上述实验结果表明,等离子体处理可以有效地诱导人肝癌 HepG2 细胞的凋亡,使其呈现出典型的凋亡细胞核形态;然而在人正常肝细胞 L02 中,等离子体的凋亡诱导效果较弱,提示等离子体诱导细胞凋亡具有选择性。

3.4.3　大气压非平衡等离子体射流对 HepG2 细胞线粒体膜电位的影响

细胞凋亡中的一个标志性事件是线粒体膜电位下降乃至消失。JC-1 探针是一种常用的线粒体膜电位检测探针。当正常活细胞线粒体膜较完整、电位较高时,JC-1 聚集在线粒体的基质中,形成聚合物,可以产生红色荧光。然而当细胞发生凋亡时,线粒体外膜通透性发生改变,线粒体膜电位降低,此时 JC-1 为单体形式,不能聚集在线粒体的基质中,产生绿色荧光。使用流式细胞仪可以通过检测 JC-1 从红色到绿色荧光的转变来判断细胞内线粒体膜电位的状态。

细胞按照前面的方法经过等离子体处理并培养 24 h 后,收集细胞并进行 JC-1 探针装载,使用流式细胞仪对细胞荧光进行分析。实验结果如图 3.4.3 所示,从该图可以看出,随着等离子体处理时间的增加,细胞内的绿色荧光逐渐增多,表明细胞线粒体膜电位下降,当处理时间达到 960 s 时,30.8% 的细胞呈现绿色荧光,表明等离子体处理造成了 30.8% 的细胞线粒体膜电位下降,暗

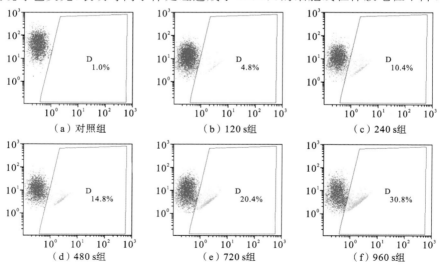

图 3.4.3　等离子体处理后 HepG2 细胞线粒体膜电位的变化[11]

示细胞凋亡的发生。

3.4.4 Annexin V-FITC/PI 双染检测细胞凋亡率

Annexin V 是一类 Ca^{2+} 依赖性的磷脂结合蛋白,可高亲和力地与细胞膜上的 PS 结合。碘化丙啶(propidium iodide,PI)是一种大分子的 DNA 染料,可以与 DNA 链结合激发红色荧光。在正常细胞中,PS 分布在细胞膜磷脂双分子层的内侧。在早期凋亡的细胞中,细胞膜上的 PS 会外翻,使得 PS 暴露于细胞表面,而此时细胞膜完整,PI 染料不能进入细胞膜而结合 DNA 链;在晚期凋亡或坏死细胞中,不仅会出现 PS 外翻,且细胞的细胞膜完整性丧失,PI染料可以自由进入细胞而与 DNA 分子结合,呈现红色荧光;坏死细胞由于细胞膜完全破坏,故仅有 DNA 双链与 PI 结合后 PI 激发的红色荧光。根据此特性,可以使用标记了 FITC 的 Annexin V(绿色)和 PI(红色)作为荧光探针,标记细胞后进行流式细胞术检测,根据细胞内荧光强度的不同将正常、坏死、晚期凋亡、早期凋亡的细胞区分开。在流式结果图中,细胞被分为四个象限,其中,左上象限为坏死细胞(Annexin V 阴性/PI 阳性),右上象限为凋亡晚期细胞(Annexin V 阳性/PI 阳性),左下象限显示活细胞(Annexin V 阴性/PI 阳性),右下象限为早期凋亡细胞(Annexin V 阳性/PI 阴性)。

从图 3.4.4 中可以看出,与无处理的对照组相比,随着等离子体处理时间的增加,细胞凋亡率明显上升(早期凋亡和晚期凋亡),并呈现出典型的等离子体剂量依赖效应。当等离子体处理时间达到 960 s 时,早期凋亡和晚期凋亡的细胞比率分别达到了 22.2% 和 15.0%。此外,处于左上象限的细胞百分比很低(小于 4.5%),属于正常误差范围。这表明,等离子体可以有效地诱导 HepG2 细胞凋亡,而不是坏死,这对于等离子体的临床应用是十分有利的。

接下来进一步检测大气压非平衡等离子体射流处理对人正常肝细胞 L02 的凋亡诱导作用。如图 3.4.5 所示,大气压非平衡等离子体射流处理 720 s 仅诱导 7.1%(5.1%+2.0%)的 L02 细胞发生凋亡;而从图 3.4.4 可看出,相同剂量的大气压非平衡等离子体射流处理可诱导 24.5%(10.6%+13.9%)的 HepG2 细胞发生凋亡。这说明,人正常肝细胞 L02 对于等离子体的敏感性较差,暗示等离子体诱导凋亡作用具有选择性,这对于癌症治疗具有非常重要的临床意义。

在本节中,采用细胞形态观察、Hoechst 33342 染色、JC-1 探针染色评估了一系列凋亡生理特征,发现大气压非平衡等离子体射流处理可以造成 HepG2

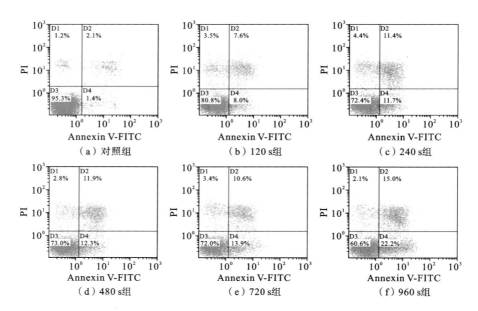

图 3.4.4　Annexin V-FITC/PI 双染检测大气压非平衡等离子
体射流诱导的 HepG2 细胞凋亡[11]

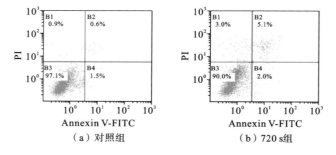

图 3.4.5　Annexin V-FITC/PI 双染检测大气压非平衡等离子
体射流诱导的 L02 细胞凋亡[12]

细胞皱缩、染色质凝集以及线粒体膜电位的改变，这些均暗示了细胞凋亡的发生。值得注意的是，Hoechst 33342 染色观察凋亡细胞核，480 s 等离子体处理组中 HepG2 细胞呈现出典型的凋亡细胞核形态，而人正常肝细胞 L02 中有较少的细胞呈现这种形态。用 Annexin V-FITC/PI 进一步比较等离子体对人肝癌细胞 HepG2 和人正常肝细胞的 L02 的凋亡诱导效果，发现 120 s 的大气压非平衡等离子体射流即可有效地诱导 HepG2 细胞的凋亡；当处理时间为960 s 时，HepG2 细胞的凋亡率可以达到 37.2%，显著高于对照组。此外各处理组中几乎没有坏死的发生,说明等离子体可以诱导癌细胞的凋亡,而不是坏死,这样可以避免炎症的发生,具有十分重要的临床意义。等离子体可以有效地诱导 HepG2 细胞凋亡,而对人正常肝细胞 L02 的毒性较小,等离子体的诱导凋亡作用有"选择性"。这项研究为等离子体应用于临床癌症治疗提供理论支持。

3.5 大气压非平衡等离子体射流诱导细胞凋亡的机制

前面几节分别介绍了等离子体对质粒 DNA 的影响及对肿瘤细胞系的增殖抑制作用,并确定了这种增殖抑制作用是通过诱导细胞凋亡实现的。接下来将介绍大气压非平衡等离子体射流诱导细胞凋亡的可能机制。

3.5.1 氧化/硝化应激与大气压非平衡等离子体射流诱导 HepG2 细胞凋亡的关系

不同的放电参数下,等离子体产生的活性粒子不尽相同。本研究将采用 He 和 O_2(He:O_2=2 L/min:0.02 L/min)为工作气体,脉冲电压信号为 8 kV,8 kHz,脉宽为 1.0 μs,在该放电参数下,其产生的活性粒子的主要成分是什么?这些活性粒子能否进入细胞内?对细胞会产生什么影响?是否是细胞凋亡发生的直接原因?为了进一步阐明这些问题,在本节中,用光谱仪、生物化学和免疫学实验方法,探索了等离子体中的活性粒子成分及其与 HepG2 细胞的作用方式,阐明了等离子体对细胞氧化/硝化应激及细胞的抗氧化体系的影响,以及与细胞凋亡的潜在关系。

1. 等离子体的光谱分析

采用光谱仪实时观测上述放电参数下等离子体的发射光谱,诊断其产生的活性粒子。如图 3.5.1 所示,所产生的等离子体中有大量处于激发态的 OH、N_2^+、He 和 O 等,这些激发态粒子寿命很短,它们会瞬间反应生成 NO 和 O_2^- 等。因此可以知道,上述工作条件下产生的等离子体中的化学活性成分主要是活性氧粒子(如 OH、O、O_2^- 等)和活性氮粒子(如 N_2^+、NO 等),而 He 为惰性气体,活性相对稳定,一般认为不会与生物体产生反应。

2. 大气压非平衡等离子体射流对 HepG2 细胞内氧化水平的影响

等离子体中含有大量的 ROS(如 OH、O、O_2^-)和 RNS(如 N_2^+、NO),研究表明,这些活性粒子是一种重要的促氧化剂,可以通过引发细胞内氧化-抗氧

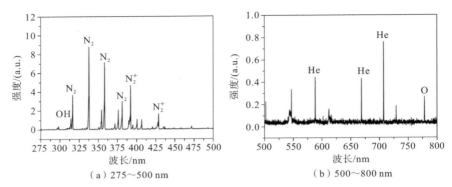

（a）275～500 nm 　　　　　（b）500～800 nm

图 3.5.1　典型的等离子体发射光谱[12]

化系统的失衡及氧化/硝化损伤诱导细胞凋亡。下面通过生物学方法对等离子体处理后细胞内外的 ROS 及 RNS 进行了检测，并对等离子体处理后 HepG2 细胞内的氧化水平进行评估。

　　活性氮粒子（如 NO）的含量可以根据 Griess 比色法测定亚硝酸盐的浓度计算得出。等离子体处理细胞后，立刻收集细胞外液，并对 NO 类物质进行了检测，结果如图 3.5.2 所示，与未处理的对照组相比，等离子体处理后的细胞外液 NO 含量急剧上升，并在 960 s 时达到最大值，约为对照组的 1800 倍。

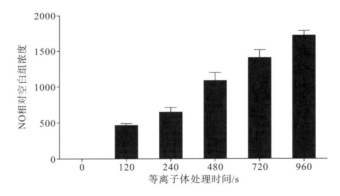

图 3.5.2　等离子体处理后细胞外液 NO 含量变化[13]

　　分别在等离子体处理后即刻及培养 24 h 后，使用细胞裂解液对细胞进行裂解，对裂解产物进行 NO 含量的检测，研究等离子体对细胞内 NO 含量的影响。结果如图 3.5.3 所示，随着等离子体处理时间的增加，细胞内的 NO 含量也明显上升，虽然上升的程度不如细胞外的 NO 大，但是当处理时间达到 960 s 时，其 NO 的含量也达到了无处理对照组的 27 倍左右。而在细胞培养 24 h 之后,各组细胞内的 NO 含量发生了明显的下降,但是等离子处理组的 NO 含量依然比无处理对照组的高。值得注意的是,960 s 处理组的 NO 含量低于 720 s 处理组,这可能是由于长时间处理引起的细胞死亡及细胞膜的破坏,从而使细胞内的 NO 类物质向细胞外发生了渗漏。

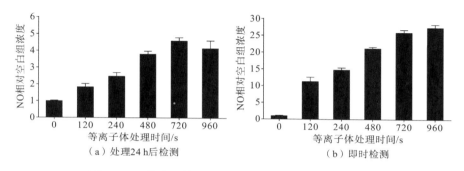

（a）处理24 h后检测　　　　　　（b）即时检测

图 3.5.3　等离子体处理对细胞内的 NO 含量的影响[13]

活性粒子 RNS 寿命都相当短,然而如图 3.5.3 所示,在细胞经大气压非平衡等离子体射流处理并培养 24 h 之后仍然可以检测到大量 NO 类物质,因此,持久的 RNS 水平暗示大气压非平衡等离子体射流必然造成了细胞内长期的生理、生化变化。除了等离子体中的 RNS 扩散进入细胞并生成的相对稳定的活性氮副产物,是否还有其他影响细胞内 RNS 水平的机制呢?细胞内 NO 的生成主要是由一氧化氮合成酶(nitric oxide synthase,NOS)催化的,是细胞内 RNS 的主要来源。评估等离子体处理后,HepG2 细胞内 NOS 的酶活力和细胞内 iNOS 的表达情况,所得结果如图 3.5.4 所示,细胞内诱导型 NOS (iNOS)和组成型 NOS(cNOS)的酶活力均有不同程度的提高,并具有等离子体剂量依赖效应。特别是 iNOS 的酶活力,当等离子体处理时间为 720 s 时,iNOS 的酶活力达到了对照组的 1.5 倍,有极显著差异。而 cNOS 的酶活力相对较低。Western Blot 进一步检测细胞内 iNOS 的表达,发现等离子体处理组中 iNOS 的水平也有明显的上调。细胞内 iNOS 和 cNOS 酶活力的提高是 24 h 后 HepG2 细胞内 RNS 积累的直接原因。

值得注意的是,NOS 酶活力的提高与 NO 的产生并不平衡,720 s 等离子体处理组中 NOS 酶活力为对照组的 1.5 倍,然而 RNS 的水平却达到了对照组的 4.2 倍。NO 的半衰期仅有几秒,能与细胞内超氧阴离子(O_2^-)迅速结合,生成稳定的过氧亚硝酸盐阴离子($ONOO^-$)。因此,细胞内高水平的 RNS 除

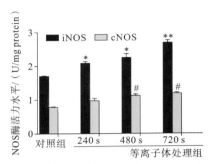

（a）等离子体处理对细胞内NOS酶活力的影响

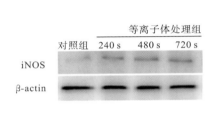

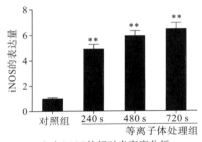

（b）等离子体处理对细胞内iNOS表达水平的影响　（c）iNOS的相对光密度分析

图 3.5.4　大气压非平衡等离子体射流处理对 HepG2 细胞内 iNOS 活性及表达水平的影响[14]

$*P<0.05, **P<0.01; n=3$

了 NOS 合成的 NO 外，也可能与等离子体中的 RNS 扩散入细胞，与 O_2^- 结合生成稳定的 $ONOO^-$ 有关。

除了 NO 类物质外，ROS 也是等离子体产生的一类主要的活性物质。利用荧光探针 DCFH-DA 装载细胞，可以检测细胞内 ROS 的含量。DCFH-DA 是一种常用的 ROS 检测探针，自身没有荧光，能自由透过细胞膜，并被细胞内的酶类去乙酰基后形成 DCFH，DCFH 依然没有荧光，但是它不能透过细胞膜。随后 DCFH 可以被胞内活性氧类物质氧化为 DCF，DCF 能发出很强的荧光，其强度可间接反映细胞内活性氧的总体生成水平。

通过使用 DCFH-DA 探针对等离子处理后的各组细胞进行标记，用荧光分光光度计和流式细胞仪检测其荧光的变化，可以反映出等离子体对细胞内 ROS 含量的影响。结果如图 3.5.5 所示，等离子体处理后立刻对细胞内的 ROS 进行检测，各组之间没有明显的差异；而细胞继续培养 24 h 后，细胞内的

ROS 含量随着等离子体处理时间的增加而明显增加，并在 720 s 处理时达到最大值。与 NO 的含量变化类似，960 s 处理的细胞内 ROS 含量低于 720 s 的，这可能是由于长时间处理引起的细胞死亡及细胞膜的破坏，使细胞内的物质向细胞外发生了渗漏而无法检测到 ROS 荧光造成的[13]。

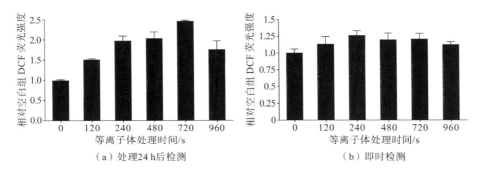

（a）处理24 h后检测　　　　　　　（b）即时检测

图 3.5.5　等离子体处理对细胞内的 ROS 含量的影响[13]

图 3.5.6 中流式细胞术结果显示，等离子体处理 240 s、480 s 和 720 s 后并继续培养 24 h，各组内 DCF 阳性细胞比例分别为 33.00%、78.81% 和 84.75%，显著高于无处理对照组（13.78%），进一步说明等离子体处理可以使

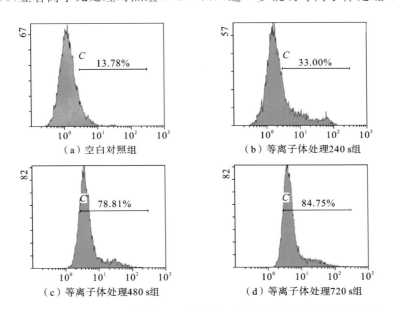

（a）空白对照组　　　　　　　　（b）等离子体处理240 s组

（c）等离子体处理480 s组　　　　　（d）等离子体处理720 s组

图 3.5.6　DCFH-DA 探针标记后流式细胞术检测大气压非平衡等离子体射流处理对 HepG2 细胞内 ROS 水平的影响[14]

细胞内积累大量的 ROS。

3. 大气压非平衡等离子体射流对 HepG2 细胞内抗氧化水平的影响

细胞内 ROS 和 RNS 的积累意味着细胞内氧化压力的存在，而细胞内氧化/抗氧化水平的平衡对于细胞抵抗氧化/硝化压力是非常必要的。因此进一步评估等离子体处理后 HepG2 细胞内抗氧化防御系统的水平是十分必要的。细胞内的抗氧化防御系统主要由抗氧化酶和非酶抗氧化剂组成，如谷胱甘肽(glutathione，GSH)、超氧化物歧化酶(superoxide dismutase，SOD)、过氧化氢酶(catalase，CAT)、谷胱甘肽过氧化物酶(glutathione peroxidase，GPx)和谷胱甘肽还原酶(glutathione reductase，GR)等。通过使用商业的检测试剂盒可以检测这些抗氧化酶的活性以及非酶抗氧化剂的含量，从而反应细胞内抗氧化防御系统的高低。

结果如图 3.5.7(a)所示[14]，GSH 主要通过自身与活性氧反应生成氧化型的 GSSG 而清除活性氧自由基，是细胞抗氧化防御系统中一种重要的抗氧化剂。等离子体处理后 HepG2 细胞内总 GSH 含量有显著下降，特别是在 720 s 等离子体处理组中，其 GSH 含量明显下降，仅为对照组的 13%。这一结果表明，等离子体处理后 HepG2 细胞内的谷胱甘肽防御系统水平显著下降，等离子体处理可能会造成细胞内谷胱甘肽防御系统的崩溃。

SOD 主要催化超氧化物阴离子的歧化反应，是细胞抗氧化防御系统中重要的抗氧化酶类。对 SOD 的检测结果如图 3.5.7(b)所示，与无处理的对照组相比，在相对低剂量等离子体处理组(240 s)，SOD 酶活力有一定的提高，表明相对低剂量的等离子体处理(240 s)使细胞内遭受氧化压力，由于氧化应激细胞内的 SOD 酶活力上调以清除细胞内的活性粒子从而避免氧化损伤；然而当 HepG2 细胞遭受长时间的等离子体处理时(480 s 和 720 s)，细胞内的 SOD 酶活力下降为对照组的 75% 和 37% 左右，此时细胞内的氧化压力超出了抗氧化剂的清除能力，细胞内的抗氧化防御系统妥协，表现为 SOD 酶活力下降。

细胞内过氧化氢的酶活力如图 3.5.7(c)所示，240 s、480 s 和 720 s 等离子体处理中，过氧化氢酶的酶活力分别为对照组的 80%、30% 和 16.7%。过氧化氢酶酶活力下降，提示细胞内抗氧化防御水平下降。

上述结果表明，等离子体处理后，HepG2 细胞内的抗氧化防御水平有显著下降。高水平 ROS 和 RNS 的积累以及显著下降的抗氧化防御水平意味着 HepG2 细胞内氧化与抗氧化平衡被破坏，这可能是等离子体诱导 HepG2 细

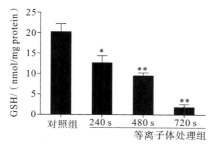

（a）等离子体处理对细胞内GSH含量的影响

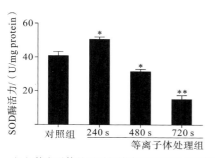

（b）等离子体处理对细胞内iNOS表达的影响

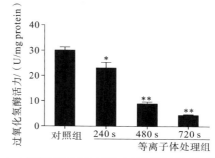

（c）等离子体处理对细胞内过氧化氢酶活力的影响

图 3.5.7　等离子体处理对 HepG2 细胞内抗氧化水平的影响[14]

$*P<0.05,**P<0.01;n=3$

胞凋亡的主要原因。

4. 大气压非平衡等离子体射流处理 HepG2 细胞内硝化/氧化损伤评估

研究表明,机体在遭受各种有害刺激时,体内高反应活性物质(如活性氧自由基和活性氮自由基)过多积累,氧化程度超出机体抗氧化系统的清除能力,氧化系统和抗氧化系统失衡。这些活性氮簇与活性氧具有极强的细胞毒性,可导致生物有机体遭受损伤,与细胞凋亡存在着十分密切的关系。细胞内的蛋白质表达量很高,往往是 ROS 和 RNS 攻击的主要靶点。

细胞内大量的 RNS 可以造成细胞内蛋白质酪氨酸残基的硝基化,继而发生蛋白质功能改变或失活,而这种变化是不可逆的,因此可以对细胞造成不可逆的硝化损伤。因此,蛋白质硝基酪氨酸水平成为人们评价细胞硝化损伤的主要指标。等离子体处理后 HepG2 细胞内硝基酪氨酸的水平可以通过 Western Blot 方法检测。结果如图 3.5.8 所示,在对照组中,蛋白质硝基酪氨酸水平较低;然而,经等离子体处理后,硝基酪氨酸水平显著上调,表现为硝基酪氨酸表位条带的加深,特别是分子量为 26～30 kDa 和 42～44 kDa 处的蛋白质,蛋白质硝基化尤为显著。这个结果表明,HepG2 细胞经等离子体处理并培养 24 h 后,细胞内发生了硝化损伤,这可能是造成 HepG2 细胞凋亡的重要原因或重要原因之一。

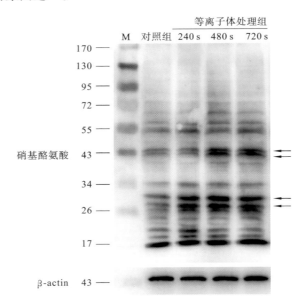

图 3.5.8 等离子体处理后 HepG2 细胞内蛋白质硝基化水平评估[14]

在细胞内,蛋白质肽链通常会受到 ROS 攻击而断裂,从而形成羰基。因此,人们通常通过评估蛋白质羰基水平来评测细胞是否遭受氧化损伤。蛋白质羟基化水平检测已有成熟的检测试剂盒可以使用。所得结果如图 3.5.9 所示,细胞经等离子体处理后,蛋白质羰基水平均有提高,特别是 720 s 等离子体处理组中,其蛋白质羰基含量达到了处理组的 2 倍之多。

5. N-乙酰半胱氨酸(NAC)拮抗等离子体对 HepG2 细胞的凋亡作用

综上所述,等离子体处理造成 HepG2 细胞内氧化与抗氧化的失衡,这种失衡最终造成了 HepG2 细胞内硝化和氧化损伤的发生,进而影响细胞的功能。这是否是等离子体诱导 HepG2 细胞凋亡的直接原因呢? 为了验证 ROS 和 RNS 是等离子体诱导 HepG2 细胞凋亡的关键作用因子,用抗氧化剂(NAC)预处理 HepG2 细胞后,进行等离子体处理,Annexin V-FITC/PI 双染法检测等离子体诱导的 HepG2 细胞凋亡率。所得结果如图 3.5.10 和图

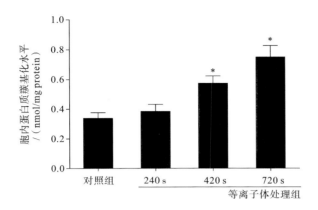

图 3.5.9　等离子体处理后 HepG2 细胞内蛋白质羰基化水平检测[14]

*$P<0.05$，**$P<0.01$；$n=3$

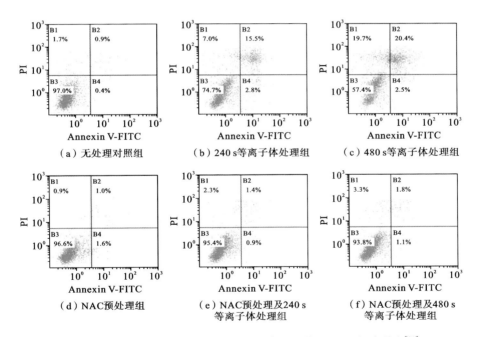

图 3.5.10　抗氧化剂 NAC 拮抗等离子体诱导的 HepG2 细胞凋亡[14]

3.5.11 所示，NAC 几乎完全拮抗了等离子体诱导的 HepG2 细胞凋亡。在无
NAC 预处理组中，等离子体处理 240 s 和 480 s 可以分别诱导 18.3% 和
22.9% 的细胞凋亡。然而 NAC 预处理几乎完全消除了这种作用，等离子体
处理 240 s 和 480 s 的细胞凋亡率仅为 2.3% 和 2.9%。这说明，NAC 预处理

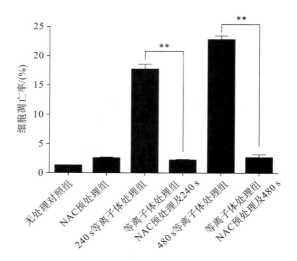

图 3.5.11　抗氧化剂 NAC 对等离子体诱导的 HepG2 细胞凋亡率的影响[14]

明显拮抗了等离子体诱导的 HepG2 细胞凋亡，其作用机理与 NAC 阻断自由基的产生及细胞内氧化/硝化应激有关。因此，ROS 和 RNS 是等离子体诱导 HepG2 细胞凋亡的关键作用因子。

3.5.2　大气压非平衡等离子体射流通过线粒体通路调控细胞凋亡

等离子体能够引起细胞内的 ROS 和 RNS 含量显著上升，同时破坏了细胞内的氧化和抗氧化平衡。这种作用是如何作用于细胞并一步一步地导致细胞死亡的呢？由于 ROS 和 RNS 都是细胞凋亡线粒体通路的重要诱导因子[15]，因此，本节也将从线粒体凋亡通路的角度介绍等离子体诱导细胞凋亡的机制。Bcl-2 家族与线粒体凋亡通路的关系十分密切，Bcl-2 和 Bax 是这个家族中最重要同时也是研究最为成熟的凋亡抑制蛋白和促凋亡蛋白[16]。通过采用 RT-PCR 和 Western Blot 方法，可以在 mRNA 水平及蛋白水平检测等离子体对 Bcl-2 和 Bax 表达的影响。结果如图 3.5.12 和图3.5.13所示，随着等离子体处理时间的增加，细胞培养 24 h 后，抗凋亡蛋白 Bcl-2 的 mRNA 和蛋白水平明显下降，而促凋亡蛋白 Bax 的 mRNA 和蛋白水平明显上升，暗示着等离子体可以通过对凋亡相关基因和蛋白的调控，从而介导细胞凋亡过程。

Caspase 家族可以直接导致细胞凋亡解体，在细胞凋亡机制网络中处于中心地位[17]。通过使用 Caspases 酶活检测试剂盒，可以对等离子体处理后细胞内 caspase 3、caspase 8、caspase 9 活性进行检测。结果如图 3.5.14 所示，随着

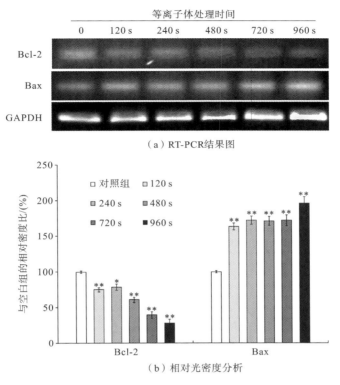

（a）RT-PCR结果图

（b）相对光密度分析

图3.5.12 等离子体对 HepG2 细胞 Bcl-2 和 Bax 基因表达的影响[11]

$*P<0.05$，$**P<0.01$ 和无处理对照组相比；$n=3$

等离子体处理时间的增加，caspase 3 和 caspase 9 的相对活性明显增加，而caspase 8 的活性没有明显的变化；当等离子体处理达到 720 s 的时候，caspase 3 和 caspase 9 的活性达到了最大值，分别是对照组的 3.55 倍和 2.86 倍；但是随着处理时间进一步增加，相对的酶活性并没有进一步增加，这可能是受到了细胞量的影响。Caspases 酶活检测结果说明了等离子体的处理可以诱导 HepG2 细胞凋亡，并伴有 caspase 3 和 caspase 9 的激活。

3.5.3 内质网应激与大气压非平衡等离子体射流诱导 HepG2 细胞凋亡的关系

前面主要探讨了等离子体引起的细胞内氧化/硝化应激及下游的线粒体凋亡通路的激活与肿瘤细胞凋亡的关系。另一方面，有研究表明，细胞内氧化与抗氧化状态的失衡可以直接或间接地影响内质网的稳态，导致内质网应激

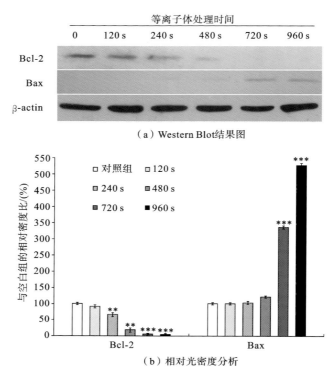

（a）Western Blot结果图

（b）相对光密度分析

图 3.5.13　等离子体对 HepG2 细胞 Bcl-2 和 Bax 蛋白的影响[11]

$*P<0.05，**P<0.01，***P<0.001$ 和无处理对照组相比；$n=3$

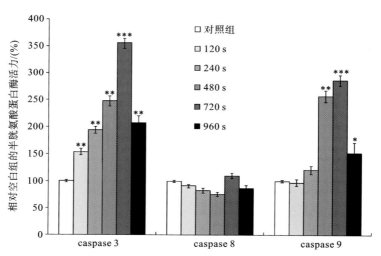

图 3.5.14　等离子体对细胞 caspase 3、caspase 8、caspase 9 相对活性的影响[11]

$*P<0.05，**P<0.01，***P<0.001$ 和无处理对照组相比；$n=3$

发生[18]。因此在本小节中将主要讨论内质网应激与大气压非平衡等离子体射流诱导 HepG2 细胞凋亡的关系[14]。

  细胞内的钙稳态对于维持细胞的正常功能非常重要,如蛋白质折叠、加工、转运及信号转导等。内质网是细胞内最主要的钙库,对于维持细胞内的钙稳态非常重要,内质网应激的发生通常会伴随细胞内钙稳态的破坏,导致内质网中钙的外溢和细胞质内自由钙离子浓度的升高[19]。采用 Fluo-3 AM 探针可以检测等离子体处理后 HepG2 细胞内钙稳态的变化。Fluo-3 AM 是一种常用的钙离子探针,它本身荧光非常弱,进入细胞后可以被酯酶剪切为 Fluo-3 滞留在细胞内,与细胞内的 Ca^{2+} 结合产生较强的荧光,利用荧光酶标仪或者流式细胞仪可以检测到 Ca^{2+} 的荧光。结果如图 3.5.15 所示,240 s 等离子体处理组、480 s 等离子体处理组和 720 s 等离子体处理组中,Fluo-3 阳性细胞比例分别为 22.2%、35.18% 和 39.46%,显著高于无处理对照组(4.41%)。这说明在等离子体处理组中 HepG2 细胞内积累了大量的自由 Ca^{2+} 离子,即等离子体处理破坏了 HepG2 细胞的钙稳态,这预示着 HepG2 细胞内质网应激的发生。

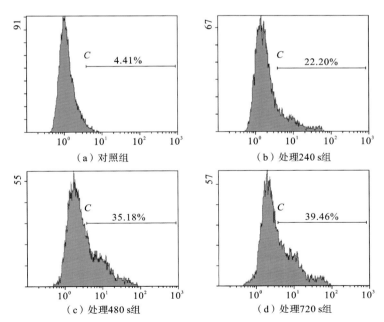

图 3.5.15 等离子体处理对 HepG2 细胞内钙稳态的影响[14]

内质网内环境的稳定是实现内质网功能的基本条件，但是有非常多的因素可以造成内质网稳态的破坏，如细胞内 Ca^{2+} 平衡的紊乱、氧化应激等，继而引发内质网应激[20]。内质网应激是一个适应性机制，其目的是减轻或终止外界刺激造成的内环境稳态的破坏；然而持续的外界刺激通常会诱发内质网应激介导的细胞凋亡[21]。下面通过 Western Blot 方法对内质网应激途径中的关键蛋白进行了检测，所得结果如图 3.5.16 所示，等离子体处理可以造成 HepG2 细胞内 pro-caspase 12 水平的下调，这暗示细胞内 caspase 12 的活化。同时，在等离子体处理组中，还检测到了 caspase 9 和 caspase 3 的活化（cleaved-caspase 9 和 cleaved-caspase 3 的上调）。研究结果表明，pro-caspase 12 只有在内质网应激发生时才可被特异性的水解活化，而活化的 caspase 12 切割 caspase 9 酶原，继而裂解 caspase 3 酶原等，引发 caspase 级联反应，导致细胞凋亡的发生。Caspase 12 的活化及下游 caspase 级联反应预示了等离子体处理后 HepG2 细胞内质网应激的发生。GRP78 和 CHOP 是内质网应激发生时细胞内重要的下游蛋白，执行内质网应激介导的细胞凋亡的发生。等离子体处理还造成了 HepG2 细胞内 GRP78 和 CHOP 的表达上调，并呈等离子体剂量依赖效应。上述实验结果均表明，等离子体还可通过引发内质网应激介导 HepG2 细胞的凋亡。

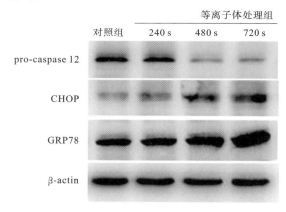

图 3.5.16　等离子体处理对 HepG2 细胞内内质网应激相关蛋白表达的影响[14]

综上，等离子体中的 ROS 和 RNS 均为高反应活性物质，其寿命很短，可迅速通过主动输运或扩散的方式进入细胞膜生成相对稳定的氢过氧化物或过氧亚硝酸盐阴离子（$ONOO^-$）。同时大气压非平衡等离子体射流处理进一步促进 iNOS 的表达和 NOS 活性的提高，继而催化合成大量的 NO。另外，细胞遭受外界等离子体刺激时,有氧呼吸链也会释放 ROS 至细胞内。等离子体中的 ROS 和 RNS 以及次生的 ROS 和 RNS,会攻击细胞内底物(如蛋白质等),造成蛋白质的硝基化和羰基化损伤,影响蛋白质的功能。这些受损或错误折叠在蛋白质会在内质网中积累,引发错误折叠蛋白质反应,破坏内质网内环境稳态,继而引发内质网应激介导的细胞凋亡。ROS 和 RNS 作为细胞凋亡线粒体通路的重要诱导因子之一,也会通过抑制凋亡抑制蛋白 Bcl-2 的表达,促进促凋亡蛋白 Bax 的表达,从而启动线粒体凋亡信号通路。抗氧化剂 NAC 预处理可拮抗等离子体诱导的 HepG2 细胞凋亡。因此,ROS 和 RNS 确实是等离子体诱导 HepG2 细胞凋亡的关键作用因子。通过调节等离子体放电参数,以调控所产生等离子体的活性粒子(如 ROS 和 RNS)的成分和剂量,是未来实现等离子体高效、可控用于癌症治疗的关键途径。

3.6 大气压非平衡等离子体射流对 HepG2 细胞周期的影响

细胞周期是指细胞从上一次分裂结束到下一次分裂结束的过程,由 G1 期、S 期、G2 期和 M 期组成。正常的真核细胞周期中主要有四个检验点,分别是 G1/S 期检验点、S 期检验点、G2/M 期检验点和 M 期检验点,细胞周期在这几个检验点的共同监测下周而复始地进行[22]。细胞周期调控机制紊乱是细胞增殖失控和导致细胞癌变的重要原因,是肿瘤细胞的基本特征之一。因此抑制肿瘤细胞周期的进行也将成为肿瘤治疗的一种重要潜在策略[23]。前面几节探讨了大气压非平衡等离子体射流诱导的细胞凋亡并从等离子体引起的硝化/氧化应激、内质网应激和线粒体凋亡途径等角度讨论了其凋亡诱导机制。本节通过对等离子体处理后的细胞周期进行分析,同时分析细胞周期调控的关键酶及蛋白,阐明了等离子体阻滞细胞周期进行的机制。

HepG2 细胞经等离子体处理后,收集各组细胞,分别经过固定和 PI 染色后,使用流式细胞仪检测每个细胞周期中的细胞分布情况。由于 PI 可以与细胞的染色质特异性地结合,可以通过流式细胞术检查细胞内的 PI 荧光,从而检查细胞内 DNA 的含量(横坐标),并统计 DNA 含量不同的细胞数(纵坐标),并计算其在细胞总数中的比例。细胞在 G1 期时,DNA 复制还没有开始,也是 DNA 含量最少的,即流式检测结果图的第一个峰;细胞进入 S 期后,细胞开始复制,到完成复制,是一个一倍 DNA 到二倍 DNA 的过程,在流式分析结果图中显示 S 期跨度特别大(第二个不高但很宽的峰);当细胞完成 DNA 复制后就进入了 G2 期，此时细胞内的 DNA 复制完成至分裂的一段时间，细胞内含二倍 DNA，即流式结果图中的第二个峰；但是细胞处于 M 期时，此时细胞内也是二倍 DNA，用 DNA 含量的方法是无法与 G2 期分开，所以在流式的结果图上，通常表示为 G2/M 期。

结果如图 3.6.1 所示。当等离子体处理剂量达到 240 s 并且继续培养 24 h 后，G2/M 期的细胞量有了明显的增加。当等离子体处理达到 480 s 时，G2/M 期的细胞量从 13.4% 增加到了 49.6%，此时已经出现了 sub-G1 期，即有凋亡的细胞。当细胞继续培养到 48 h，凋亡的细胞更是增加到了 33.35%。这也说明了等离子体对细胞的增殖有抑制作用，同时伴随着细胞周期的 G2/M 期阻滞[10]。

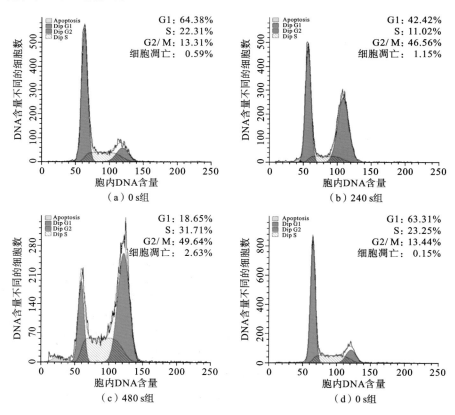

图 3.6.1　等离子体对细胞周期分布的影响[10]

(a)、(b)、(c)：HepG2 细胞分别经 0 s，240 s 和 480 s 等离子体处理后，继续培养 24 h 检测；

(d)、(e)、(f)：HepG2 细胞分别经 0 s，240 s 和 480 s 等离子体处理后，继续培养 48 h 检测

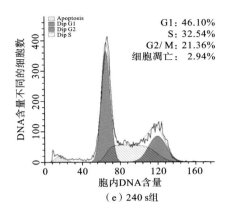
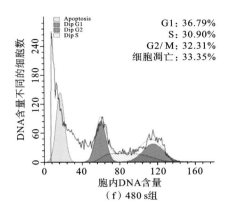

G1: 46.10%
S: 32.54%
G2/M: 21.36%
细胞凋亡: 2.94%

G1: 36.79%
S: 30.90%
G2/M: 32.31%
细胞凋亡: 33.35%

（e）240 s组

（f）480 s组

续图 3.6.1

为了进一步研究等离子体对细胞周期 G2/M 期阻滞的分子机制,通过 RT-PCR 和 Western Blot 法分别对参与细胞周期调控的细胞周期蛋白依赖性激酶(cyclin-dependent kinase,CDK)和细胞周期蛋白(cyclin)进行了检测。RT-PCR 结果如图 3.6.2 所示,随着等离子体处理时间的增加,细胞内 CDC2 和 Cyclin B1 的 mRNA 水平明显降低,这说明等离子体对细胞周期的阻滞与 CDC2 和 Cyclin B1 转录水平的降低有关;同时,对 CDK 抑制因子 P21 和肿瘤抑制因子 P53 的 RT-PCR 检测发现,随着等离子体处理时间的增加,P21 和 P53 的 mRNA 水平明显上升,表明 P21 和 P53 也参与到了等离子体诱导的 HepG2 细胞周期阻滞和凋亡过程中。和 RT-PCR 结果类似,如图 3.6.3 所示,随着等离子体处理时间的增加,CDC2 和 Cyclin B1 蛋白的表达量逐渐减

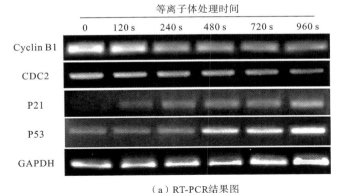

（a）RT-PCR结果图

图 3.6.2　等离子体对 HepG2 细胞周期相关基因表达的影响[11]

＊$P<0.05$,＊＊$P<0.01$ 和无处理对照组相比;$n=3$

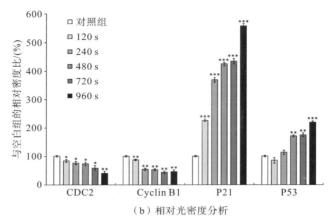

（b）相对光密度分析

续图 3.6.2

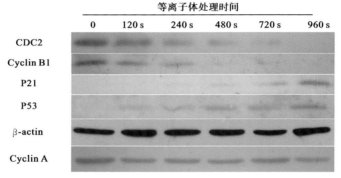

（a）Western Blot 结果图

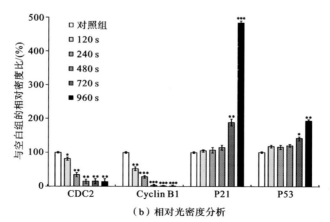

（b）相对光密度分析

图 3.6.3　等离子体对 HepG2 细胞周期相关蛋白的影响[11]

$*P < 0.05$，$**P < 0.01$，$***P < 0.001$ 和无处理对照组相比；$n = 3$

少,而 P21 和 P53 的表达量有所增加,表明等离子体对 HepG2 细胞的周期阻滞与 CDC2 和 Cyclin B1 蛋白的表达量有关,同时还要受到 P21 和 P53 蛋白的调控。同时,对 Cyclin A 的分析表明,Cyclin A 的蛋白表达没有明显受到等离子体处理的影响。Cyclin A 是细胞 S 期行进过程中不可缺少的一种周期蛋白,与 DNA 的复制密切相关,这也说明等离子体对 G2/M 期的抑制作用是特异性的[10]。

🕮 参考文献

[1] Lin Z. Patterns in the occurrence and development of tumors[J]. Chinese Medical Journal,2011,124:1097.

[2] Fiandalo M,Kyprianou N. Caspase control:protagonists of cancer cell apoptosis[J]. Experimental Oncology,2012,34:165.

[3] Elmore S. Apoptosis:a review of programmed cell death[J]. Toxicologic Pathology,2007,35:495.

[4] Stegh A H,Peter M E. Apoptosis and caspases[J]. Cardiology Clinics,2001,19:13.

[5] Chalah A,Khosravi-Far R. The mitochondrial death pathway,programmed cell death in cancer progression and therapy[M]. Netherlands:Springer,2008:25-45.

[6] Lukas J,Pospech J,Oppermann C,et al. Role of endoplasmic reticulum stress and protein misfolding in disorders of the liver and pancreas[J]. Advances in Medical Sciences,2019,64:315.

[7] Gupta S,Agrawal A,Agrawal S,et al. A paradox of immunodeficiency and inflammation in human aging:lessons learned from apoptosis[J]. Immunity Ageing,2006,3:5.

[8] Yu H,Xiu Z L,Ren C S,et al. Inactivation of yeast by dielectric barrier discharge (DBD) plasma in helium at atmospheric pressure[J]. IEEE Transactions on Plasma Science,2005,33:1405.

[9] Yan X,Zou F,Lu X,et al. Effect of the atmospheric pressure nonequilibrium plasmas on the conformational changes of plasmid DNA[J]. Applied Physics Letters,2009,95:083702.

[10] Yan X,Zou F,Zhao S,et al. On the mechanism of plasma inducing cell apoptosis[J]. IEEE Transactions on Plasma Science，2010,38:2451.

[11] 闫旭.大气压低温等离子体抑制 HepG2 细胞增殖的机制研究[D].武汉：华中科技大学,2011.

[12] 赵沙沙.等离子体诱导 HepG2 细胞凋亡及其对神经干细胞分化的影响[D].武汉:华中科技大学,2014.

[13] Yan X,Xiong Z,Zou F,et al. Plasma-induced death of HepG2 cancer cells:intracellular effects of reactive species[J]. Plasma Processes and Polymers，2012,9:59.

[14] Zhao S,Xiong Z,Mao X,et al. Atmospheric pressure room temperature plasma jets facilitate oxidative and nitrative stress and lead to endoplasmic reticulum stress dependent apoptosis in HepG2 cells[J]. PLoS One，2013,8:e73665.

[15] Meo S D,Reed T T,Venditti P,et al. Role of ROS and RNS sources in physiological and pathological conditions[J]. Oxidative Medicine and Cellular Longevity，2016,10:1245049.

[16] Warren C F A,Wong-Brown M W,Bowden N A. BCL-2 family isoforms in apoptosis and cancer[J]. Cell Death & Disease,2019,10:177.

[17] Akbari-Birgani S,Khademy M,Mohseni-Dargah M,et al. Caspases interplay with kinases and phosphatases to determine cell fate[J]. European Journal of Pharmacology,2019,855:20.

[18] Chen A,Burr L,McGuckin M A. Oxidative and endoplasmic reticulum stress in respiratory disease[J]. Clinical & Translational Immunology,2018,7:e1019.

[19] Bootma M D,Bultynck G. Fundamentals of cellular calcium signaling:a primer[J]. Cold Spring Harbor Perspectives in Biology，2020,12:a038802.

[20] Lindholm D,Korhonen L,Eriksson O,et al. Recent insights into the role of unfolded protein response in ER stress in health and disease[J]. Frontiers in Cell and Developmental Biology,2017,5:48.

[21] Dubois C,Prevarskaya N,Abeele F V. The calcium signaling toolkit:up-

dates needed[J]. Biochimica et Biophysica Acta，2016，1863：1337.

[22] Visconti R，Monica R D，Grieco D. Cell cycle checkpoint in cancer：a therapeutically targetable double-edged sword[J]. Journal of Experimental & Clinical Cancer Research，2016，35：153.

[23] Otto T，Sicinski P. Cell cycle proteins as promising targets in cancer therapy[J]. Nature Reviews Cancer，2017，17：93.

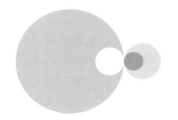

第 4 章
大气压非平衡等离子体
射流促进干细胞分化

4.1　引言

　　神经系统疾病严重危害着人类健康,各种中枢神经系统疾病和损伤虽病因各异,但病理上均有中枢神经系统不同部位、不同程度的神经细胞缺失和结构功能异常,而且由于大脑和脊髓的细胞一般是不会再生的,所以这种损害通常是毁灭性的、不可逆转的。因此,中枢神经系修复成为临床医学的热点和难点,补充丢失的神经细胞,修复损伤的神经网络结构,促进神经功能的恢复,是治疗这类疾病的主要思路之一。

　　上一章中,从生物医学角度介绍了等离子体通过其产生的活性粒子(如ROS 和 RNS 等)与细胞相互作用,从而激活细胞内的信号转导通路,最终引起肿瘤细胞凋亡。与此同时,塞尔维亚贝尔格莱德大学的 Miletic 发现,等离子体可以促进人间充质干细胞的增殖和分化[1]。更重要的是,等离子体中的重要活性粒子一氧化氮(NO)是一种重要的神经递质,在神经系统的发育、信号传递中发挥重要作用[2~3]。同时,近期也有报道指出 ROS 在干细胞的增殖和发育的过程中发挥着重要的调控作用[4]。那么能否用大气压低温等离子体来调控神经干细胞的分化,从而直接或间接地修复神经网络呢? 这对神经科学的研究有非常重要的意义。

本章将首先评估大气压低温等离子体对小鼠 C17.2-NSCs 细胞分化的影响,同时使用细胞形态分析、免疫荧光技术、Western Blot 和 qRT-PCR 等细胞生物学和分子生物学技术研究大气压低温等离子体对小鼠 C17.2-NSCs 细胞分化的影响,鉴定所产生的神经元亚型,并探讨 NO 及下游信号通路对细胞分化的调控机制。

4.2 大气压非平衡等离子体射流对小鼠 C17.2-NSCs 增殖的影响

由于等离子体处理的"剂量"直接影响着细胞的处理结果,因此本节将首先评估大气压低温等离子体对小鼠 C17.2-NSCs 细胞增殖的影响,确定其无细胞毒性作用的等离子体处理条件。如图 4.2.1 所示[5],本节中使用的等离子体射流装置与第 3 章相同,通过调整等离子体的放电参数、气体流速及处理时间,研究低剂量的等离子体与小鼠 C17.2-NSCs 细胞的相互作用。首先用高速 ICCD 相机记录了微离子体从喷嘴到细胞的推进过程,发现等离子体射流在 He 和 O_2(He:O_2=1 L/min:0.01 L/min)为工作气体,脉冲电压信号

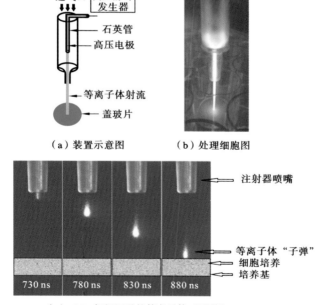

（a）装置示意图　　（b）处理细胞图

（c）ICCD相机记录的等离子体"子弹"

图 4.2.1　用于本节研究的等离子体射流[5]

为 8 kV,8 kHz,脉宽为 1.6 μs 的放电条件下,产生的等离子体如"子弹"般向前推进到达 C17.2-NSCs 细胞,并不是连续的"粒子流"。由于等离子体"子弹"推进速度非常大,因此人肉眼难以观测。该"子弹"中包含各种活性粒子,并与细胞相互作用,影响细胞的生物学功能。

使用不同"剂量"的等离子体(0 s、5 s、15 s、30 s、60 s 和 90 s)对小鼠 C17.2-NSCs 细胞进行处理,处理后分别继续培养 24 h 和 48 h,使用 WST-1 法检测细胞活性。结果如图 4.2.2 所示,低"剂量"等离子体处理(等离子体处理 5 s 和 15 s)基本不会抑制小鼠 C17.2-NSCs 细胞的增殖,甚至该等离子体在一定程度上可以促进小鼠 C17.2-NSCs 的增殖(48 h 检测);然而高"剂量"的等离子体处理(等离子体处理 60 s 和 90 s)则对小鼠 C17.2-NSCs 细胞有明显的增殖抑制作用。在实际应用中,应根据实验目的,有效地调节等离子体的处理剂量,以达到对细胞不同增殖效果的有效干预。

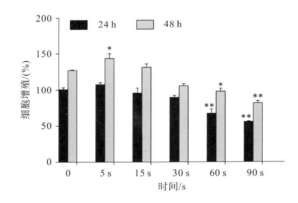

图 4.2.2　等离子体对小鼠 C17.2-NSCs 增殖的影响[5]

4.3　大气压非平衡等离子体射流对小鼠 C17.2-NSCs 分化的影响

在保证不对小鼠 C17.2-NSCs 细胞造成细胞毒性作用的同时,为了实现等离子体对其分化的有效调控,采用等离子体对小鼠 C17.2-NSCs 细胞无毒副作用的处理条件,进一步研究等离子体对小鼠 C17.2-NSCs 细胞分化的影响。由于 WST-1 实验采用的是 96 孔板,每孔的面积约 0.37 cm^2;而后续的分化实验采用 12 孔板,每孔的面积为 3.8 cm^2,约为 96 孔板面积的 10 倍。因此,为了保证不对小鼠 C17.2-NSCs 细胞造成细胞毒作用,实验中采用对小鼠 C17.2-NSCs 无毒副作用的等离子体能量密度(96 孔板中处理时间小于 15 s,

12 孔板中处理时间小于 150 s），研究等离子体对小鼠 C17.2-NSCs 细胞分化的影响。

实验中小鼠 C17.2-NSCs 细胞被分为 3 组：无处理对照组、He/O$_2$（1%）吹气组（不放电产生等离子体）和等离子体处理组（60 s）。在对细胞给以不同处理过程中发现，由于小鼠 C17.2-NSCs 细胞与基底的粘附能力较弱，等离子体处理时，通常会造成直接处理区域细胞的脱落。图 4.3.1 给出了等离子体处理时各区域的分区示意图。a 为等离子体直接作用区，等离子体通常会造成本部分细胞脱落；b 为等离子间接处理区，该区域等离子体的能量密度合适，且避免了等离子体直接作用造成的细胞脱壁；c 为边缘区域，该区域距离等离子体直接作用区域较远，能量密度低，通常等离子体很难对其有明显影响。因此，本节中记录了 b 区域中小鼠 C17.2-NSCs 细胞的分化。

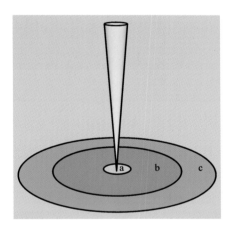

图 4.3.1　等离子体作用分区示意图

a 为直接作用区；b 为间接作用区；c 为边缘区域

图 4.3.2 为小鼠 C17.2-NSCs 细胞不同分化阶段（2 天、4 天和 6 天）的细胞形态学分析。从图中可以看出，小鼠 C17.2-NSCs 细胞随着培养时间的延长，细胞分化越来越明显，分化的细胞由圆形或多边形逐渐变成梭形，并逐渐延长，形成突起。与对照组相比，等离子体处理组中细胞培养 2 天即表现出分化形态，突起逐渐形成，而对照组中几乎无明显的突起；培养 6 天后，等离子体处理组中分化的细胞比例更多，分化细胞更加成熟，呈现多种细胞形态结构（有的细胞有明显的轴突和树突形状，且有分支；有的细胞形状不规则，胞体大而扁平，具有多个粗、长突起），这些细胞突起不断向周围延伸形成神经网络，

而对照组中细胞分化明显较少且分化缓慢，没有成熟的神经细胞形成。He/O_2(1%)吹气组细胞表现出与对照组相似的分化形态。

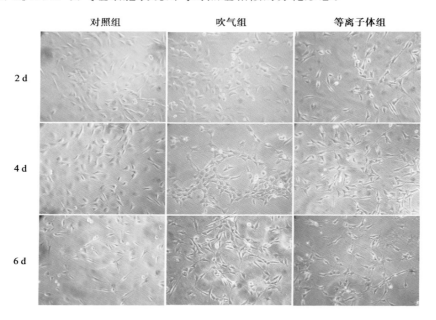

图 4.3.2　小鼠 C17.2-NSCs 细胞分化的形态学研究[5]

上述结果表明，等离子体处理 60 s 可以明显地促进小鼠 C17.2-NSCs 细胞的分化，培养 6 天后这种作用更加明显，表现为细胞分化比例更多，分化细胞更加成熟，有明显的轴突和树突形状，可快速形成神经网络结构。而 He/O_2(1%)吹气对小鼠 C17.2-NSCs 细胞的分化几乎无明显的影响。

小鼠 C17.2-NSCs 细胞具有多向分化潜能，可以分化为神经元、星形胶质细胞和少突胶质细胞。不同的细胞谱系都有其特定的标记蛋白，如 Nestin 是Ⅵ型中间丝蛋白，主要表达于神经干细胞中，在成熟的神经细胞中不表达，因此常被用做神经干细胞的标记物；β-Tubulin Ⅲ、MAP2、NF200 在神经元中表达，常被用做神经元的特异标记蛋白[6~8]；胶质纤维酸性蛋白（glial fibrillary acidic protein，GFAP）是成熟星形胶质细胞特有的标志物，对维持细胞的形态和张力有重要作用[9]；O4 特异性表达于少突胶质细胞前体中，APC 在少突胶质细胞分化过程中发挥重要作用，因此 O4 和 APC 常被用少突胶质细胞的标记蛋白[10,11]。本实验中，应用免疫荧光技术对不同处理条件下小鼠 C17.2-NSCs 细胞分化谱系进行鉴定，并计算了各细胞谱系的分化比例，图 4.3.3 为

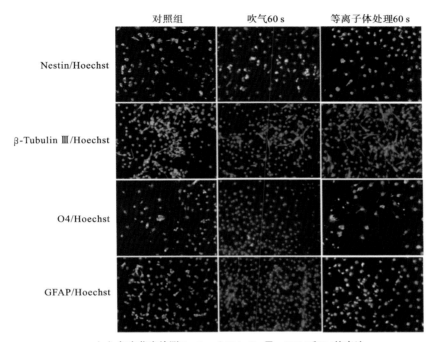

（a）免疫荧光检测Nestin、β-Tubulin Ⅲ、GFAP和O4的表达

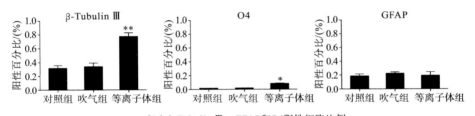

（b）β-Tubulin Ⅲ、GFAP和O4阳性细胞比例

图 4.3.3　小鼠 C17.2-NSCs 分化 6 天后神经细胞谱系的鉴定[5]

所得实验结果。

如图 4.3.3 所示，用 Hoechst 33258（蓝色）标记细胞核，同时用不同的荧光标记二抗与细胞内特异性蛋白抗体结合，从而鉴定细胞内特异蛋白的表达。可以看出，等离子体处理组中，Nestin 阳性（绿色）细胞数目明显少于对照组，提示处于未分化状态的小鼠 C17.2-NSCs 细胞数目明显减少，即分化细胞数目增多。接着分别用 β-Tubulin Ⅲ、GFAP 和 O4 对各处理组中的神经元、星形胶质细胞和少突胶质细胞谱系进行鉴定，发现等离子体处理组中 β-Tubulin Ⅲ 阳性（红色）细胞数目明显高于对照组，约占细胞总数的 75%，而 He/O₂

(1%)吹气组中 β-Tubulin Ⅲ 阳性细胞数目与对照组无显著差异；等离子体处理组中 O4 阳性(绿色)细胞比例(约 8%)也显著高于对照组和 He/O_2(1%)吹气组；而各处理组中 GFAP 阳性(红色)细胞数目无显著差异。

因此可以得出如下结论,等离子体处理(60 s)可以明显地促进小鼠C17.2-NSCs 细胞向神经元方向的分化(约占 75%)；同时也促进其向少突胶质细胞方向的分化,但占整个分化细胞的比例较少(约 8%)；但对星形胶质细胞方向的分化无明显影响。He/O_2(1%)吹气对小鼠 C17.2-NSCs 细胞的分化几乎无明显的影响。

接下来对分化 6 天的对照组和等离子体处理组中神经元的形态进行分析。如图 4.3.4 所示,等离子体处理组中神经元的胞体面积、突起数目及突起长度与对照组细胞均有明显差异,表现为胞体面积增大,从 300 μm^2 增大到约 800 μm^2；突起数目增多和突起长度增长,从 160 μm 增长为 280 μm；分化细胞表现出成熟的神经元细胞形态。

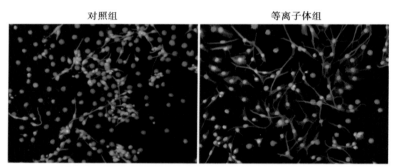

(a)对照组和60 s等离子体处理组中典型的神经元形态

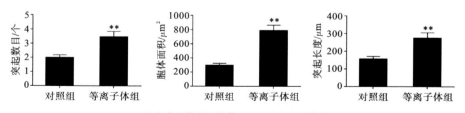

(b)突起数目、胞体面积和突起长度分析

图 4.3.4　神经元形态分析[5]

为了进一步验证免疫荧光方法得到的实验结果,利用荧光定量 PCR 和 Western Blot 方法,从基因和蛋白水平分析了不同细胞谱系特异基因和蛋白的表达。

图 4.3.5 为 qRT-PCR 的结果。分析培养 2 天、4 天和 6 天的对照组、He/O$_2$(1%)吹气组和等离子体处理组(60 s)中 Nestin、β-Tubulin Ⅲ、GFAP 和 Olig2 mRNA 水平表达的变化。发现培养 2 天时等离子体处理组中 Nestin 的表达就明显低于对照组;当培养时间为 6 天时,其下调作用更加明显,提示等离子体处理明显地促进了小鼠 C17.2-NSCs 的分化,而 He/O$_2$(1%)吹气组与对照组无明显差异。等离子体处理组中 β-Tubulin Ⅲ 表现出明显的上调,表明等离子体处理组中神经元分化比例增多。不同处理组中 Olig2 的表达在 2 天时无显著差异,然而培养 6 天时,等离子体处理组中 Olig2 的表达与对照组相比有明显上调,这可能与胶质细胞的发生晚于神经元有关;然而,培养 2 天、4 天和 6 天的不同处理组中 GFAP 均无显著差异,表明等离子体处理对于小鼠 C17.2-NSCs 向星形胶质细胞的分化无明显促进作用。

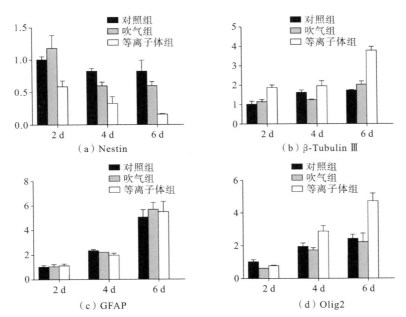

图 4.3.5 qRT-PCR 鉴定 Nestin、β-Tubulin Ⅲ、GFAP 和 Olig2 的表达[5]

图 4.3.6 给出了不同细胞谱系特异蛋白的表达情况。相对于对照组,等离子体处理组中 Nestin 的表达有明显下调,β-Tubulin Ⅲ 和 APC 的表达均有明显上调,而 GFAP 的表达无明显变化。He/O$_2$(1%)吹气组与对照组相比,各标记蛋白的表达无明显变化。

上述结果表明,等离子体处理可以明显地促进小鼠 C17.2-NSCs 细胞向

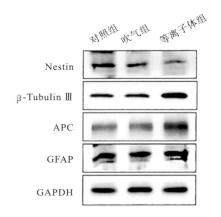

图 4.3.6　Western Blot 检测 Nestin、β-Tubulin Ⅲ、APC 和 GFAP 的表达[5]

神经元和少突胶质细胞的分化，对星形胶质细胞的分化影响不大。He/O₂

(1%)吹气对小鼠 C17.2-NSCs 细胞的分化无明显作用。这与 4.3.3 节中免疫荧光实验结果相吻合。

4.4　大气压非平衡等离子体射流对小鼠 C17.2-NSCs 分化神经元亚型的影响

上述结果表明，等离子体可以明显地促进小鼠 C17.2-NSCs 细胞向神经元的分化，而神经元有多种亚型，如运动神经元、多巴胺能神经元、胆碱能神经元、五羟色胺能神经元、GABA 能神经元等。不同的神经元亚型有其特异标记蛋白，NF200 常用来标记成熟神经元；ChAT 是胆碱能神经元中表达的重要神经递质；LHX3 和 Hb9 是运动神经元的标记蛋白；GABA 是一种重要的抑制性神经递质，在 GABA 能神经元中特异表达；五羟色胺也是一种重要的神经递质，表达于五羟色胺能神经元中；而酪氨酸羟化酶（tyrosine hydroxylase，TH）参与酪氨酸向多巴胺的转化，在多巴胺能神经元中发挥重要生理学作用[12~13]。

因此，本节利用免疫荧光技术对分化的神经元亚型进行鉴定。从图 4.4.1 中可以看出，培养 6 天的等离子体处理组中有大量的胆碱能神经元（ChAT 阳性，红色）和运动神经元（LHX3 阳性，红色），且神经元趋向成熟（NF200 阳性，红色）；五羟色胺能神经元（Serotonin 阳性、红色）和 GABA 能神经元（GABA 阳性，红色）却很少；而多巴胺能神经元（TH 阳性，红色）未被检测到。Western Blot 结果也显示等离子体处理组中 NF200、ChAT、LHX3 和 Hb9 有明显上调,与免疫荧光方法取得的结果一致。

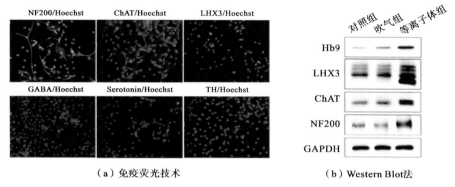

（a）免疫荧光技术　　　　　　（b）Western Blot法

图 4.4.1　神经元亚型鉴定[5]

因此可以认为,等离子体处理可以明显促进神经元的成熟,且多为胆碱能神经元和运动神经元。

4.5　一氧化氮与大气压非平衡等离子体射流促进小鼠 C17.2-NSCs 分化的关系

在神经系统中,NO 是一种重要的轴突诱导分子,在神经发育与再生过程中发挥着重要的作用。等离子体中包含有各种活性离子,活性离子的组分由放电参数和工作气体决定。本节将利用前文所述实验装置及工作参数,研究等离子体中重要的活性粒子 NO 与等离子体促进小鼠 C17.2-NSCs 分化的关系。首先,将对该放电条件的等离子体光谱进行分析,同时对处理后小鼠 C17.2-NSCs 细胞内和培养基中(外液)中的 NO 浓度进行监测,以确定 NO 是否参与了等离子体促进小鼠 C17.2-NSCs 分化的过程;接着用 NO 供体和 NO 清除剂等对小鼠 C17.2-NSCs 细胞进行相关干预,以明确 NO 与等离子体促进小鼠 C17.2-NSCs 分化的关系。

利用前文所述的细胞内和细胞外 NO 检测方法,对不同时间点(等离子体处理后立即检测、培养 2 天、4 天和 6 天)小鼠 C17.2-NSCs 细胞内和培养基中的 NO 浓度进行了检测。如图 4.5.1 所示,等离子体处理后细胞外液的 NO 浓度达到了 83 nmol/mL,而对照组和 He/O$_2$ 吹气组的 NO 浓度非常低,几乎难以检测到。推测等离子体中的 NO 粒子扩散到了培养基中,引起了细胞外

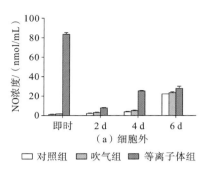
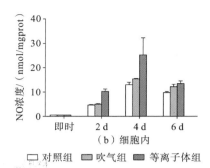

图 4.5.1　NO 浓度检测[5]

液 NO 浓度的升高,该细胞培养微环境的改变可能是造成小鼠 C17.2-NSCs 细胞分化的直接原因。但是,等离子体处理并未引起细胞内 NO 浓度的瞬时升高,可能是由于给以不同组的处理时间只有 60 s,且处理后立即进行细胞内 NO 浓度检测,而 NO 进入细胞并与细胞内超氧离子等作用生成硝酸盐和亚硝酸盐的过程相对缓慢(由于检测方法的限制,通过检测细胞内硝酸根和亚硝酸根的量来间接反应 NO 的浓度)。同时检测培养 2 天、4 天和 6 天的细胞内和细胞外 NO 浓度,发现等离子体处理组培养 2 天的细胞外液中 NO 浓度较低,但随着培养时间的延长,NO 浓度开始逐渐升高,分析原因可能是 NO 的半衰期很短,且培养 2 天时细胞内调控 NO 产生的机制并未完全启动;随着培养时间的延长,细胞内逐渐出现完善的 NO 合成和调控机制,继而引起细胞外液 NO 的升高。细胞内 NO 浓度检测证实了上述推测,即等离子体处理组中 NO 浓度随着培养时间的延长逐渐升高,表明小鼠 C17.2-NSCs 受到等离子体的作用,逐渐启动细胞内 NO 合成机制。

为了进一步验证上述推论,检测了细胞内与 NO 合成相关的 iNOS 的表达。如图 4.5.2 所示,等离子体处理组中 iNOS 的表达显著高于对照组和 He/O₂吹气组,且随着培养时间的延长,其诱导表达量逐渐增多。

上述结果说明,等离子体不仅作为 NO 供体发挥作用,且调控了细胞内 NO 的合成(iNOS 的表达),即 NO 可能是等离子体促进小鼠 C17.2-NSCs 分化的关键因子。

为了进一步确认 NO 是等离子体促进小鼠 C17.2-NSCs 分化的关键作用因子,本实验研究了 NO 清除剂(Hgb)对等离子体促进小鼠 C17.2-NSCs 分化的干预作用。有大量研究报道,NO 供体可以促进神经干细胞的分化,因此

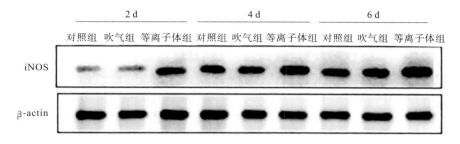

图 4.5.2　等离子体处理对 C17.2-NSCs 细胞分化过程 iNOS 表达的影响[5]

实验中同时还比较了 SNP(NO 供体)和等离子体对小鼠 C17.2-NSCs 分化的作用(见图 4.5.3)。

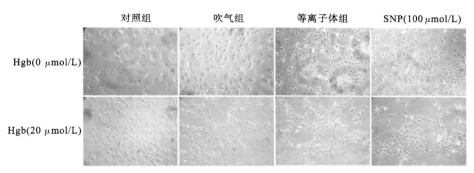

(a)倒置显微镜观察C17.2-NSCs的分化

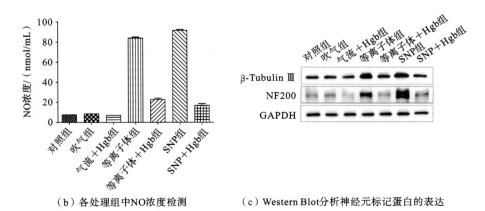

(b)各处理组中NO浓度检测　　　(c)Western Blot分析神经元标记蛋白的表达

图 4.5.3　NO 清除剂拮抗等离子体对小鼠 C17.2-NSCs 的促分化作用[5]

　　细胞被分为 8 组:无处理对照组、He/O₂ 吹气组、等离子体处理组、SNP 处理组(100 μmol/L,NO 供体)、Hgb 处理组(20 μmol/L,NO 清除剂)、Hgb 和 He/O₂ 吹气共同处理组、Hgb 和等离子体共同处理组、Hgb 和 SNP 共同处理组对 8 个不同处理组的细胞形态学观察发现：在无 Hgb 预处理时，与对照组相比，等离子体和 SNP 处理组细胞均有更多、更长的神经突。这说明等离子体和 SNP 的作用类似，均可以促进小鼠 C17. 2-NSCs 细胞的分化。然而，这种作用明显地被 Hgb 处理所抑制，Hgb 和等离子体共同处理组（plasma＋Hgb）及 Hgb 和 SNP 共同处理组（SNP＋Hgb）细胞均表现出和对照组相似的效果，细胞无明显的分化形态。He/O₂ 吹气组与对照组无明显差异。

检测 8 个不同处理组中 NO 的浓度，发现等离子体处理组和 SNP 处理组中具有较高的 NO 浓度；然而 Hgb 和等离子体共同处理组（plasma＋Hgb）及 Hgb 和 SNP 共同处理组（SNP＋Hgb）中 NO 浓度较低。这说明 Hgb 有效地清除了等离子体和 SNP 产生的 NO，这应该是 Hgb 拮抗等离子体对小鼠 C17. 2-NSCs 的促分化作用的直接原因。

上一节的结果表明，等离子体主要促进了小鼠 C17. 2-NSCs 向神经元方向的分化。因此，本实验还检测了各处理组中不成熟神经元标记蛋白 β-Tubulin Ⅲ 和成熟神经元标记蛋白 NF200 的表达。与上述结果相同，等离子体和 SNP 均明显地促进了神经元的分化和成熟，然而 Hgb 有效地拮抗了这种作用。

综上所述，NO 清除剂可以有效地拮抗等离子体对小鼠 C17. 2-NSCs 的促分化作用，这说明 NO 是等离子体促进 C17. 2-NSCs 分化的关键作用因子。

4.6　大气压非平衡等离子体射流对小鼠 C17. 2-NSCs 分化相关信号通路的影响

神经干细胞分化是由特定的信号级联反应决定的，涉及多种转录因子的活化和细胞因子等的参与，如 Notch 家族、bHLH 转录因子家族、Stats 等。上一节的研究结果表明 NO 是等离子体促进小鼠 C17. 2-NSCs 分化的关键作用因子。NO 作为细胞内重要信使和神经递质，参与调节细胞多种信号传递过程。因此在本节中，将重点研究等离子体中 NO 对小鼠 C17. 2-NSCs 分化相关信号通路的影响。

为了研究等离子体处理后小鼠 C17. 2-NSCs 细胞内分化相关转录因子和信号蛋白随培养时间和等离子体剂量的变化，实验中分别提取不同等离子剂量并培养不同时间的 C17. 2-NSCs 细胞的 RNA 和蛋白质，用 qRT-PCR 和 Western Blot 法评估相关基因和蛋白的表达。

Notch 及 bHLH 家族被认为是神经干细胞分化过程最重要的转录因子，

参与神经再生过程。Notch1 主要在未分化的神经干细胞中表达，参与维持神经干细胞的未分化状态。bHLH 家族主要调控神经元的分化，其家族成员中 Ascl1 及 Ngn2 主要负责启动神经元的生成；Ngn2 为 NeuroD 的转录激动子，活化下游 NeuroD 而启动神经元的分化，NeuroD 是主要的分化因子。bHLH 家族中还有一类重要的负调控蛋白（如 Id2 等），通常对神经元的分化发挥抑制作用。如图 4.6.1 和图 4.6.2 所示，等离子体处理组中 Notch1 的表达呈下调趋势，且有明显的等离子体剂量依赖效应。bHLH 家族中促分化因子 Ascl1 和 Ngn2 在培养 4 天时，基因水平和蛋白水平表达均有明显提高，且随着分化

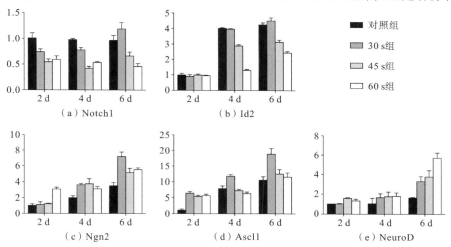

图 4.6.1　qRT-PCR 分析 Notch1、Id2、Ascl1、Ngn2 和 NeuroD 的表达变化[5]

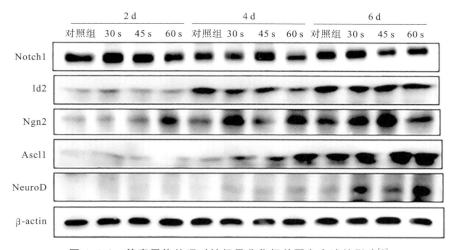

图 4.6.2　等离子体处理对神经元分化相关蛋白表达的影响[5]

时间的延长,表达逐渐增多。比较相同培养时间不同等离子体处理组中 Ascl1 和 Ngn2 的表达差异,发现其表达上调有等离子体剂量依赖效应。在培养 6 天时,NeuroD 的表达显著提高且呈等离子体剂量依赖效应,说明 NeuroD 是神经元分化较为下游的转录调节因子,等离子体的处理促进了 NeuroD 转录激活。bHLH 家族中的抑制蛋白 Id2 随着培养时间的延长,神经元分化逐渐启动,其表达也逐渐增多,以调控神经元分化的动态平衡。但很明显的是,相同培养时间等离子体处理组中 Id2 的表达显著低于对照组。因此可以得出结论,等离子体处理使 Notch1 信号受到抑制,Ngn2 和 Ascl1 的表达增强,启动了神经元的分化并活化下游分化因子 NeuroD,等离子体处理同时也造成抑制因子 Id2 的表达下调,最终结果是,等离子体处理促进了小鼠 C17.2-NSCs 向神经元的分化。

Stats 被认为是胶质发生过程中重要的调控因子,特别是 Stat3 参与星形胶质细胞的分化调控[14]。如图 4.6.3 所示,虽然随着培养时间的延长,Stat3 表达及活化(p-Stat3)增多,但是相同培养时间各等离子体处理组与对照组相比并未见明显差异。有研究指出:Notch1 在胶质发生过程中会有瞬时激活促使星形胶质细胞的分化[15]。但是从图 4.6.3 中可以看出,本研究中并未监测到 Notch1 的转录活化。这说明随着培养时间的延长,各处理组中有胶质细胞的发生,但等离子体处理对星形胶质细胞的分化调控无明显影响。

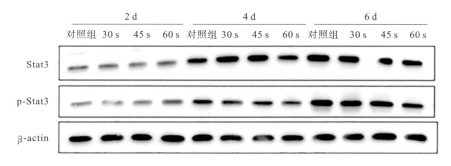

图 4.6.3　等离子体处理对胶质发生相关蛋白表达的影响[5]

4.7　大气压非平衡等离子体射流对大鼠原代神经干细胞分化的影响

前面几节主要介绍了大气压低温等离子体对小鼠 C17.2-NSCs 分化的影

响,结果表明,等离子体可以有效地促进小鼠 C17.2-NSCs 向神经元方向的分化,对星形胶质细胞方向的分化无明显影响。这项研究使等离子体应用于神经系统修复成为可能。但是不同的神经干细胞可能对等离子体的敏感性不同,从而造成处理效果的差异。为了明确等离子体对神经干细胞的促分化效果是否具有普适性,本节采用相似的实验方法评估了等离子体对大鼠原代神经干细胞分化的影响。

原代神经干细胞从新生 SD 大鼠(0～3 天)大脑组织中分离培养得到。在 SD 大鼠神经干细胞完全培养基(无血清)中培养 24 h,大部分细胞死亡形成细胞碎片,只有少部分细胞以悬浮形式生长并分裂为几个到几十个细胞的桑葚状细胞团。随着培养时间的延长,克隆球内细胞逐渐增加,到 3 至 4 天即可生长为几十到数百个细胞的细胞团,这些克隆球呈悬浮生长,且形态规则、折光性强、细胞活性好,通常把这种球状细胞团称为"神经球",如图 4.7.1(a)所示。这些神经球肉眼可见,在培养基中形成漂浮的小白点。这些神经球若继续培养,则悬浮的神经球继续分裂增大,当神经球增大到一定程度时,球中心的细胞就会因营养不足停止分裂或凋亡,这种神经球通常周边细胞较亮,而中间细胞因透光率和折光性差而略暗,细胞活性差。因此,在 SD 大鼠神经干细胞原代培养过程中应及时对神经球传代,以避免神经干细胞的生长抑制。图 4.7.1(b)为传代培养的 SD 大鼠神经干细胞。传代后 5 h 观察,发现原代神经球基本被吹散为单个细胞,且该细胞仍然具有继续分裂生成神经球的能力,培

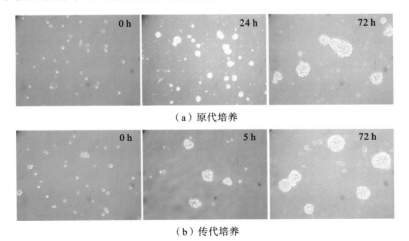

(a)原代培养

(b)传代培养

图 4.7.1 大鼠神经干细胞培养[5]

养 72 h 即可长成与原代培养相同的悬浮神经球。这里培养的 SD 大鼠神经干细胞可传 10 代左右,但第 6 到第 7 代以后的细胞分裂速度明显减慢,且易贴壁、神经球状态不佳,因此本节使用的是 6 代以内的细胞进行实验。

传代培养获得的神经干细胞球接种于 PDL 包被的盖玻片上,贴壁培养 24 h 后进行 Nestin 免疫荧光检测。图 4.7.2(a)为贴壁培养 24 h 的神经球,可见神经球贴壁后部分细胞逐渐迁出神经球,并呈放射状延伸;图 4.7.2(b)中免疫荧光检测发现大部分细胞呈 Nestin 阳性,表明细胞克隆内主要是 Nestin 阳性细胞,即神经干细胞。

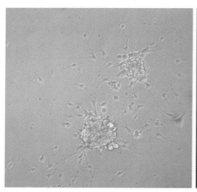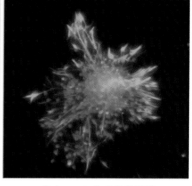

（a）贴壁培养24 h的神经球　　　　　　（b）Nestin免疫荧光检测

图 4.7.2　大鼠神经干细胞鉴定[5]

实验中给与神经球 24 h 的预分化处理后,细胞被分为 3 组并给予相应处理:control、$He/O_2(1\%)$吹气 60 s 和等离子体处理 60 s。图 4.7.3 为分化 4 天的细胞形态,研究发现等离子体处理组中迁出神经球并呈现分化形态的细胞数目显著增多,呈多分枝的神经样细胞和突起。而 $He/O_2(1\%)$吹气组与对照组无明显差异。

对照组　　　　　　　　吹气组　　　　　　　等离子体组

图 4.7.3　大鼠神经干细胞分化的形态学研究[5]

图 4.7.4 中免疫荧光结果证实了上述推论,大鼠神经干细胞培养 4 天后,
大部分细胞发生分化,等离子体处理组中 Nestin 阳性细胞几乎消失,显著少于
对照组和 He/O$_2$(1%)吹气组中 Nestin 阳性细胞的数目。同时,等离子体处
理组中 β-Tubulin Ⅲ 阳性细胞呈现出较对照组更多、更长的神经突,且多分枝,
相互交织成复杂的神经网络。在等离子体处理组中 O4 阳性细胞也显著多于
对照组和 He/O$_2$(1%)吹气组。

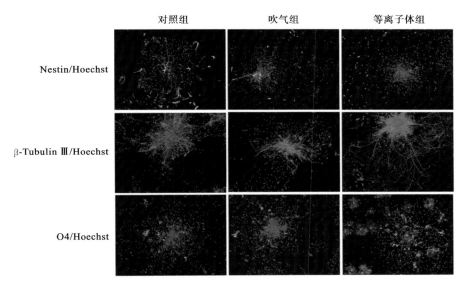

图 4.7.4 免疫荧光技术检测大鼠神经干细胞分化 4 天后
Nestin、β-Tubulin Ⅲ 和 O4 的表达[5]

用 Image-ProPlus 软件分析免疫荧光结果,统计显示,等离子体处理组中
β-Tubulin Ⅲ 阳性细胞(神经元)的比例达到了约 65%,同时 O4 阳性细胞(少
突胶质细胞)比例约 9%,均显著高于对照组和 He/O$_2$(1%)吹气组。此外对
各处理组中 β-Tubulin Ⅲ 阳性细胞的平均神经突长度进行统计,等离子体处理
组的平均长度达到了 650 μm,如图 4.7.5 所示。

上述研究结果均表明,等离子体处理也显著促进了大鼠神经干细胞向神
经元的分化,表现为神经元分化比例增多和神经突伸长。等离子体也在一定
程度上促进了大鼠神经干细胞向少突胶质细胞方向的分化,但分化比例较低。
He/O$_2$(1%)吹气对大鼠神经干细胞的分化无明显影响。

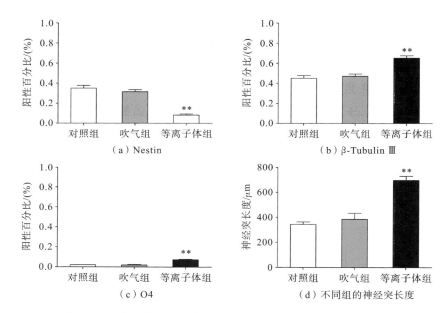

图 4.7.5 大鼠神经干细胞分化后定量分析 Nestin、β-Tubulin Ⅲ 和 O4 的阳性百分比及神经突长度[5]

参考文献

[1] Miletić M，Mojsilović S，Okić Dorđević I. Effects of non-thermal atmospheric plasma on human periodontal ligament mesenchymal stem cells [J]. Journal of Physics D：Applied Physics，2013，46：345401.

[2] Yan X，Ouyang J，Zhang C，et al. Plasma medicine for neuroscience—an introduction[J]. Chinese Neurosurgical Journal，2019，5：1-8.

[3] Hollas M，Ben-Aissa M，Lee S，et al. Pharmacological manipulation of cGMP and NO/cGMP in CNS drug discovery[J]. Nitric Oxide，2019，82：59-74.

[4] Lee J，Cho S，Jung H，et al. Pharmacological regulation of oxidative stress in stem cells［J］. Oxidative Medicine and Cellular Longevity，2018，10：1155.

[5] Xiong Z，Zhao S，Mao X，et al. Selective neuronal differentiation of neural stem cells induced by nanosecond microplasma agitation［J］. Stem Cell

Research，2014，12：387-399.

［6］ Lee M，Tuttle J，Rebhun L，et al. The expression and posttranslational modification of a neuron-specific β-tubulin isotype during chick embryogenesis［J］. Cell motility and the cytoskeleton，1990，17：118-32.

［7］ Lalonde R，Strazielle C. Neurobehavioral characteristics of mice with modified intermediate filament genes［J］. Reviews in the Neurosciences，2003，14：369-86.

［8］ Vallee R. MAP2 (microtubule-associated protein 2)［J］. Cell and muscle motility，1984，5：289.

［9］ Goss J，Finch C，Morgan D. Age-related changes in glial fibrillary acidic protein mRNA in the mouse brain［J］. Neurobiology of aging，1991，12：165-70.

［10］ Bansal R，Warrington A，Gard A，et al. Multiple and novel specificities of monoclonal antibodies O1，O4，and R-mAb used in the analysis of oligodendrocyte development［J］. Journal of neuroscience research，1989，24：548-57.

［11］ Ono K，Fujisawa H，Hirano S，et al. Early development of the oligodendrocyte in the embryonic chick metencephalon［J］. Journal of neuroscience research，1997，48：212-25.

［12］ Barberi T，Klivenyiet P，Calingasan N，et al. Neural subtype specification of fertilization and nuclear transfer embryonic stem cells and application in parkinsonian mice［J］. Nature biotechnology，2003，21：1200-07.

［13］ Takagi Y，Takahashi J，Saiki H，et al. Dopaminergic neurons generated from monkey embryonic stem cells function in a Parkinson primate model［J］. Journal of Clinical Investigation，2005，115：102-09.

［14］ Sun Y，Nadal-Vicens M，Misono S，et al. Neurogenin promotes neurogenesis and inhibits glial differentiation by independent mechanisms［J］. Cell，2001，104：365-76.

［15］ Cao F，Hata R，Zhu P，et al. Overexpression of SOCS3 inhibits astrogliogenesis and promotes maintenance of neural stem cells［J］. Journal of neurochemistry，2006，98：459-70.

第 5 章

大气压非平衡等离子体射流产生的活性粒子穿透生物组织的研究

5.1 引言

　　大气压非平衡等离子体射流因为能在常温常压下产生高密度多种活性氮氧粒子(RONS),所以其在抗感染治疗、癌症治疗、皮肤病治疗等诸多生物医学应用方面有着广泛的应用前景。在等离子体生物医学应用中,一方面 RONS 是等离子体产生生物效应的关键活性粒子;另一方面大部分的等离子体医学应用都需要用等离子体直接接触生物组织。所以等离子体产生的 RONS 能在生物组织中穿透多深是等离子体医学中重要的基础性课题。研究该课题一方面可以帮助人们更加深入地理解等离子医学的基本原理,另一方面也能为进一步优化等离子体医学应用时的等离子体源的各种参数,甚至拓宽其医学应用领域提供参考和指导。

　　为了研究大气压非平衡等离子体射流产生的 RONS 对生物组织的穿透问题,国内外学者构建了凝胶模型来模拟生物组织开展相关的研究。典型的实验示意图如图 5.1.1 所示。图 5.1.1(a)给出的是第一类模型,在该模型中,RONS 荧光报告剂 DCFH 被包裹在类细胞的磷脂囊泡中,而磷脂囊泡包埋在模拟组织的凝胶块中。当等离子体处理时,其产生的 RONS 进入凝胶与

DCFH 反应发出绿色荧光,通过测量绿色荧光分布即可知道 RONS 在凝胶组织中的分布[1]。图 5.1.1(b)给出了另一类常用的模型。在该模型中,凝胶组织块覆盖在盛满水或者 DCFH 溶液的接收室上。使用等离子体处理凝胶,当等离子体产生的 RONS 穿透凝胶块后,即溶解进入水中或者与 DCFH 反应,据此可以定量或者定性地测量穿透凝胶组织的 RONS[1~6]。在这两类模型中,凝胶块的主要成分为琼脂[2~3]或者明胶[1,4~6],它们可以模拟 RONS 在生物组织中的扩散及穿透情况。

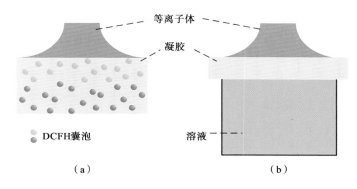

图 5.1.1　两种常用的研究等离子体产生的 RONS 穿透生物组织的模型[1~6]

　　(a) 将 RONS 荧光报告剂 DCFH 包裹在类细胞的磷脂囊泡中,而磷脂囊泡包埋在模拟组织的凝胶块中,当等离子体产生的 RONS 进入凝胶时,RONS 与 DCFH 反应发出绿色荧光,测量绿色荧光分布即可知道 RONS 在凝胶组织中的分布;(b) 将凝胶组织块覆盖在盛满水或者 DCFH 溶液的接收室上,使用等离子体处理,当等离子体产生的 RONS 穿透凝胶块后,即溶解入水中或者与 DCFH 反应,据此可以定量或者定性地测量穿透凝胶组织的 RONS

　　利用此类模型,Szili 等人发现大气压非平衡等离子体射流产生的 RONS 能够穿透 1.5 mm 厚的明胶块[4]。Gaur 等人发现大气压非平衡等离子体射流产生的 RONS 穿透的浓度取决于组织环境内的蛋白质和 O_2 含量[5]。Oh 也发现组织环境中的 O_2 含量极大地影响了 RONS 的穿透深度,同时他们还发现射流源的气体(氦气或者氩气)影响 RONS 的穿透。He 等人发现明胶块中水与明胶的比例影响 RONS 的穿透,亚硝酸盐以及 O_3 的穿透组织能力小于硝酸盐和 H_2O_2,并且发现小电场 20 V/cm 能极大地促进 RONS 的穿透[6]。这些成果加深了人们对大气压非平衡等离子体射流与生物组织相互作用的理解,也为等离子体医学应用提供了一定的指导。

　　虽然利用图 5.1.1 的凝胶模型实验取得了一些有一定指导意义的成果,

但是利用凝胶（琼脂或者明胶）模型来模拟真实的生物体组织仍然具有一定的局限性。琼脂凝胶为多糖聚合物，通常从海藻中提取获得，与真实的动物组织从成分到结构都有极大的差别。明胶主要是纤维蛋白、胶原蛋白通过可控水解的形式得到，而纤维蛋白、胶原蛋白是人体或者动物皮肤、骨头以及结缔组织的主要成分[7]，所以与琼脂凝胶相比，明胶凝胶更加接近真实的动物组织。但是由于明胶是由蛋白质通过热变性得到的，明胶凝胶的结构仍然与真实动物组织的结构相差较大。另外，单一的凝胶模型也无法全面地模拟人体多层次的组织。

为了更加全面、真实、准确地了解等离子体与生物组织的相互作用，深入研究大气压非平衡等离子体射流产生的 RONS 在各生物组织中的穿透问题，采用不同种类的真实生物组织模型进行相关的研究是十分必要的。基于此，本章分别介绍了采用肌肉组织、皮肤组织以及皮肤角质层为组织模型，研究 RONS 穿透这些组织模型的情况。由于接收室内的液体种类可能会对 RONS 浓度的测量产生影响，本章还探究了接收室内的液体种类对穿透组织的长寿命 RONS 浓度的影响。此外，为了从微观上理解 RONS 穿透皮肤角质层的行为，本章还介绍了采用分子动力学模拟的方法模拟并分析等离子体产生的主要 RONS 穿透角质层双脂质分子层的研究成果。

5.2 RONS 穿透肌肉组织的研究

5.2.1 引言

肌肉组织是人体主要且分布广泛的组织，从实际应用出发，研究大气压非平衡等离子体射流产生 RONS 对肌肉组织的穿透作用有一定的代表性。肌肉组织的基本构成单元为肌细胞。肌细胞细长，又称肌纤维。肌纤维之间为疏松的结缔组织，内有毛细血管、淋巴管和神经。按照肌纤维的形态与功能特点，肌肉组织可分为骨骼肌、心肌以及平滑肌。骨骼肌主要附着在骨骼上，是躯体主要的运动肌肉；心肌分布于心脏上；而平滑肌主要分布于内脏器官[8~9]。骨骼肌占正常人体重的 $35\% \sim 40\%$，是人体主要的肌肉组织。考虑到大气压非平衡等离子体射流的医学应用场景中许多接触的肌肉组织为骨骼肌，如烧伤的治疗或部分肿瘤的治疗，所以实验采用了新鲜的猪里脊肉作为肌肉组织模型来研究大气压非平衡等离子体射流产生的 RONS 在肌肉组织的穿透特性。

5.2.2　活性氮氧化物穿透肌肉组织实验结果

实验装置示意图如图 5.2.1 所示。首先将冰冻后的猪肉组织横切成不同厚度（0 μm、500 μm、750 μm、1000 μm、1250 μm）的组织薄片，然后将其覆盖至接收室上，接收室中盛满磷酸盐缓冲液（phosphate buffered saline，PBS）或者检测试剂。再用大气压非平衡等离子体射流处理组织薄片，其产生的 RONS 将穿透组织薄片，溶解入接收室中的溶液中，处理完后，检测接收室溶液中 RONS 的浓度即可获知穿透不同厚度肌肉组织薄片的 RONS 的量。

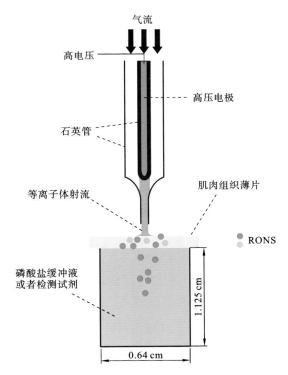

图 5.2.1　测量等离子体产生的 RONS 穿透肌肉组织的实验装置示意图[10]

不同厚度（0 μm、500 μm、750 μm、1000 μm、1250 μm）的肌肉组织薄片覆盖在充满 PBS 或者检测试剂的接收室上。等离子体射流处理时，活性粒子穿透组织薄片溶解入下方溶液中，处理完后，检测溶液中各 RONS 的浓度

实验时，采用电压峰-峰值为 15 kV、频率为 1 kHz 的交流电源。工作气体为 2 L/min 的氦气混合 10 mL/min 的氧气（0.5% 的氧掺量）。射流装置喷嘴

距离薄片的距离为 5 mm；实验中采用的接收室是标准 96 孔板的一个培养孔，其底面直径为 0.64 cm，高度为 1.125 cm，体积为 0.2048 cm³。

首先采用化学法测量接收室液体中总 RONS 量（总 RONS、OH、O_3、NO_2^-、NO_3^-），具体细节读者可参考文献[10]。图 5.2.2 给出了大气压非平衡等离子体射流处理后，接收室中溶液总 RONS 的相对强度变化。溶液中的总 RONS 随处理时间的增长而增加，随组织片厚度的增加而减小，当处理时间为 15 min，组织片厚度为 500 μm 时，其相对强度为 2291。该值相当于相同处理时间下，在没有组织切片覆盖，采用该等离子体对接收室内液体直接处理情况下的相对强度的 5.3%。这说明等离子体产生的 RONS 被组织切片大量地阻挡或者消耗。当组织片的厚度增加到 1500 μm 时，在三个处理时间下，溶液中都无法检测到 RONS 的信号，这说明当处理时间小于或等于 15 min 时，等离子体产生的 RONS 都无法穿透厚度为 1500 μm 的组织切片。当大气压非平衡等离子体射流的处理时间大于或等于 10 min 时，其产生的 RONS 能够穿透肌肉组织的厚度约为 1250 μm。

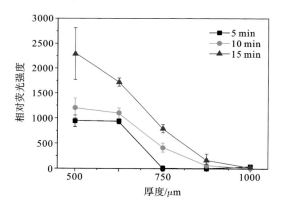

图 5.2.2　不同厚度组织切片覆盖时，接收室中总 RONS 随等离子体处理时间的变化情况[10]

没有组织切片覆盖时，接收室中总 RONS 相对荧光强度在不同的处理时间下分别为：0 min：0；5 min：11053±1026；10 min：25130±1048；15 min：43181±1320

为了进一步了解不同种类的 RONS 穿透肌肉组织的情况，下面对不同处理时间下 OH、O_3、H_2O_2、NO_2^-、NO_3^- 穿透肌肉组织切片的浓度进行了测量。

接收室中 OH 以及 O_3 的浓度随等离子体处理时间的变化如图 5.2.3 所示。当接收室没有被组织切片覆盖时，不同的等离子体处理时间下，接收室溶液中的 OH 的浓度分别为：0 min：0 μmol/L；5 min：(241.7 ± 51) μmol/L；10 min：(350 ± 75) μmol/L；15 min：(380 ± 90) μmol/L。O_3 的浓度分别为：0 min：0 mg/L；5 min：1.29 mg/L；10 min：2.58 mg/L；15 min：4.167 mg/L。当有组织切片覆盖时，溶液中无法检测到 OH 以及 O_3 的信号，这说明等离子体产生的 OH 以及 O_3 无法穿透厚度为 500 μm 的肌肉组织切片。

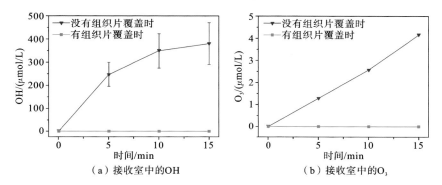

图 5.2.3　接收室中 OH 和 O_3 的浓度随等离子体处理时间的变化情况[10]

(a) 接收室中 OH 的浓度变化情况，当有组织切片覆盖时，接收室中无法检测到 OH 的信号；(b) 接收室中 O_3 的浓度变化情况，当有组织切片覆盖时，接收室中无法检测到 O_3 的信号

当有组织切片覆盖时，接收室溶液中的 H_2O_2 的浓度如图 5.2.4 所示。溶液中 H_2O_2 的浓度随处理时间的增长而增加，随组织切片厚度的增加而减

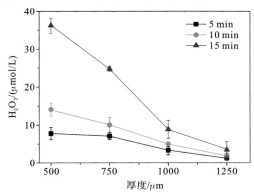

图 5.2.4　不同厚度组织切片覆盖时，接收室中 H_2O_2 浓度随等离子体处理时间的变化情况[10]

当没有组织切片覆盖时，接收室中 H_2O_2 的浓度在不同的处理时间下分别为：0 min：0 μmol/L；5 min：(174.5 ± 21.2) μmol/L；10 min：(391.7 ± 14.2) μmol/L；15 min：(1249.8 ± 93.8) μmol/L

小。当处理时间为 15 min，组织切片厚度为 500 μm 时，其浓度为（36.2±2.0）μmol/L，为相同处理时间时没有组织切片覆盖情况下 H_2O_2 浓度的 2.9%，这说明等离子体产生的 H_2O_2 被组织切片大量地阻挡或者消耗。

当有组织切片覆盖时，接收室中 NO_2^- 以及 NO_3^- 的浓度如图 5.2.5 所示。从图中可以看出，溶液中 NO_2^- 和 NO_3^- 的浓度随处理时间的增长而增加，随组织切片厚度的增加而减小。当处理时间为 15 min，组织切片厚度为 500 μm 时，NO_2^- 的浓度为（2.9±0.2）μmol/L；NO_3^- 的浓度为（17.28±1.7）μmol/L，它为相同处理时间、没有组织切片覆盖的情况下 NO_3^- 浓度的 87.3%，这说明等离子体产生的 NO_3^- 相比于 H_2O_2，其穿透肌肉组织的能力更强。

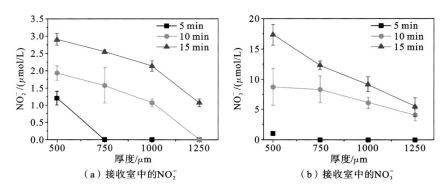

（a）接收室中的NO_2^- 　　　　（b）接收室中的NO_3^-

图 5.2.5　不同厚度组织切片覆盖时，接收室中 NO_2^- 以及 NO_3^- 的浓度
随等离子体处理时间的变化[10]

当没有组织切片覆盖时，接收室中无法检测到 NO_2^- 的信号。当没有组织切片覆盖时，接收室中 NO_3^- 的浓度在不同的处理时间下分别为：0 min：0 μmol/L；5 min：（5±1）μmol/L；10 min：（10.1±1.8）μmol/L；15 min：（19.8±0.5）μmol/L

5.2.3　活性氮氧化物穿透肌肉组织的能力分析

上述结果指出，当没有组织切片覆盖时，接收室中无法检测到 NO_2^- 的信号（小于 1 μmol/L），当有组织切片覆盖时，接收室中反而能检测到 NO_2^- 的信号（图 5.2.5）。可能原因是在没有组织切片覆盖时，溶液中的 NO_2^- 与高浓度的 H_2O_2 反应，生成不稳定的化合物过氧亚硝酸（O=NOOH）（反应式（5.2.1）），最终分解为 NO_3^-（反应式（5.2.2））。另一个可能的原因是因为接收室中盛装的液体为 PBS，它有维持液体 pH 值中性的能力，PBS 与 NO_2^- 反应生成 NO_3^-。

$$NO_2^- + H_2O_2 + H^+ \longrightarrow O = NOOH + H_2O \qquad (5.2.1)$$

$$O = NOOH \longrightarrow NO_3^- + H^+ \qquad (5.2.2)$$

对比有无组织切片时接收室中不同 RONS 的浓度可知,组织切片对等离子体产生的 RONS 有较强的阻碍作用。在等离子体射流连续处理 15 min、接收室覆盖有 500 μm 的组织切片的情况下,OH 及 O_3 无法穿透组织切片到达接收室,但是 2.9% 的 H_2O_2、83.2% 的 NO_3^-,以及 5.3% 的总 RONS 能够穿透 500 μm 的组织切片到达接收室。这说明:(1) 等离子体产生的 RONS 受到组织切片大量阻挡或者消耗;(2) 不同种类的 RONS 穿透组织切片的能力不同,NO_2^- 和 NO_3^- 穿透组织切片的能力较强,H_2O_2 次之,而 OH 及 O_3 穿透组织片的能力较弱。

等离子体产生的 RONS 受到组织切片大量阻挡或者消耗与 RONS 和组织切片中的有机物反应有关。研究发现,有机烃类物质(RH_{aq})能够大量地消耗等离子体产生的 ROS,而不会对 RNS 产生较大的影响[11]。另外,一些特定的氨基酸,如半胱氨酸,能够与等离子体产生的 ROS 反应,消耗 ROS[12~13]。研究同时也发现蛋白质也能够阻止 ROS 的渗透[5]。而组织切片取自肌肉组织,其中含有大量的有机烃类、氨基酸、蛋白质,因此它们能大量消耗等离子体产生的 RONS。

不同种类的 RONS 穿透组织切片的效率不一样,这与 RONS 本身的反应活性有关。表 5.2.1 给出了部分 RONS 与蛋氨酸在水中的二级反应常数。从该表可以看出,OH 与 O_3 是高反应活性的粒子,与蛋氨酸的反应常数相对比较高,分别为 OH:7×10^9 L/(mol·s);O_3:5×10^6 L/(mol·s)。这使得 OH、O_3 与肌肉组织接触时便迅速被反应消耗,这就导致 OH、O_3 只能到达组织表面而不能穿透进入组织。而 H_2O_2 与蛋氨酸的反应常数是 2×10^{-2} L/(mol·s),所以其在有机物中不易被消耗。NO_2^- 与 NO_3^- 是 RNS 反应的最终产物,比较稳定,不易与有机物反应。

RONS 穿透组织切片的效率除了与 RONS 本身的反应性相关外,还与粒子在细胞或者有机物中的渗透效率相关。不同的粒子由于其本身的物理性质(如粒子大小)或者化学性质(如与水或者有机物的成键能力)不同,其在细胞或者有机物中的渗透效率也是不一样的。Razzokov 等人计算了部分 RONS(H_2O_2、HO_2、OH、NO、NO_2、N_2O_4、O_2、O_3)穿透自然态磷脂双分子层(phospholipid bilayer,PLB)的自由能剖面图(free energy profiles,FEPs)[15]。PLB 是细胞膜的主体结构,RONS 分子穿透 PLB 的自由能势垒可看做 RONS 分子

表 5.2.1　部分 RONS 与蛋氨酸在水中的二级反应常数(中性条件下)[14]

RONS		反应常数/(L/(mol·s))
名称	化学式	
羟自由基	OH	7×10^9
次氯酸	HOCl	4×10^7
单线态氧	$^1O_2$	2×10^7
臭氧	O_3	5×10^6
过氧亚硝酸	ONOOH	2×10^3
超氧阴离子	O_2^-	$< 3 \times 10^{-1}$
过氧化羟基	HOO	$< 5 \times 10^1$
过氧亚硝酸阴离子	$ONOO^-$	2×10^{-1}
过氧化氢	H_2O_2	2×10^{-2}

穿透细胞膜所需要克服的能量。他们计算得出，H_2O_2 分子、HO_2 分子以及 OH 分子穿透 PLB 需要克服的自由能远高于其他的 RONS 分子(NO、NO_2、N_2O_4、O_2、O_3)，这意味着 H_2O_2 分子、HO_2 分子以及 OH 分子相比于其他分子更难以穿透细胞膜。H_2O_2、HO_2 以及 OH 分子穿透细胞膜具有更高的势垒，一方面是因为 H_2O_2、HO_2 以及 OH 具有较高的水和自由能，这意味着它们更加容易与水相结合，也更难以从水中分离；另一方面是这些分子能够与组成细胞膜的脂质分子头部易形成氢键，阻碍这些分子的进一步穿透[15]。

5.3　液体溶质对穿透肌肉组织的长寿命活性氮氧化物浓度的影响

5.3.1　引言

在一定的处理条件下，大气压非平衡等离子体射流产生的长寿命 RONS(H_2O_2、NO_2^-、NO_3^-)能够穿透一定厚度的肌肉组织，这表明这些 RONS 在等离子体医学应用时，能够穿透肌肉表层到达深层靶点，从而引发相应的细胞反应以达到治疗效果。而 RONS 的浓度对其所引发的细胞反应有着决定性的影响，所以探究不同条件下穿透肌肉组织的 RONS 浓度是一个重要的课题。

另一方面，如前面一节所述，等离子体产生的 RONS 有可能跟各种有机、无机物反应。这就会影响最终测得的 RONS 浓度。此外,等离子体医学应用时会接触到不同的体液环境,这些体液中的各种有机、无机物也会跟 RONS 反应。因此上一节接收室内段溶液成分可能会对 RONS 的测量结果产生影响。因此本节给出了接收室中的不同液体溶质对穿透肌肉组织的长寿命 RONS 浓度的影响。下面将给出六种溶液对 RONS 穿透肌肉组织所测浓度的影响,分为无机组与有机组,无机组包括双蒸水(double distilled water,DDW)、1% PBS 和生理盐水(0.9% NaCl 溶液);有机组包括 5% 葡萄糖溶液、2% 人血清溶液和 10% 人血清溶液。

5.3.2 六种溶液对活性氮氧化物穿透肌肉组织所测浓度的影响

实验装置示意图如图 5.3.1 所示。将冷冻的猪里脊肌肉组织用切片机切成 500 μm、750 μm、1250 μm 和 1500 μm 四种厚度的薄片,将不同厚度组织切片放在装有不同种类溶液的接收室顶部。实验时确保接收室内的液体与组织切片良好接触。然后采用大气压非平衡等离子体射流进行处理,大气压非平衡等离子体射流由交流电源驱动,工作气体为流速 2 L/min 的氦气(He)混合 0.5% 氧气(O_2),实验用交流电压峰-峰值为 16 kV,频率为 8 kHz,电压与放电电流波形如图 5.3.1 所示。

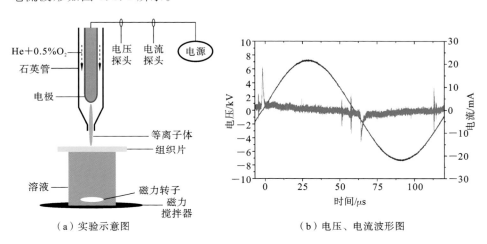

（a）实验示意图   （b）电压、电流波形图

图 5.3.1　等离子体射流实验装置图及放电电压、电流波形图[16]

产生等离子体射流的喷嘴与组织切片上表面间距固定为 5 mm,选择 5 min、10 min 和 20 min 三个时间梯度进行处理。为保证液体中 RONS 的均匀分布,液体内置一颗小磁力转子,并在处理过程中使用磁力搅拌器搅拌液

体。处理结束后，等候 5 min 使渗入组织中的活性粒子充分渗入接收液中，再取接收室中液体采用化学法测量其中的过氧化氢（H_2O_2）、硝酸根（NO_3^-）和亚硝酸根（NO_2^-）粒子浓度，具体实验细节读者可参考文献[16]。

大气压非平衡等离子体射流处理后，穿透不同厚度的肌肉组织切片渗入接收液中的 H_2O_2 浓度如图 5.3.2 所示。当接收池中液体为双蒸水时，如图 5.3.2(a) 所示，接收液中 H_2O_2 粒子浓度随等离子体处理时间增加非线性增加。当接收室上覆盖的组织厚度为 $500~\mu m$ 时，渗透进接收液的过氧化氢粒子浓度约为覆盖组织厚度为 $750~\mu m$ 时的 2 倍；而当覆盖组织切片厚度进一步增加到 $1250~\mu m$ 和 $1500~\mu m$ 时，渗透进接收液的过氧化氢浓度急速降低为 $2\sim5~\mu mol/L$，约为覆盖组织切片厚度为 $500~\mu m$ 时的 1/10；当覆盖组织切片厚度再增加到 $2000~\mu m$ 时，接收液中 H_2O_2 浓度低于检测极限。

图 5.3.2(b) 给出了接收液为 PBS 时，等离子处理后，渗透不同厚度猪肌肉组织切片进入 1% PBS 接收液中的 H_2O_2 浓度。相较于图 5.3.2(a) 所示的双蒸水中的 H_2O_2 浓度，相同处理时间和覆盖组织厚度下，PBS 接收液中 H_2O_2 浓度更高，这种情况在覆盖组织厚度为 $500~\mu m$ 的情况下尤为明显。覆盖相同厚度的组织，处理时间为 20 min 时，PBS 接收液中 H_2O_2 浓度高达 60 $\mu mol/L$ 而 DDW 中 H_2O_2 浓度低于 20 $\mu mol/L$。另外需要注意到的一点是处理时间从 10 min 变到 20 min，接收液中 H_2O_2 浓度的增加并不是非常明显。

图 5.3.2(c) 为生理盐水作为接收液时，不同厚度组织切片和不同处理时间下，接收液中 H_2O_2 含量。同图 5.3.2(a) 与图 5.3.2(b) 比较，相同实验条件下，生理盐水接收液中 H_2O_2 浓度高于 DDW 而低于 PBS 溶液中。这可能会与生理盐水中存在较高浓度的 Cl^- 有关。

图 5.3.2(d) 所示为 5% 葡萄糖溶液作为接收液情况下，不同处理时间，穿过不同厚度猪肌肉组织进入接收室中的 H_2O_2 浓度。相同处理时间，覆盖组织厚度为 $500~\mu m$ 时，进入葡萄糖接收液中 H_2O_2 浓度为 $450~\mu mol/L$，约为同条件下双蒸水接收液中测量得到的 H_2O_2 浓度的 20 倍以上；当覆盖组织厚度增加到 $750~\mu m$ 甚至更厚，进入接收液的 H_2O_2 浓度大大降低，这与另外几种情况下 H_2O_2 浓度变化规律相同。不过还需要注意一点是，覆盖组织厚度为 $500~\mu m$，处理时间为 10 min 或者 20 min，测量得到的 H_2O_2 浓度较 5 min 处理时间的情况急速增加。

图 5.3.2(e) 与图 5.3.2(f) 显示了用 1% PBS 溶液稀释后的人血清作为接

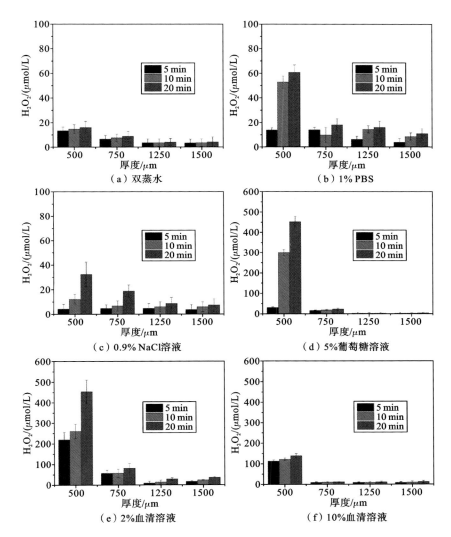

图 5.3.2 等离子体射流处理后,穿透不同厚度的肌肉组织
切片渗入接收液中的 H_2O_2 浓度[16]

收液,测量透过组织的 H_2O_2 浓度的结果。从图 5.3.2(e)可以看出,与葡萄糖溶液作为接收液结果类似,500 μm 厚度的覆盖组织条件下,人血清接收液中 H_2O_2 浓度远高于双蒸水接收液中 H_2O_2 浓度;同样当覆盖组织厚度增加,接收液中 H_2O_2 浓度骤减。而从图 5.3.2(f)可见,10% 人血清作为接收液,其中 H_2O_2 浓度比 2% 人血清接收液中的浓度低,但是依旧高于同等实验条件下的双蒸水接收液中 H_2O_2 浓度。

图 5.3.3 则给出了大气压非平衡等离子体射流直接处理后，不同接收液中 H_2O_2 的浓度。可以看出，等离子直接处理情况下，无机组（双蒸水、1% 磷酸盐缓冲液、0.9% NaCl 溶液）的三种接收液中 H_2O_2 浓度在同一数量级，而三种有机溶液（5% 葡萄糖溶液、2% 人血清溶液、10% 人血清溶液）中的 H_2O_2 含量明显较无机组接收液中高约 1 个数量级。这表明等离子体可与溶液中有机成分反应促进 H_2O_2 生成。

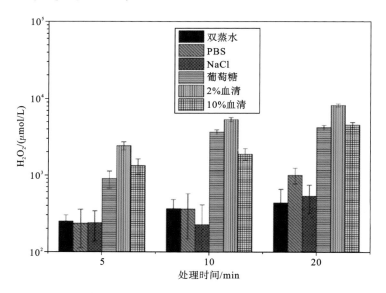

图 5.3.3　不同处理时间下等离子体射流直接处理各种接收液中 H_2O_2 的浓度[16]

大气压非平衡等离子体射流处理后，穿透不同厚度的肌肉组织薄片渗入接收液中的 NO_2^- 浓度如图 5.3.4 所示。

图 5.3.4(a) 为双蒸水接收液情况下，测量的 NO_2^- 含量。结果显示覆盖组织厚度为 500 μm 时，随着处理时间从 10 min 增加到 20 min，NO_2^- 含量从 (25 ± 5) $\mu mol/L$ 激增至 (75 ± 5) $\mu mol/L$；而当覆盖组织厚度增加，NO_2^- 浓度明显降低。

图 5.3.4(b) 给出了接收液为 1% PBS 溶液时，不同处理时间和覆盖组织厚度下测量所得 NO_2^- 浓度。从图中可见，每个实验条件下测量得到的 NO_2^- 浓度均高于同等实验条件下双蒸水接收液中测量得到的 NO_2^- 浓度。当覆盖组织厚度高达 2000 μm 时，穿透肌肉组织进入接收液的 NO_2^- 浓度低于检测极限。

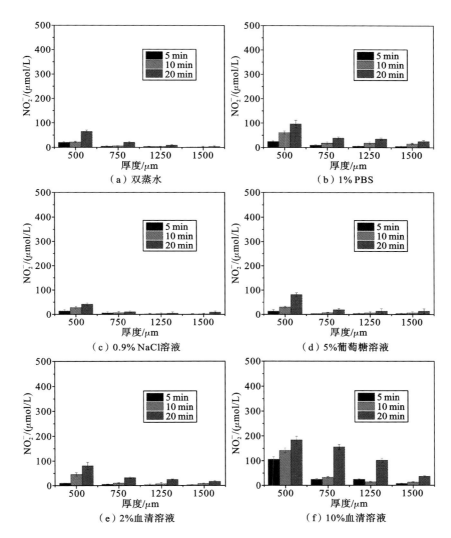

图 5.3.4　等离子体射流处理后穿透不同厚度的肌肉组织
切片渗入接收液中的 NO_2^- 浓度[16]

图 5.3.4(c)为接收液是 0.9% NaCl 溶液时,等离子体处理后,其中的 NO_2^- 浓度。其与处理时间和覆盖组织厚度的相关性类似于 1% PBS 接收液中的情况。比较图 5.3.4(b)和图 5.3.4(c)的结果可以看出,在相同条件下,0.9% NaCl 溶液中的 NO_2^- 浓度低于 1% PBS 溶液中浓度,且低于相同条件下双蒸水中的 NO_2^- 浓度。

图 5.3.4(d)、图 5.3.4(e)以及图 5.3.4(f)分别给出了 5% 葡萄糖溶液作

为接收液和 2%、10%人血清溶液作为接收液时,等离子体处理后其中 NO_2^- 的浓度。由图 5.3.4(d)可见,5%葡萄糖溶液中 NO_2^- 浓度与处理时间和覆盖组织厚度的相关性与双蒸水接收液中类似。而图 5.3.4(e)与图 5.3.4(f)所示结果则表明,人血清作为接收液,尤其是 10%人血清接收液中 NO_2^- 含量在相同实验条件下约为双蒸水接收液中的数倍。

大气压非平衡等离子体射流直接处理接收液,不同处理时间下,各种接收液中 NO_2^- 的浓度如图 5.3.5 所示。从图中可以看出,随着处理时间增加,所有接收液中亚硝酸根离子含量均增加,但是相较于另外四种接收液,2%和 10%人血清作为接收液在被大气压非平衡等离子体射流直接处理后,其中 NO_2^- 浓度随处理时间增加幅度更明显。

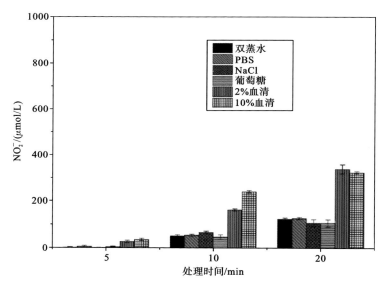

图 5.3.5 不同处理时间下等离子体射流直接处理各种接收液中 NO_2^- 的浓度[16]

大气压非平衡等离子体射流处理后,穿透不同厚度的肌肉组织薄片渗入接收液中的 NO_3^- 浓度如图 5.3.6 所示。

图 5.3.6(a)、图 5.3.6(b)以及图 5.3.6(c)分别给出了接收液为双蒸水、1% PBS 溶液和 0.9% NaCl 溶液时,大气压非平衡等离子体射流处理后,渗透进入接收液的 NO_3^- 浓度。对比这三张图可以发现,覆盖 500 μm 组织薄片的情况下,双蒸水接收液中 NO_3^- 含量在所有处理时间梯度下高于另外两种无机接收液中含量。这个现象在除 1500 μm 厚度组织覆盖外的其他实验条件下均

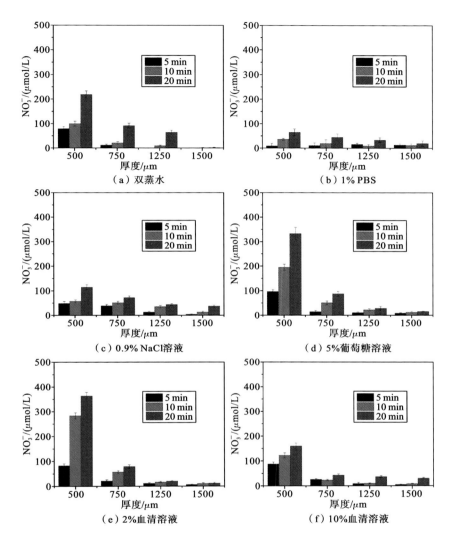

图 5.3.6　大气压非平衡等离子体射流处理后,穿透不同厚度的肌肉
组织切片渗入接收液中的 NO_3^- 浓度[16]

存在。但覆盖组织厚度为 1500 μm 时,0.9% NaCl 溶液中 NO_3^- 浓度在所有
处理时间下均高于双蒸水接收液的情况。

　　图 5.3.6(d)、图 5.3.6(e)以及图 5.3.6(f)所示为接收液是有机溶液时测
量的 NO_3^- 浓度。可以发现,覆盖 500 μm 厚度肌肉组织时,5% 葡萄糖溶液中
渗透的 NO_3^- 浓度略低于双蒸水中渗透入的 NO_3^- 浓度。若接收液为 2% 人血
清溶液,透过 500 μm 厚度肌肉组织的 NO_3^- 浓度在所有处理时间梯度下都远

高于双蒸水接收液中的浓度，这一点在处理时间为 10 min 和 20 min 的情况下尤为明显；不过这种现象随着覆盖组织厚度的增加渐渐减弱。比较图 5.3.6(e) 与图 5.3.5(f)，可以看出当使用的人血清接收液浓度从 2% 增加到 10% 时，接收液中 NO_3^- 浓度骤降。以覆盖 500 μm 厚度肌肉组织、等离子体处理 20 min 的实验条件为例，NO_3^- 浓度从 2% 人血清接收液中的 360 $\mu mol/L$ 降至 10% 人血清接收液中的 160 $\mu mol/L$，这甚至比同等实验条件下双蒸水接收液中 NO_3^- 浓度还要低。

大气压非平衡等离子体射流直接处理接收液，不同处理时间下，各种接收液中 NO_3^- 的浓度如图 5.3.7 所示。从图中可以看出，NO_3^- 浓度随处理时间的变化趋势与 H_2O_2 以及 NO_2^- 浓度的变化趋势相同，随着处理时间的增加浓度增大。在 10% 人血清接收液中，用等离子体射流处理 10 min 或 20 min，NO_3^- 浓度将远高于同等条件下在另外 5 种接收液中的情况。

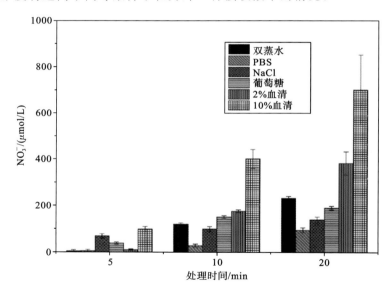

图 5.3.7　不同处理时间下等离子体射流直接处理各种接收液中 NO_3^- 的浓度[16]

5.3.3　液相环境溶质种类影响活性氮氧化物穿透浓度的分析

生物体液系统是非常复杂的系统。除了基本的水以外，还含有氨基酸、维生素、蛋白质等各种复杂的有机大小分子以及各类无机盐。因此有必要将实际生物体液中非常重要的几种要素分离出来以探究等离子进入生物体液环境后 RONS 变化的影响因素。水是人体体液环境中最基本的组分；1% PBS 缓

冲液中含有 Na_2HPO_4、KH_2PO_4、NaCl 以及 KCl,可模拟人体的酸碱平衡环境;0.9％NaCl 溶液(生理盐水)是临床上常用的一种无机盐溶液,其渗透压等于人体体液的渗透压;5％葡萄糖溶液则是临床上常用的一种有机物溶液,可为机体提供能量;2％以及 10％的人血清溶液则可以模拟体内复杂的液体环境。

从上面的结果可以看出,随着处理时间的增加,无论是否覆盖肌肉组织,长寿命 RONS 的浓度都是增加的;而随着覆盖组织厚度增加,穿透进入接收室的 RONS 浓度是降低的。

相同实验条件下,渗入 0.9％ NaCl 溶液中的 H_2O_2 浓度低于 1％ PBS 溶液中的浓度,而高于双蒸水接收液中的浓度。有机组的 H_2O_2 浓度相较无机组而言明显增加。以 500 μm 厚度的组织覆盖为例,同等实验条件下,5％葡萄糖接收液中 H_2O_2 含量约为双蒸水中 H_2O_2 含量的 20 倍以上。人血清作为接收液时所观测到的现象类似。由此可见,渗透进入生物体液环境的活性粒子含量不仅与穿透组织厚度有关,还与环境成分有关。从图 5.3.2 也可以看出等离子体穿透组织以后明显可与溶液中有机物反应生成更多的 H_2O_2。以葡萄糖为例,可能由于葡萄糖分子上存在 5 个羟基基团,等离子体射流中的电子可将其上的羟基基团释放为自由的羟基[17],通过反应

$$OH+OH \longrightarrow H_2O_2 \tag{5.3.1}$$

可以产生更多 H_2O_2。同样人血清溶液中存在大量有机分子,也可通过这种方式产生 H_2O_2。不过当人血清溶液浓度增加,其 H_2O_2 浓度反而降低,这可能是由于 H_2O_2 是活性极强的强氧化性粒子,可与有机大分子发生反应,从而被消耗。

在相同实验条件下,1％ PBS 接收液中 NO_2^- 浓度高于 0.9％ NaCl 接收液中 NO_2^- 浓度,而低于双蒸水接收液中 NO_2^- 浓度。可能原因在于等离子体活化过的 NaCl 溶液中存在大量的氯/氯氧酸,如次氯酸等[18],而这些酸能与 NO_2^- 离子反应,即

$$HClO+NO_2^- \longrightarrow ClNO_2+OH^- \tag{5.3.2}$$

将 NO_2^- 氧化,从而使溶液中 NO_2^- 的浓度降低。从图 5.3.4 与图 5.3.5 可以看出,接收液中 NO_2^- 浓度仍存在有机组和无机组之间的区别,且相同实验条件下,有机组中浓度高于无机组中浓度。这可能与有机组溶液中存在含氮的基团有关。

NO_3^- 浓度在几种接收液中的区别与 NO_2^- 基本类似。在双蒸水中的浓度高于在 1% PBS 和 0.9% NaCl 溶液中的浓度。不过这种区别随着覆盖组织切片厚度的增加在减小。与 NO_2^- 不同的地方是，覆盖 500 μm 厚度组织切片时，5% 葡萄糖溶液中 NO_3^- 浓度略低于双蒸水接收液中浓度。且当人血清接收液浓度增加时，其中的 NO_3^- 浓度骤降。

无论是 NO_2^- 还是 NO_3^-，对比在不同种接收液中的情况时，它们在血清中浓度都是更高的。研究表明，等离子体处理后含硫和芳香族的氨基酸会被优先消耗[19]，等离子体处理后溶液中 NO_2^- 与 NO_3^- 的增加可能源于血清溶液中含有非常多氨基酸、蛋白质等有机生物分子，其中的含氮基团与等离子体中的活性氮氧粒子反应转化为 NO_2^- 和 NO_3^-。而随着血清浓度升高，NO_2^- 离子浓度增加而 NO_3^- 浓度减少，这个现象可能源于 NO_2^- 和 NO_3^- 的相互转化，这一转化过程与溶液的 pH 值以及其他液体参数相关。

5.4 活性氮氧化物穿透皮肤组织的研究

5.4.1 引言

前面的研究结果表明，大气压非平衡等离子体射流产生的 RONS 能够穿透一定厚度的肌肉组织。另一方面，在等离子体医学的应用中，大气压非平衡等离子体射流最直接也最常接触的人体组织为皮肤组织。皮肤组织是人体最外层，等离子体医学的许多应用场景都会接触到皮肤组织。与肌肉组织相比，皮肤组织有着更加复杂的结构，本节讨论了大气压非平衡等离子体射流产生的 RONS 对皮肤组织的穿透作用。

皮肤是人体最大的器官，是机体内外环境的分界面。皮肤自外向内由表皮、真皮和皮下组织组成，其间分布有血管、淋巴管、神经、肌肉和皮肤附属器（包括毛发、皮脂腺、小汗腺、大汗腺、指甲等）。

皮肤最外层为表皮，表皮又可从外至内细分为角质层、透明层、颗粒层、棘细胞层以及基底层。角质层处于表皮最外层，由几至十几层的死亡的扁平的角质细胞组成。角质层最主要的成分为角蛋白与脂质，其亲油疏水。真皮位于表皮下层，由胶原纤维、网状纤维、弹力纤维细胞以及基质构成。真皮内有丰富的毛细血管与毛细淋巴管，可为皮肤输送营养物质。皮下组织位于真皮下方，主要由疏松结缔组织和脂肪小叶构成，又称皮下脂肪层，是储存脂肪的主要场所。

　　皮肤是一个防御器官,柔软又坚韧,具有保护机体、调节体温、吸收与代谢等生理功能。同时,皮肤也是一个独特而活跃的免疫调节器官。皮肤内的朗格汉斯细胞、角质形成细胞以及淋巴细胞都具有免疫活性,能够呈递抗原、分泌细胞因子、介导免疫反应。许多皮肤疾病,如荨麻疹、红斑狼疮、皮肤癌等都与皮肤的免疫失衡有关。

　　大气压非平衡等离子体射流的许多医学应用都会用大气压非平衡等离子体射流直接作用于人体皮肤,如皮肤病治疗、皮肤癌治疗、促进伤口愈合等,如图 5.4.1 所示,大气压非平衡等离子体射流产生的活性成分必须能够穿透皮肤表层到达更深层次的靶点才能发挥更大的作用。大气压非平衡等离子体射流如何影响皮肤中的细胞与免疫,是等离子体医学的研究重点。因此首先必须研究并深入了解大气压非平衡等离子体射流产生的 RONS 是如何穿透人体

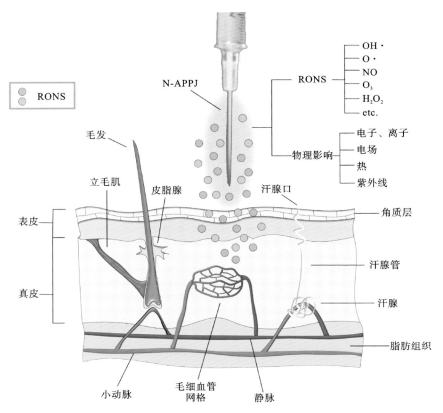

图 5.4.1　等离子体射流与皮肤组织相互作用示意图[20]

皮肤的,对这一问题的深入认识,有助于指导和优化等离子体的临床医学应用。因此本节介绍了大气压非平衡等离子体射流产生的 RONS 对皮肤组织的穿透作用的相关研究成果。

5.4.2　活性氮氧化物穿透皮肤组织的实验结果

下面采用如图 5.4.2 所示的实验装置研究大气压非平衡等离子体射流产生的 RONS 对皮肤的穿透,并探究角质层在 RONS 的穿透中所扮演的角色。实验时先后使用正常的小鼠皮肤以及去角质层的小鼠皮肤进行实验。具体来说,将新鲜剥离的小鼠皮肤(正常皮肤或者去掉角质层的皮肤)覆盖在接收室上,接收室中充满水或者检测试剂。当等离子体射流处理皮肤组织时,等离子体产生的 RONS 将穿透皮肤,溶解到接收室中的溶液中。等离

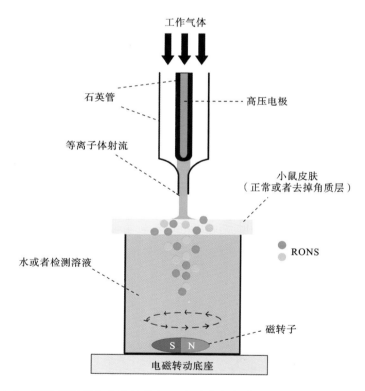

图 5.4.2　测量等离子体产生的 RONS 穿透小鼠皮肤组织的实验装置示意图[21]

正常或者去掉角质层的小鼠皮肤覆盖在充满水或者检测试剂的接收室上。等离子体射流处理时,活性粒子穿透皮肤组织溶解入下方溶液中,同时磁转子匀速转动使溶液混合均匀。处理完后,检测溶液以及皮肤中的 RONS

子体处理完后,检测接收室溶液中 RONS(总 RONS、OH、$^1O_2$、O_3、H_2O_2、NO_2^-、NO_3^-)的浓度即可获知穿透皮肤组织的 RONS 的量。为了深入了解大气压非平衡等离子体射流处理完后,几种长寿命 RONS 在皮肤组织中的留存情况,实验还检测了留存在皮肤组织中的几种长寿命 RONS(即 H_2O_2、NO_2^-、NO_3^-)的量。等离子体处理时,磁转子匀速转动使接收室内溶液混合均匀。

实验采用峰-峰电压幅值为 20 kV、频率为 1 kHz 的交流电源驱动该等离子体射流。等离子体的工作气体为 2 L/min 的氦气混合 10 mL/min 的氧气(0.5% 的氧掺量)。等离子体射流喷嘴距离皮肤的距离为 5 mm。实验中采用的接收室是标准 96 孔板的一个培养孔,其底面直径为 0.64 cm,高度为 1.125 cm,体积为 0.2048 cm³。实验采用化学法测量接收室中以及留存在皮肤中的 RONS,具体实验细节读者可参考文献[21]。

接收室中的总 RONS 由 DCFH 测量,其相对荧光强度表示 RONS 的相对浓度。经过不同的大气压非平衡等离子体射流处理后,接收室中 DCFH 的相对荧光强度变化如图 5.4.3 所示。由图 5.4.3 可以看出,当接收室没有被皮肤组织覆盖时,等离子体处理后,接收室中溶液的相对荧光强度约为正常皮肤覆盖时的 8 倍,这说明小鼠皮肤能阻挡大量的 RONS 穿透。另外,在皮肤角质层被剥离的情况下,等离子体处理后,接收室中溶液的相对荧光强度是接收室被正常皮肤覆盖时的 2 倍,这说明小鼠皮肤角质层的厚度虽然只约为整层皮

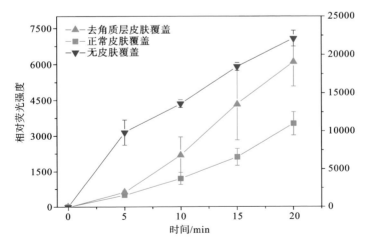

图 5.4.3 等离子体处理后,接收室中总 RONS 的变化[21]

肤的十分之一，但其对 RONS 的阻挡能力却是整层皮肤的二分之一。

接收室中 DCFH 的相对荧光强度变化随着等离子体处理时间增长而增大，但皮肤能阻挡大量等离子体产生的 RONS。

经过大气压非平衡等离子体射流处理后，接收室溶液中 OH、$^1O_2$、O_3 的浓度变化如图 5.4.4 所示。从图 5.4.4 可以看出，不论皮肤角质层有没有被剥离，等离子体产生的 OH、$^1O_2$、O_3 都不能穿透皮肤组织到达接收室，这说明 OH、$^1O_2$、O_3 不能穿透皮肤。

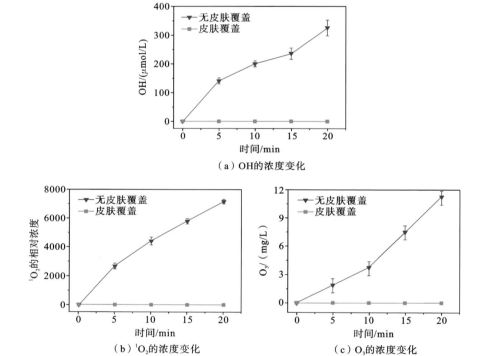

（a）OH的浓度变化

（b）$^1O_2$的浓度变化

（c）O_3的浓度变化

图 5.4.4　等离子体处理后，接收室中 OH、$^1O_2$、O_3 的浓度变化[21]

当无皮肤组织覆盖时，接收室中 OH、$^1O_2$、O_3 的浓度变化随等离子体处理时间增长而增大；但当接收室上覆盖有皮肤层时，接收室中无法检测到 OH、$^1O_2$、O_3 的信号（无论是否去除角质层）

大气压非平衡等离子体射流处理后，接收室溶液中以及沉积在皮肤中的 H_2O_2 浓度变化如图 5.4.5 所示。图 5.4.5(a)给出了接收室溶液中 H_2O_2 浓度的变化情况，从该图可以看出，当接收室没有被皮肤组织覆盖时，接收室溶液中 H_2O_2 的浓度随着等离子体处理时间的增长而增加，当处理时间为 5 min

到 20 min 时,其浓度为数百 μmol/L 数量级;而当接收室被皮肤组织覆盖时,不论皮肤是否有角质层,接收室溶液中都不能检测到 H_2O_2,这说明等离子体处理时,其产生的 H_2O_2 无法穿透皮肤到达皮下组织。等离子体处理后,皮肤中存储的 H_2O_2 的密度如图 5.4.5(b)所示。从该图可以看出:① 等离子体处理后,皮肤中存储有大量的 H_2O_2,例如处理 20 min 的情况下,皮肤中存储的 H_2O_2 的密度为 $10×10^{16}$~$20×10^{16}$ cm^{-2};② 无论处理时间长短,去除角质层皮肤中存储的 H_2O_2 含量都大于正常皮肤中存储的 H_2O_2 含量,这说明去掉角质层能增强皮肤中 H_2O_2 的存储。

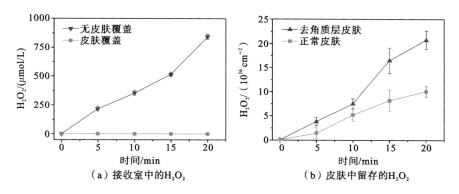

图 5.4.5 等离子体处理后,接收室溶液中及沉积在皮肤中的 H_2O_2 浓度变化[21]

(a) 接收室溶液中 H_2O_2 浓度的变化,无论是否有角质层,等离子体产生的 H_2O_2 都无法穿透皮肤;(b) 沉积在皮肤中的 H_2O_2 的变化情况,等离子体处理后,皮肤中存储了大量的 H_2O_2,角质层对 H_2O_2 的存储有阻碍作用

大气压非平衡等离子体射流处理后,接收室溶液中以及沉积在皮肤中的 NO_2^- 浓度变化如图 5.4.6 所示。图 5.4.6(a)给出了接收室中 NO_2^- 浓度的变化情况。从图中可以看出,当接收室没有被皮肤组织覆盖时,接收室溶液中 NO_2^- 的浓度随着等离子体处理时间的增长而增加,当处理时间为 5 min 到 20 min 时,其浓度数量级为数千 nmol/L。而当接收室被皮肤组织覆盖时,接收室溶液中仍能检测到 NO_2^-。但是皮肤角质层被剥离的情况下,接收室中 NO_2^- 的浓度只稍高于正常皮肤覆盖时的浓度,这说明在等离子体处理时,NO_2^- 能够穿透皮肤,而且皮肤角质层对其穿透没有太大影响。等离子体处理后,皮肤中存储的 NO_2^- 的密度如图 5.4.6(b)所示。从图中可以看出:① 等离子体处理后,皮肤中存储有少量的 NO_2^-,在等离子体处理 20

min 的情况下，皮肤中存储的 NO_2^- 的密度约为 30×10^{14} cm^{-2}；② 无论处理时间长短，正常皮肤中存储的 NO_2^- 的浓度与去除角质层皮肤存储的 NO_2^- 的浓度相差不大（处于同一误差棒范围内），这说明角质层对 NO_2^- 的存储并没有太大影响。

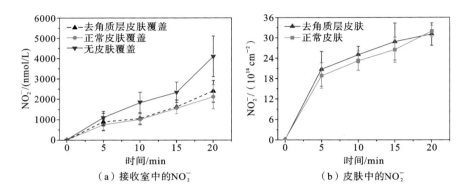

图 5.4.6　等离子体处理后，接收室溶液中及沉积在皮肤中的 NO_2^- 浓度变化[21]

（a）接收室中溶液 NO_2^- 浓度的变化情况，等离子体产生的 NO_2^- 能够穿透皮肤，皮肤角质层对其穿透没有太大影响；（b）皮肤中存储的 NO_2^- 的变化情况

大气压非平衡等离子体处理后，接收室溶液中以及皮肤中的 NO_3^- 浓度变化如图 5.4.7 所示。图 5.4.7(a) 给出了接收室中 NO_3^- 浓度的变化情况。从图中可以看出，当接收室没有被皮肤组织覆盖时，接收室溶液中 NO_3^- 的浓度随着等离子体处理时间的增长而增加，当处理时间为 5 min 到 20 min 时，其浓

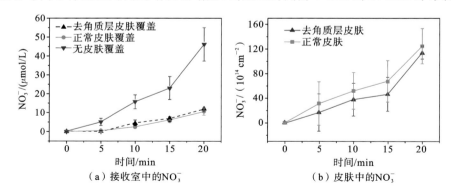

图 5.4.7　等离子体处理后，接收室溶液中及沉积在皮肤中的 NO_3^- 浓度变化情况[21]

（a）接收室溶液中 NO_3^- 浓度的变化情况，可以看出等离子体产生的 NO_3^- 能够穿透皮肤，皮肤角质层对其穿透没有太大影响；（b）皮肤中存储的 NO_3^- 的变化情况

度为几十 $\mu mol/L$ 量级;而当接收室被皮肤组织覆盖时,接收室溶液中仍能检测到 NO_3^-,且皮肤角质层被剥离的情况下,接收室中 NO_3^- 的浓度只稍高于正常皮肤覆盖时的浓度,这说明在等离子体处理时,NO_3^- 能够穿透皮肤并且皮肤角质层对其穿透没有太大影响。等离子体处理后,皮肤中沉积的 NO_3^- 的密度如图 5.4.7(b)所示。从图中可以看出:① 等离子体处理后,皮肤中存储有部分 NO_3^-,在等离子体处理 20 min 的情况下,皮肤中存储的 NO_3^- 的密度约为 120×10^{14} cm^{-2};② 无论处理时间长短,正常皮肤中存储的 NO_3^- 的浓度与去除角质层皮肤中存储的 NO_3^- 的浓度相差不大(处于同一误差棒范围内),这说明角质层对 NO_3^- 存储在皮肤中的密度并没有太大影响。

5.4.3　活性氮氧化物穿透皮肤组织能力的分析

图 5.4.3 所示为去除角质层皮肤覆盖、正常皮肤覆盖、无皮肤覆盖三种情况下,大气压非平衡等离子体射流处理不同时间后,接收室中 DCFH 相对荧光强度的变化(即总 RONS 穿透皮肤的相对强度)。可以看出,大气压非平衡等离子体射流产生的 RONS 能够穿透皮肤组织,但是皮肤阻挡了大量的 RONS。当有皮肤覆盖时,接收室中 DCFH 的相对荧光强度为没有皮肤覆盖时的1/6到1/3。

具体来看,从图 5.4.4 可以看出,高反应活性粒子 OH、$^1O_2$ 以及 O_3 都无法穿透皮肤,这是因为这些粒子的化学反应活性强,易被皮肤组织中的有机物消耗。

有趣的是,从图 5.4.5(a)可以看出,在等离子体的处理过程中,长寿命的活性粒子 H_2O_2 也无法穿透皮肤组织,但是 NO_2^-(见图 5.4.6)以及 NO_3^-(见图5.4.7)可以穿透皮肤组织到达接收室。这可能主要是由于 H_2O_2 和 RNS 在角质层以及细胞膜中有着不同的穿透效率。另外,皮肤中存在的胡萝卜素、维生素 E、维生素 C 以及谷胱甘肽等抗氧化物质可能与 H_2O_2 反应从而消耗了大量的 H_2O_2[22,23]。

5.4.4　活性氮氧化物在皮肤中沉积效应的讨论

上面的研究中首次检测了大气压非平衡等离子体射流处理后,储存在皮肤中的部分 RONS,如 H_2O_2、NO_2^- 以及 NO_3^- 的密度。从图 5.4.5、图 5.4.6 以及图 5.4.7 可以看出,大气压非平衡等离子体射流处理后,有大量的 RONS 存储在皮肤中,考虑到 H_2O_2、NO_2^- 以及 NO_3^- 是长寿命 RONS,这意味着这些储存在皮肤中的 RONS 经过一段时间后可能会进一步穿透入更深的组织或者血管。这样，有理由推测等离子体处理可能有长时间尺度的治疗效果，这对于等离子体的医学应用有着重要的意义。

然而，从另一方面来说，累积在皮肤中的 RONS 也可能对皮肤造成损害。等离子体对细胞的损伤作用与其剂量息息相关：低剂量的等离子体处理可以促进细胞的增殖、分化等，中等剂量的等离子体处理可以诱导癌细胞凋亡，而不适宜的高剂量的等离子体处理会损伤正常细胞[24~26]。从这个方面上来讲，在医学应用中等离子体的剂量需要被控制在一个合理的范围之内。

另外，由于等离子体处理后有大量的 RONS 留存在皮肤中，如果在皮肤中的 RONS 没有消耗完的基础上，又再一次进行等离子体处理，这样就会造成皮肤中留存的 RONS 的浓度越来越高，从而可能造成 RONS 留存的累积效应，造成皮肤损伤。因此，两次等离子体处理之间的间隔也是在等离子体医学实际应用中需要考虑的问题。

5.4.5　角质层对活性氮氧化物穿透及沉积影响的分析

从图 5.4.3 可以看出，当有皮肤组织覆盖时，接收室中 DCFH 的相对荧光强度为没有皮肤覆盖时的 1/6 到 1/3，并且当处理时间为 20 min 时，有角质层的情况下 DCFH 的相对荧光强度为没有角质层情况下的 1/2。然而 OH、$^1O_2$、O_3 都无法穿透皮肤到达接收室，而 NO_2^- 与 NO_3^- 不仅能穿透皮肤组织进入接收室，而且其穿透不受角质层的影响。这说明除了检测到的 NO_2^- 以及 NO_3^- 穿透皮肤到达接收室外，还有部分没有被检测到的 RONS 穿透皮肤到达了接收室。等离子体产生的 RONS 液相反应十分复杂，许多 RONS 在实验中并不能很方便地检测到，如通过计算机模拟可以知道，O_2^-、ONOOH 等活性粒子也可能穿透皮肤到达接收室[27,28]。另一方面，皮肤中氨基酸以及蛋白质可能被等离子体产生的 RONS 氧化，形成具有氧化性的产物[29~31]，最终到达接收室。

等离子体处理皮肤角质层后，在皮肤中留存的 RONS 的数量也有一定的变化。从图 5.4.5 可以看出，大气压非平衡等离子体射流处理后，去除角质层皮肤中沉积的 H_2O_2 比正常皮肤中沉积的要多，而图 5.4.6、图 5.4.7 显示，角质层对 NO_2^- 以及 NO_3^- 在皮肤中的沉积几乎没有影响。这可能是因为皮肤角质层中存在部分抗氧化物质，导致 H_2O_2 被消耗。

5.5 活性氮氧化物穿透皮肤角质层的研究

5.5.1 引言

由上节可知,角质层对等离子体产生的 RONS 的穿透能力可能会产生重要影响。为了深入了解大气压非平衡等离子体射流产生的 RONS 穿透皮肤的机理,有必要针对其开展进一步的研究,了解其产生的 RONS 穿透角质层的情况。因此本节将重点讨论角质层对各 RONS 穿透能力的影响。

角质层是皮肤的最外层,是分隔机体内外、防止外界侵袭最重要的天然屏障。角质层由几至十几层死亡的无核角质细胞组成,角质细胞中充满角蛋白,角质细胞之间充满脂类物质。角质层的结构常常被描述为"砖墙-灰泥"结构,如图 5.5.1 所示。角质细胞可看做"砖墙",而角质细胞间的脂质可看做"灰泥"。

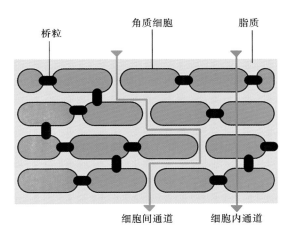

图 5.5.1 皮肤角质层的"砖墙-灰泥"结构[32~35]

物质穿透角质层的通道有细胞间通道与细胞内通道,其中细胞间通道往往被认为是物质穿透角质层的主要通道。

正是因为角质层具有"砖墙-灰泥"这样有序而又致密的结构,所以角质层能为机体提供良好的屏障作用,防止外界有害微生物入侵。一般来讲,直径在 200 nm 左右的细菌在正常情况下都不能通过角质层进入皮肤内。虽然角质层对微生物有良好的阻隔作用,但仍有部分物质能够透过角质层进入皮肤组织,包括脂溶性的物质如维生素 A、D 能够穿透角质层被皮肤吸收,而水溶性的物质如蔗糖、葡萄糖等物质极难透过皮肤角质层被吸收。这是因为角质细胞中含有角蛋白，一般的物质很难穿透，而角质细胞间的脂质通道是角质层中唯一的连续通道，所以大多数物质只能通过角质层中细胞间的脂质通道进行传输扩散。角质层中的脂类物质主要为多种神经酰胺、游离氨基酸和胆固醇，属于脂溶性物质，所以容易经过角质细胞间的脂质通道扩散。

大气压非平衡等离子体射流能够产生多种具有生物学活性的粒子，其中包括活性成分如 NO、NO_2 等，也包括易溶于水的氧化物质如 H_2O_2 等，还包括溶于水的离子如 NO_2^-、NO_3^- 等。这些活性粒子需要穿透致密的角质层，到达表皮甚至真皮才能发挥它们的活性，所以研究并理解大气压非平衡等离子体射流产生的 RONS 穿透角质层的性质能够加深我们对等离子体医学原理的理解，也能为拓展等离子体医学的生物应用提供理论基础。因此，需要采用真正的角质层进行实验，从而研究等离子体产生的 RONS 对角质层的穿透作用。

5.5.2 活性氮氧化物穿透皮肤角质层的结果

实验装置示意图如图 5.5.2 所示。将剥离的角质层（表面保持干燥或者潮湿）覆盖在底面直径为 0.64 cm、高度为 1.125 cm 的接收室上，接收室中充满水或者检测试剂。当等离子体射流处理角质层时，等离子体产生的 RONS 将有可能通过细胞间通道穿透角质层，溶解入接收室的溶液中，处理完后，检测接收室溶液中以及角质层中存储的 RONS 的浓度。

实验时小心调节大气压非平衡等离子体射流的参数使其不破坏角质层。等离子体射流采用峰-峰电压幅值为 15 kV、频率为 1 kHz 的交流电源驱动。等离子体射流的工作气体为 2 L/min 的氦气混合 10 mL/min 的氧气（0.5% 的氧掺量）。等离子体射流装置喷嘴距离皮肤的距离为 10 mm。实验中采用的接收室是标准 96 孔板的一个培养孔，其底面直径为 0.64 cm，高度为 1.125 cm，体积为 0.2048 cm³。实验采用化学法测量接收室中以及沉积在角质层中的 RONS，具体实验细节可参考文献[36]。

由于猪皮与人体皮肤比较相近，经常作为人类皮肤的模型进行经皮给药动力学研究[37]。实验采用猪耳朵上的角质层作为实验用角质层，厚度为 30～50 μm。剥离角质层的方法的参考文献[38,39]。首先使用刀片将皮肤皮下组织小心刮去，然后将刮去皮下组织的皮肤放入含有 0.25% 的胰蛋白酶-EDTA（Gbico，USA）的溶液，在 37 ℃ 下孵育 48 h。孵育之后，使用镊子小心剥下皮肤角质层，在水中漂洗干净，最后在空气中干燥即可得到实验用角质层。为了

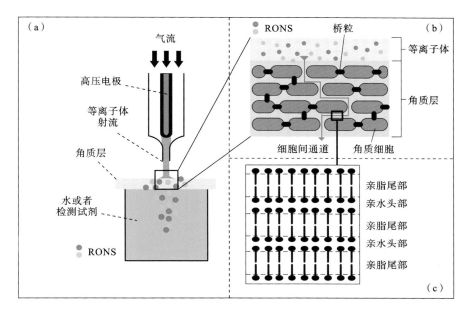

图 5.5.2　等离子体产生 RONS 穿透皮肤角质层的实验装置示意图[32~36]

（a）实验装置示意图，等离子体处理覆盖在接收室上的角质层（干燥或者潮湿的），处理完后，检测接收室溶液中以及角质层中存储的 H_2O_2、NO_3^-、NO_2^- 的浓度；（b）角质层的"砖墙-灰泥"结构，角质细胞（砖墙）被特殊的脂质（灰泥）所包围，等离子体产生的 RONS 通过细胞间通道穿透角质层；（c）细胞间通道由高度有序排列的脂质分子组成，这些脂质的主要成分为神经酰胺、自由氨基酸、胆固醇等

验证角质层表面的干燥与潮湿性是否会影响 RONS 的穿透，实验也使用了表面潮湿的角质层作为实验用角质层。实验时，滴加 100 μL 的蒸馏水于干燥的角质层表面以获得表面潮湿的角质层。

等离子体处理后，穿透角质层溶解进入接收室以及沉积在角质层中的 H_2O_2 如图 5.5.3 所示。结果表明，在没有覆盖角质层的情况下，接收室中的 H_2O_2 浓度会随着处理时间的增加而增加，等离子体处理 20 min 后，其最大浓度达到（285.7±13.3）μmol/L。然而，当接收室被干燥的角质层覆盖时，在等离子处理之后接收室中无法检测到 H_2O_2 的信号。另一方面，当接收室被潮湿的角质层覆盖时，经过 15 min 的等离子体处理后，接收室中 H_2O_2 的浓度为（1.6±0.3）μmol/L；经过 20 min 的等离子体处理后，接收室中 H_2O_2 的浓度为（2.7±0.2）μmol/L。因此，在实验条件下，在较长的处理时间下（15 min 或者 20 min），等离子体射流产生的 H_2O_2 不能穿透干燥的角质层，而能穿透潮湿的角质层。等离子体处理后沉积在角质层中的 H_2O_2 密度如图 5.5.3 所示。结果表明,沉积在角质层中的 H_2O_2 的量随着处理时间的增加而增加,并且当角质层表面潮湿时,更多的 H_2O_2 沉积在角质层中。例如,经过 20 min 的等离子体处理后,表面潮湿的角质层中存储的 H_2O_2 的密度为$(84.3\pm10.8)\times10^{14}$ cm^{-2},约为干燥的角质层中沉积的 H_2O_2 的密度($(45.7\pm1.7)\times10^{14}$ cm^{-2})的两倍。

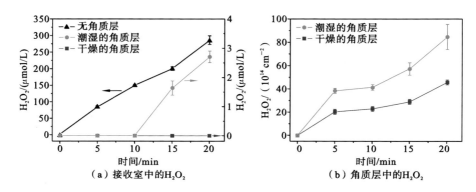

图 5.5.3　等离子体处理后,接收室溶液中以及角质层中沉积的 H_2O_2[36]

(a) 接收室溶液中 H_2O_2 浓度的变化情况,等离子体产生的 H_2O_2 无法穿透干燥的皮肤角质层,而当处理时间大于 10 min 时,等离子体产生的 H_2O_2 能够穿透潮湿的皮肤角质层;(b)角质层中沉积的 H_2O_2 的变化情况

图 5.5.4 给出了等离子体处理后,接收室溶液中以及角质层中的 NO_2^- 的

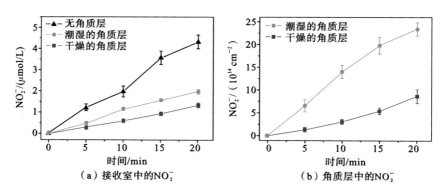

图 5.5.4　等离子体处理后,接收室溶液中以及角质层中存储的 NO_2^-[36]

(a) 接收室溶液中 NO_2^- 浓度的变化情况,等离子体产生的 NO_2^- 能够穿透干燥或者潮湿的皮肤角质层;(b)皮肤中沉积的 NO_2^- 随处理时间的变化情况

浓度。在所有条件下(有或者没有角质层覆盖)接收室中 NO_2^- 的浓度约为几微摩尔每升,并且随等离子体处理的时间增加而增加。当接收室被角质层覆盖时,经过 20 min 的等离子体处理后,穿透角质层溶解进入接收室的 NO_2^- 的浓度为(1.3 ± 0.1) $\mu mol/L$(表面干燥的角质层覆盖)或(2.0 ± 0.1) $\mu mol/L$(表面潮湿的角质层覆盖),为在没有角质层的情况下接收室中 NO_2^- 浓度$((4.3\pm0.3)$ $\mu mol/L)$的 1/3 或 1/2。另外,等离子体处理后,沉积在角质层中的 NO_2^- 的浓度随等离子体处理时间的增加而增加,并且与表面干燥的角质层相比,表面潮湿的角质层中存储的 NO_2^- 数量更多。例如,经过 20 min 的等离子体处理,表面潮湿的角质层中沉积的 NO_2^- 的浓度(即$(23.4\pm1.4)\times10^{14}$ cm^{-2})大约是表面干燥的角质层中沉积的 NO_2^- 的浓度(即$(8.7\pm1.6)\times10^{14}$ cm^{-2})的 3 倍。

等离子体处理后,接收室溶液中以及角质层中沉积的 NO_3^- 随时间的变化情况如图 5.5.5 所示。当接收室被角质层覆盖时,经过 20 min 的等离子体处理后,穿透角质层溶解进入接收室溶液中 NO_3^- 的浓度为(3.6 ± 0.3) $\mu mol/L$(表面干燥的角质层覆盖)或(4.2 ± 0.2) $\mu mol/L$(表面潮湿的角质层覆盖),为在没有角质层的情况下接收室中 NO_3^- 浓度$((31.6\pm2.7)$ $\mu mol/L)$的 1/9 或者 1/8。另外,等离子体处理后,沉积在角质层中的 NO_3^- 的浓度随等离子体处理时间的增加而增加;表面潮湿的角质层中存储的 NO_3^- 数量稍微多于干燥角质层中存储的数量。例如,经过 20 min 的等离子体处理,表面潮湿的角质层中沉积的 NO_3^- 的浓度大约为$(23.4\pm1.4)\times10^{14}$ cm^{-2},而表面干燥的角质

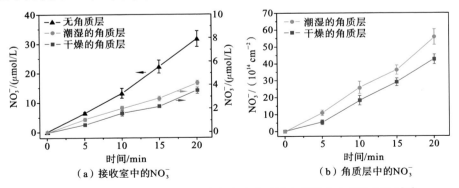

图 5.5.5　等离子体处理后,接收室溶液中以及角质层中存储的 NO_3^-[36]

(a) 接收室溶液中 NO_3^- 浓度的变化情况,等离子体产生的 NO_3^- 能够穿透干燥或者潮湿的皮肤角质层;(b) 皮肤中沉积的 NO_3^- 的变化情况

层中沉积的 NO_3^- 的浓度约为 $(8.7 \pm 1.6) \times 10^{14}\ cm^{-2}$。

5.5.3 活性氮氧化物穿透皮肤角质层的能力分析

短寿命 RONS 因其高反应活性极易被消耗，因此根据上述研究结果，可以认为短寿命 RONS 如 OH、$^1O_2$ 等无法穿透角质层。

下面对图 5.5.3、图 5.5.4、图 5.5.5 中长寿命粒子穿透角质层的效率进行对比，为了更加方便地比较 H_2O_2、NO_2^- 和 NO_3^- 穿透角质层的效率，将大气压非平衡等离子体射流处理 20 min 后，接收室中各长寿命 RONS 的浓度如表 5.5.1 所示。

表 5.5.1　大气压非平衡等离子体射流处理 20 min 后，H_2O_2、NO_2^- 和 NO_3^- 穿透角质层的效率

RONS	没有角质层覆盖 /(μmol/L)	潮湿的角质层覆盖		干燥的角质层覆盖	
		浓度/(μmol/L)	效率/(%)	浓度/(μmol/L)	效率/(%)
H_2O_2	285.7 ± 13.3	2.7 ± 0.2	0.9	<1.0	~ 0
NO_2^-	4.3 ± 0.3	2.0 ± 0.1	46.5	1.3 ± 0.1	30.2
NO_3^-	31.6 ± 2.7	4.2 ± 0.2	13.3	3.6 ± 0.3	13.4

从表 5.5.1 可以看出来，H_2O_2 几乎不能穿透覆盖在接收室之上的角质层（无论是潮湿的角质层还是干燥的角质层），而部分 NO_2^- 和 NO_3^- 能够穿透角质层。

值得注意的是，虽然这个结论与上一节的结论有所区别，但它们并不矛盾。下面对它们的不一致性进行分析。图 5.4.6 和图 5.4.7 显示，当采用正常小鼠皮肤与去角质层皮肤覆盖于接收室上，使用等离子体处理后，两种情况下 NO_2^- 以及 NO_3^- 在接收室中的浓度相差不大，这表明角质层对 NO_2^- 以及 NO_3^- 的穿透没有太大的影响，但本节采用猪皮的角质层时发现角质层是能够阻挡部分 NO_2^- 以及 NO_3^- 穿透的。另外，图 5.4.6 与图 5.4.7 表明，当小鼠皮肤覆盖于接收室时，等离子体处理 15 min 时，接收室中所接收 NO_2^- 的浓度大约为没有皮肤覆盖时的 1/2，NO_3^- 的浓度大约为没有皮肤覆盖时的 1/6。然而当猪耳皮肤角质层覆盖于接收室时，从图 5.5.4 与图 5.5.5 中可以发现，20 min 的等离子体处理后，接收室中 NO_2^- 的浓度大约为没有角质层覆盖时的 1/3，NO_3^- 浓度大约为没有角质层覆盖时的 1/8。这种差别主要是两种实验中所使用的皮肤的角质层种类不同造成的。小鼠皮肤角质层和猪耳皮肤角质层的厚度有明显的差异，图 5.5.6(a)、(b) 给出了正常的小鼠皮肤与去掉角

质层小鼠皮肤的切片,可以发现正常小鼠皮肤的角质层厚度约为 15 μm;而从猪耳皮肤以及剥离的猪耳角质层的切片图(图 5.5.6(c)、(d))可以看出,猪耳角质层的厚度大约为 40 μm。而角质层的厚度对皮肤的渗透性有着至关重要的作用。这导致使用猪耳皮肤角质层进行实验时,渗透进入接收室的 NO_2^- 和 NO_3^- 比使用小鼠皮肤时更少。

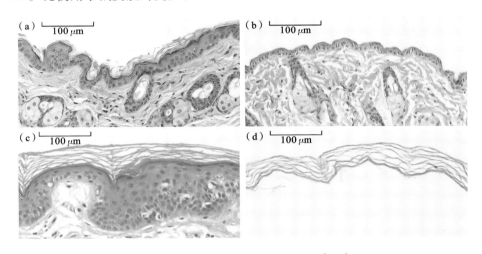

图 5.5.6　小鼠和猪耳皮肤 HE 切片[21,36]

(a) 正常的小鼠皮肤 HE 切片;(b) 去掉角质层的小鼠皮肤 HE 切片;(c) 正常的猪耳皮肤 HE 切片;(d) 剥离的猪耳皮肤角质层的 HE 切片

5.5.4　角质层表面潮湿可促进活性氮氧化物的穿透与留存

从图 5.5.3、图 5.5.4、图 5.5.5 可以看出,当角质层的表面是潮湿的时候,穿透与沉积在皮肤中的 RONS(特别是 H_2O_2)比角质层表面干燥时要多。造成这种现象可能是一方面潮湿的角质层促进了 RONS 的产生,另一方面促进了 RONS 的穿透导致的。

一方面,潮湿的角质层有利于 H_2O_2 的产生。在大气压非平衡等离子体射流中,H_2O_2 主要来源于 OH 的结合,而 OH 主要来源于水分子的解离。研究发现,当皮肤湿度越高,等离子体射流产生的 OH 浓度就越高[40]。

另一方面,角质层的湿度也会影响 RONS 的穿透。研究表明,相比于气态的 RONS,等离子体活化的水溶液中的 RONS 更容易穿透小鼠皮肤,这跟两种粒子的穿透途径不一样有关[41]。当角质层表面潮湿时,等离子体产生的气态 RONS 转化为液态 RONS,使得这些活性粒子更加容易穿透角质层,到达接收室。

5.6 活性氮氧化物穿透皮肤角质层的分子动力学模拟研究

5.6.1 分子动力学简介

角质层在 RONS 穿透皮肤的过程中扮演着重要的作用，为了从微观上研究 RONS 穿透皮肤角质层的过程，以及深入研究不同 RONS（H_2O_2、OH、HO_2、O_2^-、O_3、NO、NO_2、N_2O_4、HNO_2、HNO_3、NO_2^-、NO_3^-）穿透角质层的能力，研究人员构建了角质层双脂质分子层和主要 RONS 的分子动力学模拟模型，并研究了这些 RONS 穿透皮肤角质层的过程，计算了其穿透角质层的转移自由能。

分子动力学模拟是一种以分子为基础的经典力学模型，即分子力场为基础，通过数值求解分子体系的运动方程，研究分子体系的结构与性质的计算机模拟方法。最早的分子动力学模拟由 Alder 和 Wainwright 在 1957 年报道。他们提出了经典的分子动力学方法，研究了从 32 个至 500 个刚性小球分子系统的运动，并将此应用于气体的状态方程的研究[42～43]。随后，随着分子动力学理论的不断完善与发展、计算机软硬件的飞速发展和普及，分子动力学模拟的体系与应用范围不断扩大。现今，分子动力学模拟的研究方法已广泛应用于化学化工、生物医药、材料科学、物理等领域，帮助人们理解物理或者生命过程的微观机理，乃至预测新材料的性质。

分子动力学模拟基于经典的牛顿力学以及物质的分子原子模型。对于含有 N 个相互作用的粒子系统，分子动力学模拟求解该系统各个粒子的牛顿运动方程：

$$m_i \frac{\partial^2 r_i}{\partial t^2} = F_i, \quad i = 1, \cdots, N \tag{5.6.1}$$

其中，m_i 为第 i 个粒子的质量，r_i 为第 i 个粒子的矢量坐标，t 为时间，F_i 为第 i 个粒子在 t 时刻所受的力。

同时，根据牛顿力学，有

$$v_t = v_0 + \frac{\partial^2 r_i}{\partial t^2} t \tag{5.6.2}$$

$$r_t = r_0 + v_0 t + \frac{1}{2} \frac{\partial^2 r_i}{\partial t^2} t^2 \tag{5.6.3}$$

其中，v_t 与 r_t 为第 i 个粒子在 t 时刻的速度与位置，v_0 与 r_0 为第 i 个粒子的初始速度与初始位置。

由此,对于某一特定系统,只要给定相应的初始条件以及系统中各粒子所受的作用力 F_i,即可求解出一个小的时间步长后系统中各个粒子的速度 v_i 与位置 r_i,反复迭代后,即可求得某一时间尺度下该系统的演化过程,这就是分子动力学模拟的基本思想。

根据经典力学,粒子之间的相互作用力与其势能(势函数)相对应,有

$$F_i = -\frac{\partial V}{\partial r_i}, \quad i = 1, \cdots, N \tag{5.6.4}$$

其中,V 为粒子的势函数。

因为势函数决定了粒子间的相互作用,所以可以说势函数决定了物质的性质,是物质世界多样性的根源。

对于单原子分子,分子的总势能为分子间相互作用势能之和;对于复杂的多原子分子,考虑到分子间的相互作用力也可能造成分子中原子的相对位置的变化,造成分子内势能的变化,则多原子分子的总势能为分子内势能与分子间势能之和,即

$$V_{总} = V_{分子内} + V_{分子间} \tag{5.6.5}$$

分子内势能又可分为分子内成键相互作用势能以及分子内非成键相互作用势能。分子内成键相互作用势能包括键的伸缩势能、键角的弯曲势能、二面角扭曲势能、离面弯曲势能、交叉耦合势能等;而分子内非成键相互作用势能包括范德华(Van der Waals,VDW)相互作用势能以及静电相互作用势能。分子间的相互作用势能为非成键相互作用势能,包括范德华相互作用势能和静电相互作用势能。应该注意的是,一般把除静电相互作用势能之外的分子间相互作用势能都归入范德华相互作用势能,包括氢键相互作用势能。分子总势能与分子内和分子间势能的关系如图 5.6.1 所示。

因为分子由原子构成,分子内作用势能与分子间作用势能本质上是原子间的相互作用势能,将分子间的非成键相互作用势能与分子内的非成键相互作用势能合并为原子间的非成键相互作用势能,则系统总势能有

$$V_{总} = V_{成键相互作用} + V_{非成键相互作用} \tag{5.6.6}$$

在分子动力学模拟中,通过定义原子之间的成键相互作用势能与非成键相互作用势能构建势函数。

系统中原子的势函数是其势能的表达式,若已知系统中所有原子的势函

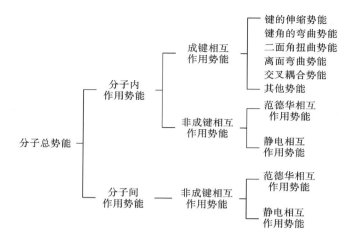

图 5.6.1　分子总势能与分子内和分子间势能的关系总结

数,即可根据式(5.6.4)推算出系统中各个原子所受的力。根据初始条件,即可演算系统的运行过程,统计系统运行过程中的各种物理量,所以原子的势函数形式以及参数是分子动力学模拟中最重要的量。对于不同类型的原子,将其势函数的表达式、参数和常数归结为一个参数文件,即为力场。力场是为特定的原子或分子开发的势函数参数集,有特定的适用范围。不同的力场有不同的形式,力场内部是自洽的,但是在同一模拟体系中一般不能混用。

适用于生物分子的常用的全原子力场有 OPLS-AA 全原子力场、CHARMM22 全原子力场等,适用于生物分子的常用的联合原子力场有CHARMM19 力场、GROMOS 力场等,适用于生物分子的常用的粗粒度力场有 MARTINI 力场等。

5.6.2　活性氮氧化物穿透皮肤角质层的分子动力学模型

角质层是皮肤的最外层,具有十分强大的保护作用,其生物学功能之一是保护人体免受外界微生物或者有害分子的侵袭。在 5.5 节已经提到,在不破坏角质层或者角质层比较厚的情况下,角质层的细胞间的通道为等离子体产生的 RONS 穿透进入皮肤组织的主要通道。研究表明,角质层的细胞间通道主要为高度有序排列的脂质分子层(脂质基质)构成。

脂质基质大约占角质层体积的 20%,其干重大约为角质层干重的 15%。由于脂质头部与尾部的亲疏水性质不一样,所以脂质基质中的脂质分子呈高度有序的双分子层排列,类似于细胞膜的磷脂双分子层;但是皮肤角质层中的脂质双分子层无论从组成、结构还是性质来看，都是独特的。角质层脂质的主要成分包括：神经酰胺，重量大约占整个脂质的 50%；游离脂肪酸，重量占整个脂质的 10%～20%；胆固醇，重量大约占整个脂质的 20%[44~45]。与细胞膜不同，健康角质层中不含有磷脂，同时其组成分子也是不均一的。研究发现，角质层中的神经酰胺成分十分复杂，至今已发现九大类的神经酰胺，其碳链长度普遍较长，从 35 个碳原子至 65 个碳原子不等[46]。同时，角质层中游离脂肪酸的主链长度也长短不一，从 14 个碳原子到 36 个碳原子不等[47]。神经酰胺与游离脂肪酸的长链结构被认为是角质层具备独特的物理化学性质的原因之一[47]。

正因为角质层的组成成分比较复杂，同时考虑到分子动力学模拟所能模拟的体系大小以及模拟效率，所以要建立完全的角质层脂质的分子动力学模型是比较困难的。现有的对角质层的分子动力学模拟研究主要建立在简化的角质层脂质双分子层上。实验发现，角质层中神经酰胺、游离脂肪酸、胆固醇的含量的比率大约为 1∶1∶1[48~50]，而 Ceramide-NS 是角质层中分布最广泛的神经酰胺，二十四游离脂肪酸分子是角质层中分布最广泛的游离脂肪酸[51~52]，由此，可以建立简化的角质层双分子脂质层的分子动力学模型[53]。本节主要介绍文献[36]所使用的 RONS 穿透角质层脂质双分子层的分子动力学模型及其计算结果。

使用 Ceramide-NS 分子（CER-NS）、二十四游离脂肪酸分子（FFA）、胆固醇分子（CHO）以近似 1∶1∶1 的比例搭建角质层脂质双分子层，同时考虑到角质层中的胆固醇有可能被等离子体氧化，也搭建了胆固醇分子被氧化为 5α-CH 的分子动力学模型（如图 5.6.2 所示）。脂质双分子层的初始模型采用 PACKMOL 搭建[54]，自然态的脂质双分子层系统由 52 个 CER-NS 分子、52 个 FFA 分子、50 个 CHO 分子和 5120 个水分子组成，氧化态的脂质双分子层由 52 个 CER-NS 分子、52 个 FFA 分子、50 个 5α-CH 分子、5120 个水分子组成（如表 5.6.1 以及图 5.6.3(b)所示）。

所有的模拟使用 GROMACS 2018.3 软件模拟，力场采用 GROMOS 联合原子力场，CER-NS 分子、FFA 分子、CHO 分子的力场参数从 Berger[54] 和 Höltje[55] 处获得，5α-CH 的参数从 Neto[56] 处获得，RONS 的参数从 Cordeiro[57,58] 与 Razzokov[15] 处获得。水分子采用 SPC 水分子模型。整个系统的边界都采用周期性边界进行处理；进行离子（NO_2^- 和 NO_3^-）的分子动力学模拟时，每个系

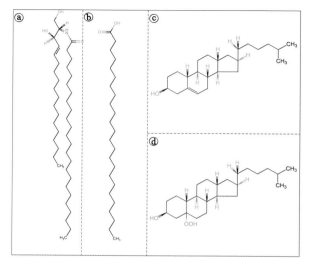

（a）模拟系统使用的皮肤角质层脂质

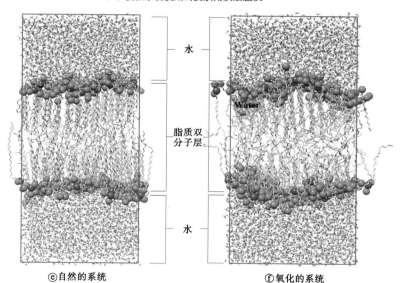

ⓔ自然的系统　　　　　　　　　　ⓕ氧化的系统

（b）模拟中使用的分子动力学模型

图 5.6.2　角质层双脂质分子层模型[36]

（a）模拟系统使用的皮肤角质层脂质：ⓐCER-NS；ⓑ二十四游离脂肪酸（FFA）；ⓒ胆固醇（CHO）；ⓓ5α-CH。（b）模拟中使用的分子动力学模型：ⓔ由 52 个 CER-NS 分子、52 个 FFA 分子、50 个 CHO 分子、5120 个水分子组成的自然态脂质双分子层；ⓕ由 52 个 CER-NS 分子、52 个 FFA 分子、50 个 5α-CH 分子、5120 个水分子组成的氧化态脂质双分子层。图中红色的为 O 原子、蓝色的为 N 原子，为了突出显示，脂质分子上的 O 原子与 N 原子都被适当增大

表 5.6.1   模拟系统的分子组成

模拟系统	组成				
	CER-NS	FFA	CHO	5α-CH	H_2O
自然态系统	52	52	50	0	5120
氧化态系统	52	52	0	50	5120

统中都加入等量的 Na^+ 维持整个系统的电中性。具体模拟参数可参见文献[36]。值得注意的是,因为采用的是非反应性的分子力场,整个模拟过程不包括 RONS 与脂质以及水之间的化学反应。

为了研究等离子体产生的 RONS 穿透角质层脂质双分子层的情况,采用伞形采样(umbrella sampling,US)的方法计算了不同的 RONS 穿透自然态脂质双分子层及氧化态双分子层的转移自由能。由某一系统的两个状态的自由能差值 ΔG 可以判断该状态的变化是否是自发的:若 $\Delta G < 0$,则该过程是自发的;若 $\Delta G > 0$,则该过程是不自发的;若 $\Delta G = 0$,则为平衡态。

对于离子(NO_2^- 或 NO_3^-)的转移自由能的计算,因为离子与脂质分子(分子电荷分布不均)之间存在比较强的静电相互作用,在系统中插入太多的离子会造成整个系统崩溃,所以对于每个 US 模拟,系统中只能包含一个目标离子(NO_2^- 或 NO_3^-)。所有粒子的转移自由能的计算均采用 GROMACS 自带的分析工具 gmx wham 进行加权直方(weighted histogram analysis method,WHAM)分析[59]得到。

5.6.3   活性氮氧化物穿透角质层脂质双分子层的转移自由能

图 5.6.3 展现了等离子体产生的主要 RONS(H_2O_2、OH、HO_2、O_2、O_3、NO、NO_2、N_2O_4、HNO_2、HNO_3、NO_2^-、NO_3^-)穿透角质层脂质双分子层的自由能剖面图(free energy profiles,FEPs)。

各个分子从水中穿透脂质双分子层的转移自由能可根据各个分子的自由能剖面图按照式(5.6.7)计算得到:

$$\Delta G_{转移} = G_{max} - G_水 \tag{5.6.7}$$

其中,$\Delta G_{转移}$ 为某个分子穿透角质层脂质双分子层的转移自由能,G_{max} 为相应分子在自由能剖面图中最大的自由能,$G_水$ 为相应分子在自由能剖面图中在水中时的自由能。因为在计算自由能剖面图时,使用分子在水中时的自由能作为参考点,所以在本文中 $G_水 = 0$ kJ/mol。计算所得的各 RONS 穿透脂质双分

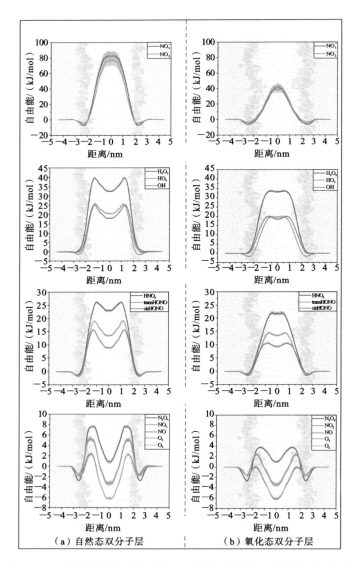

图 5.6.3 等离子体产生的 RONS 穿透自然态与氧化态角质层脂质
双分子层的自由能剖面图(FEPs)[36]

（a）等离子体产生的典型的 RONS(NO_3^-、NO_2^-、H_2O_2、HO_2、OH、HNO_3、HNO_2、N_2O_4、NO_2、NO、O_3、O_2)穿透自然态角质层脂质双分子层的自由能剖面图；(b)等离子体产生的典型的 RONS(NO_3^-、NO_2^-、H_2O_2、HO_2、OH、HNO_3、HNO_2、N_2O_4、NO_2、NO、O_3、O_2)穿透氧化态角质层脂质双分子层的自由能剖面图。注意，HNO_2 分子包含两种构型，即反式异构的 transHONO 分子及顺式异构的 cisHONO 分子

子层的转移自由能如表 5.6.2 所示。

表 5.6.2　典型的 RONS 穿透角质层脂质双分子层的转移自由能能垒($\Delta G_{转移}$)

RONS		$\Delta G_{转移}$/(kJ/mol)	
		自然态双分子层	氧化的双分子层
	NO_3^-	83.05 ± 5.82	42.53 ± 4.30
	NO_2^-	76.71 ± 6.42	39.49 ± 4.35
	H_2O_2	39.59 ± 0.47	33.59 ± 0.52
	HNO_3	26.18 ± 0.36	22.00 ± 0.63
	OH	25.93 ± 0.34	20.00 ± 0.34
	HO_2	25.93 ± 0.49	19.82 ± 0.52
HNO_2	transHONO	18.99 ± 0.28	14.30 ± 0.34
	cisHONO	15.58 ± 0.26	10.54 ± 0.32
	N_2O_4	7.64 ± 0.33	3.87 ± 0.18
	NO_2	5.27 ± 0.31	2.34 ± 0.20
	O_3	5.16 ± 0.31	2.46 ± 0.21
	NO	2.35 ± 0.18	0.02 ± 0.14
	$O_2(^1O_2)$	2.19 ± 0.17	-0.15 ± 0.14

从图 5.6.3 可以看出来,离子型化合物 NO_3^- 和 NO_2^- 具有 Λ 形的 FEPs,跨 SC 脂质双分子层的自由能屏障最高。在自然界中,离子由于具有较高的水合自由能(容易与水结合),以及容易被脂质分子的亲水性头部吸引而几乎不会通过被动扩散的方式穿透细胞膜的脂质双分子层[60],所以它们始终需要特殊的通道(阴离子转运蛋白)进行转运[61]。同样地,在 SC 脂质双分子层中,NO_3^- 和 NO_2^- 具有最高的转移自由能(分别为 83.05 kJ/mol 和 76.71 kJ/mol,见表5.6.2)。从图 5.6.4 还能看出,NO_3^- 和 NO_2^- 具有相似的 FEPs,这可能是由于它们的穿透机理是离子诱导的(膜)缺陷穿透。具体地说,尽管它们的化学组成、大小和水合自由能不同,但它们都是以诱导脂质层产生水通道的方式穿透到 SC 脂质双分子层中[62]。

根据图 5.6.3,对于所有的电中性 RONS,它们的 FEPs 有十分相似的趋势。它们的自由能首先在水-脂质界面附近降低,然后增加,在脂质分子区域达到最大,然后随着深度深入而降低,直到双分子层的中心区域。所有亲水物质（H_2O_2、OH、HO_2、HNO_2、HNO_3）在水-脂质界面附近具有最小的能量，这主要是由于这些 RONS 与脂质分子头部具有氢键键合作用及色散相互作用[15.63]。另一方面，疏水性 RONS（O_2、O_3、NO、NO_2、N_2O_4）在双分子层中心具有最小的自由能（低于在水中的自由能），但 N_2O_4 的能量略高，这是由于脂质分子层中心部分（即脂质分子的尾部）具有疏水性。

从表 5.6.2 可以看出，相比亲水性 RONS（H_2O_2、OH、HO_2、HNO_2、HNO_3），疏水性 RONS（O_2、O_3、NO、NO_2、N_2O_4）穿透 SC 脂质双分子层具有更低的自由能能垒，这表明疏水性 RONS 相比于亲水性 RONS 更易穿透皮肤角质层。这与实验结果是一致的：亲水性的溶液几乎不能穿透皮肤层[64]。

分子动力学模拟表明，对于天然态角质层脂质双分子层而言，NO_3^- 和 NO_2^- 的转移自由能（83.05 kJ/mol 和 76.71 kJ/mol）比 H_2O_2 的转移自由能大得多（39.59 kJ/mol）；然而 5.5 节的实验表明，相比 NO_3^- 及 NO_2^-，H_2O_2 更加难以穿透角质层。这说明在实验中，接收室中接收到的 NO_3^- 及 NO_2^- 不是以离子形式直接穿透而来的，其可能的转换途径有以下两种。① NO_3^- 和 NO_2^- 可能源自穿透 SC 层的 HNO_3 和 HNO_2。HNO_3 和 HNO_2 在等离子体处理过程中产生，与其离子形式（即 NO_3^- 和 NO_2^-）相比，它们穿透脂质层的转移自由能能垒更低。从表 5.6.2 可以看出来，对于自然态的脂质双分子层，HNO_3 的转移自由能能垒为（26.18±0.36）kJ/mol，而其离子形式 NO_3^- 的转移自由能能垒为（83.05±5.82）kJ/mol，HNO_2 的转移自由能能垒为（18.99±0.28）kJ/mol（transHONO）或者（15.58±0.26）kJ/mol（cisHONO），而其离子形式 NO_2^- 的转移自由能能垒为（76.71±6.42）kJ/mol，HNO_3 与 HNO_2 穿透角质层之后在接收室中分解为 NO_3^- 及 NO_2^-。② NO_3^- 和 NO_2^- 可能源自穿透角质层的 NO 及 NO_2。NO 和 NO_2 具有很低的转移自由能屏障（NO 穿透自然态脂质双分子层的转移自由能能垒为（2.35±0.18）kJ/mol，NO_2 为（5.27±0.31）kJ/mol），可以跨角质层脂质层转移，先穿透角质层，然后转化为 NO_2^- 和 NO_3^-。

综上，分子动力学模拟结果表明，典型的 RNS（NO、NO_2、N_2O_4）、O_2 及 O_3 比典型的 ROS（如 H_2O_2、OH、HO_2）更易穿透角质层，这表明 RNS、O_2 及 O_3 在等离子医学中可能起重要作用。

5.6.4　氧化可促进活性氮氧化物穿透皮肤角质层脂质双分子层

考虑到等离子体产生的 RONS 会氧化角质层的脂质分子，模拟中还探究了当脂质层中所有的 CHO 被氧化为 5α-CHs 后,RONS 穿透脂质层的情况,如图 5.6.3 及表 5.6.3 所示。

表 5.6.3　自然态及氧化后的脂质双分子层的平均 APL 和厚度

	APL/nm²	厚度/nm
自然态双分子层	0.340±0.003	4.832±0.259
氧化的双分子层	0.353±0.005	4.623±0.425

结果表明,脂质分子的氧化会导致所有的 RONS 分子穿透脂质双分子层的转移自由能能垒降低,这说明等离子体的氧化会促进 RONS 的穿透,这可能是因为氧化后的脂质分子会导致脂质双分子层不稳定,使双分子层失去了高度有序的排列。

为了验证这一猜想,可使用 GridMAT-MD 软件计算每脂分子面积(area per lipid,APL)及双分子层的厚度[65]。APL 的计算公式为

$$S_{APL} = \frac{L_x \times L_y}{N} \tag{5.6.8}$$

其中,L_x 是脂质层在 x 轴上的长度,L_y 是脂质层在 y 轴上的长度,N 为单层的脂质分子数量,在这里为 77。双分子层的厚度由上下两层的 O 原子的距离平均后得到。

自然态及氧化后的脂质双分子层的平均 APL 和厚度如表 5.6.3 所示。从表中可以看出,脂质分子被氧化后,脂质双分子层的 APL 会增加,其厚度会减小,这说明水-脂质界面中脂质分子之间的间隔在脂质分子氧化后增大了,这导致 RONS 更加容易地穿透脂质双分子层。

5.7　总结

本章讨论了大气压非平衡等离子体射流产生的 RONS 穿透生物组织这一等离子体医学的基础性问题,比较系统地介绍了相关的实验与理论研究成果。本章利用真实的生物组织,分别探究了大气压非平衡等离子体射流产生的部分 RONS(OH、$^1O_2$、O_3、H_2O_2、NO_2^-、NO_3^-)穿透肌肉组织、皮肤组织及皮肤角质层的情况;同时简要讨论了不同种类的液相溶质对长寿命 RONS(H_2O_2、NO_2^-、NO_3^-)穿透肌肉组织浓度的影响。为了进一步理解 RONS 穿透生物组织的行为,本章还介绍了利用分子动力学模拟的方法分析并讨论主要 RONS

（H_2O_2、OH、HO_2、O_2、O_3、NO、NO_2、N_2O_4、HNO_2、HNO_3、NO_2^-、NO_3^-）穿透角质层脂质双分子层的情况。所得结论可归纳如下。

（1）短寿命 RONS（OH、$^1O_2$、O_3）因其较强的反应活性，无法穿透进入生物组织。

（2）H_2O_2 一方面容易被生物组织中的有机物消耗，另一方面 H_2O_2 穿透脂质双分子层（细胞膜磷脂双分子层及角质层脂质双分子层）需要克服较高的自由能势垒，导致大气压非平衡等离子体射流处理后，H_2O_2 不能穿过整个皮肤层，较难穿透皮肤角质层，能够穿透肌肉组织。

（3）NO_2^- 和 NO_3^- 作为等离子体产生的 RNS 的产物，实验发现它们能够穿透所有的生物组织（包括肌肉组织、皮肤组织、皮肤角质层），但是分子动力学模拟计算发现 NO_2^- 及 NO_3^- 穿透脂质双分子层需要克服非常高的自由能势垒，这暗示实验中测得的穿透生物组织的 NO_2^- 及 NO_3^- 可能是其他 RNS（酸的形式或者 NO、NO_2 等）转化而来。

（4）液相溶质种类影响长寿命 RONS（H_2O_2、NO_2^-、NO_3^-）穿透组织的浓度。当有机溶液（葡萄糖溶液与人血清溶液）中的溶质浓度不过高时，相比于双蒸水或者无机溶液（1% PBS 溶液、0.9% NaCl 溶液），等离子体处理后，有机溶液中会产生更多的长寿命 RONS，从而增加穿透组织的长寿命 RONS 的量。

（5）大气压非平衡等离子体射流处理后，生物组织中沉积着长寿命 RONS（H_2O_2、NO_2^-、NO_3^-），这暗示等离子体处理可能会存在长时间效应，同时等离子体处理的 RONS 存在"累积效应"，由此可能导致的等离子体处理的滞后效应及安全问题，应该引起关注。

（6）分子动力学模拟发现，疏水性 RONS（O_2、O_3、NO、NO_2、N_2O_4）比起亲水性 RONS（H_2O_2、OH、HO_2、HNO_2、HNO_3），其穿透角质层脂质双分子层具有更低的自由能势垒，这表明疏水性 RONS 相比于亲水性 RONS 更易穿透皮肤角质层。

（7）分子动力学模拟发现，角质层的脂质分子被氧化后，脂质双分子层的有序性被破坏，这降低了脂质双分子层对 RONS 的自由能势垒，从而促进 RONS 的穿透。

参考文献

[1] Marshall S E, Jenkins A T A, Al-Bataineh S A, et al. Studying the cyto-

lytic activity of gas plasma with self-signalling phospholipid vesicles dispersed within a gelatin matrix[J]. Journal of Physics D：Applied Physics，2013,46：185401.

[2] Szili E J,Oh J,Hong S,et al. Probing the transport of plasma-generated RONS in an agarose target as surrogate for real tissue：dependency on time,distance and material composition[J]. Journal of Physics D：Applied Physics，2015,48：202001.

[3] Oh J,Szili E J,Gaur N,et al. How to assess the plasma delivery of RONS into tissue fluid and tissue[J]. Journal of Physics D：Applied Physics，2016,49：304005.

[4] Szili E J,Bradley J W,Short R D A 'tissue model' to study the plasma delivery of reactive oxygen species[J]. Journal of Physics D：Applied Physics，2014,47：152002.

[5] Gaur N,Szili E J,Oh J,et al. Combined effect of protein and oxygen on reactive oxygen and nitrogen species in the plasma treatment of tissue[J]. Applied Physics Letters，2015,107：103703.

[6] He T,Liu D,Xu H,et al. A 'tissue model' to study the barrier effects of living tissues on the reactive species generated by surface air discharge[J]. Journal of Physics D：Applied Physics，2016,49：205204.

[7] Choi Y S,Hong S R,Lee Y M,et al. Study on gelatin-containing artificial skin：I. Preparation and characteristics of novel gelatin-alginate sponge[J]. Biomaterials，1999,20：409-417.

[8] 葛兆茹,高胴安,邢桂庆. 解剖学及组织胚胎学[M]. 北京：人民卫生出版社,1995：291.

[9] 尹靖东. 动物肌肉生物学与肉品科学[M]. 北京：中国农业大学出版社,2011：57.

[10] Duan J,Lu X,He G. On the penetration depth of reactive oxygen and nitrogen species generated by a plasma jet through real biological tissue[J]. Physics Plasmas，2017,24：73506.

[11] Tian W,Kushner M J. Atmospheric pressure dielectric barrier discharges interacting with liquid covered tissue[J]. Journal of Physics D：Ap-

plied Physics，2014，47：165201.

[12] Yan D，Talbot A，Nourmohammadi N，et al. Principles of using cold atmospheric plasma stimulated media for cancer treatment[J]. Scientific Reports，2015，5：18339.

[13] Betrán A P，Ye J，Moller A B，et al. The increasing trend in caesarean section rates：global，regional and national estimates：1990-2014 [J]. PLoS One，2016，11：e0148343.

[14] Sies H，Berndt C，Jones D P. Oxidative stress[J]. Annual Review of Biochemistry，2017，86：715-748.

[15] Razzokov J，Yusupov M，Cordeiro R M，et al. Atomic scale understanding of the permeation of plasma species across native and oxidized membranes[J]. Journal of Physics D：Applied Physics，2018，51：365203.

[16] Nie L，Yang Y，Duan J，et al. Effect of tissue thickness and liquid composition on the penetration of long-lifetime reactive oxygen and nitrogen species（RONS）generated by a plasma jet[J]. Journal of Physics D：Applied Physics，2018，51：345204.

[17] Hunt J V，Dean R T，Wolff S P. Hydroxyl radical production and autoxidative glycosylation. Glucose autoxidation as the cause of protein damage in the experimental glycation model of diabetes mellitus and ageing [J]. Biochemical Journal，1988，256：205-212.

[18] Liu Z C，Guo L，Liu D X，et al. Chemical kinetics and reactive species in normal saline activated by a surface air discharg[J]. Plasma Processes and Polymers，2017，14：1600113.

[19] Lu P，Boehm D，Bourke P，et al. Achieving reactive species specificity within plasma-activated water through selective generation using air spark and glow discharges[J]. Plasma Processes and Polymers，2017，14：1600207.

[20] Lu X，Keidar M，Laroussi M，et al. Transcutaneous plasma stress：from soft-matter models to living tissues[J]. Materials Science and Engineering：R：Reports，2019，138：36-59.

[21] Duan J，Gan L，Nie L，et al. On the penetration of reactive oxygen and

nitrogen species generated by a plasma jet into and through mice skin with/without stratum corneum[J]. Physics of Plasmas，2019,26:43504.

[22] Thiele J J,Schroeter C,Hsieh S N,et al. The antioxidant network of the stratum corneum [J]. Current problems in dermatology，2001，pp: 26-42.

[23] Thiele J J. Oxidative targets in the stratum corneum[J]. Skin Pharmacology and Physiology，2001,14:87-91.

[24] Duan J,Lu X,He G. The selective effect of plasma activated medium in an in vitro co-culture of liver cancer and normal cells[J]. Journal of Applied Physics，2017,121:13302.

[25] Cairns R A,Harris I S,Mak T W. Regulation of cancer cell metabolism [J]. Nature Reviews Cancer，2011,11:85-95.

[26] Kos S,Blagus T,Cemazar M,et al. Safety aspects of atmospheric pressure helium plasma jet operation on skin:in vivo study on mouse skin [J]. PLoS One，2017,12:e0174966.

[27] Liu D X,Liu Z C,Chen C,et al. Aqueous reactive species induced by a surface air discharge:heterogeneous mass transfer and liquid chemistry pathways[J]. Scientific Reports，2016,6:23737.

[28] Verlackt C C W,Van Boxem W,Bogaerts A. Transport and accumulation of plasma generated species in aqueous solution[J]. Physical Chemistry Chemical Physics，2018,20:6845-6859.

[29] Graves D B. The emerging role of reactive oxygen and nitrogen species in redox biology and some implications for plasma applications to medicine and biology [J]. Journal of Physics D:Applied Physics，2012, 45:263001.

[30] Takai E,Kitamura T,Kuwabara J,et al. Chemical modification of amino acids by atmosphericpressure cold plasma in aqueous solution[J]. Journal of Physics D:Applied Physics，2014,47:285403.

[31] Zhou R,Zhou R,Zhuang J,et al. Interaction of atmospheric pressure air microplasmas with amino acids as fundamental processes in aqueous solution[J]. PLoS One，2016,11:1-17.

［32］ Harding C R. The stratum corneum：structure and function in health and disease［J］. Dermatologic Therapy，2004，17：6-15.

［33］ Couto A，Fernandes R，Cordeiro M N S，et al. Dermic diffusion and stratum corneum：a state of the art review of mathematical models［J］. Journal of Controlled Release，2014，177：74-83.

［34］ Van Smeden J，Bouwstra J A. Stratum corneum lipids：their role for the skin barrier function in healthy subjects and atopic dermatitis patients ［J］. Current problems in dermatology，2016，pp：8-26.

［35］ Menon G K，Cleary G W，Lane M E. The structure and function of the stratum corneum［J］. International Journal of Pharmaceutics，2012，435：3-9.

［36］ Duan J，Ma M，Yusupov M，et al. On the penetration of reactive oxygen and nitrogen species（RONS）across the stratum corneum［J］. Plasma Processes and Polymers（Accepted）.

［37］ Panchagnula R，Stemmer K，Ritschel W A. Animal models for transdermal drug delivery［J］. Methods and Findings in Experimental and Clinical Pharmacology，1997，19：335-341.

［38］ Jacobi U，Kaiser M，Toll R，et al. Porcine ear skin：an in vitro model for human skin［J］. Skin Research Technology，2007，13：19-24.

［39］ Herkenne C，Naik A，Kalia Y N，et al. Pig ear skin ex vivo as a model for in vivo dermatopharmacokinetic studies in man［J］. Pharmaceutical Research，2006，23：1850-1856.

［40］ Wu F，Li J，Liu F，et al. The effect of skin moisture on the density distribution of OH and O close to the skin surface［J］. Journal of Applied Physics，2018，123：123301.

［41］ Liu X，Gan L，Ma M，et al. A comparative study on the transdermal penetration effect of gaseous and aqueous plasma reactive species［J］. Journal of Physics D：Applied Physics，2018，51：75401.

［42］ Rahman A. Correlations in the motion of atoms in liquid argon［J］. Physical Review，1964，136：A405.

［43］ Alder B J，Wainwright T E. Studies in molecular dynamics［J］. Journal of Physical Organic Chemistry，1959，31：459-466.

［44］ Wertz P W，Van Den Bergh B. The physical，chemical and functional properties of lipids in the skin and other biological barriers［J］. Chemistry and Physics of Lipids，1998，91：85-96.

［45］ Elias P M. Epidermal barrier function：intercellular lamellar lipid structures，origin，composition and metabolism［J］. Journal of Controlled Release，1991，15：199-208.

［46］ Robson K J，Stewart M E，Michelsen S，et al. 6-Hydroxy-4-sphingenine in human epidermal ceramides［J］. Journal of Lipid Research，1994，35：2060-2068.

［47］ Norlén L，Nicander I，Lundsjö A，et al. A new HPLC-based method for the quantitative analysis of inner stratum corneum lipids with special reference to the free fatty acid fraction［J］. Archives of Dermatological Research，1998，290：508-516.

［48］ Norlén L，Forslind B，Nicander I，et al. Inter-and intra-individual differences in human stratum corneum lipid content related to physical parameters of skin barrier function in vivo［J］. Journal of Investigative Dermatology，1999，112：72-77.

［49］ Weerheim A，Ponec M. Determination of stratum corneum lipid profile by tape stripping in combination with high-performance thin-layer chromatography［J］. Archives of Dermatological Research，2001，293：191-199.

［50］ Smith K R，Thiboutot D M. Thematic review series：skin lipids. Sebaceous gland lipids：friend or foe［J］. Journal of Lipid Research，2008，49：271.

［51］ Camera E，Ludovici M，Galante M，et al. Comprehensive analysis of the major lipid classes in sebum by rapid resolution high-performance liquid chromatography and electrospray mass spectrometry［J］. Journal of Lipid Research，2010，51：3377-3388.

［52］ Raghallaigh S，Bender K，Lacey N，et al. The fatty acid profile of the skin surface lipid layer in papulopustular rosacea［J］. British Journal of

Dermatology，2012,166:279-287.

[53] Gupta R,Sridhar D B,Rai B. Molecular dynamics simulation study of permeation of molecules through skin lipid bilayer[J]. Journal of Physical Chemistry B, 2016,120:8987-8996.

[54] Berger O,Edholm O,Jähnig F. Molecular dynamics simulations of a fluid bilayer of dipalmitoylphosphatidylcholine at full hydration,constant pressure,and constant temperature[J]. Biophysical Journal, 1997,72: 2002-2013.

[55] Höltje M,Förster T,Brandt B,et al. Molecular dynamics simulations of stratum corneum lipid models:fatty acids and cholesterol[J]. Biochimica et Biophysica Acta, 2001,1511:156-167.

[56] Neto A J P,Cordeiro R M. Molecular simulations of the effects of phospholipid and cholesterol peroxidation on lipid membrane properties[J]. Biochimica et Biophysica Acta, 2016,1858:2191-2198.

[57] Cordeiro R M. Reactive oxygen and nitrogen species at phospholipid bilayers:peroxynitrous acid and its homolysis products[J]. Journal of Physical Chemistry B Condensed Matter, 2018,122:8211-8219.

[58] Cordeiro R M,Yusupov M,Razzokov J,et al. Parametrization and molecular dynamics simulations of nitrogen oxyanions and oxyacids for applications in atmospheric and biomolecular sciences[J]. Journal of Physical Chemistry B, 2020,124:1082-1089.

[59] Hub J S,Groot B L,Spoel D. g_wham——A free weighted histogram analysis implementation including robust error and autocorrelation estimates [J]. Journal of Chemical Theory and Computation, 2010,6:3713-3720.

[60] Davis A P,Sheppard D N,Smith B D. Development of synthetic membrane transporters for anions[J]. ChemInform, 2007,38:21.

[61] Miller A J,Fan X,Orsel M,et al. Nitrate transport and signalling[J]. Journal of Experimental Botany, 2007,58:2297-2306.

[62] Vorobyov I,Olson T E,Kim J H,et al. Ion-induced defect permeation of lipid membranes[J]. Biophysical Journal, 2014,106:586-597.

[63] Cordeiro R M. Reactive oxygen species at phospholipid bilayers:distri-

bution, mobility and permeation [J]. Biochimica et Biophysica Acta (BBA)-Biomembranes，2014,1838:438-444.

[64] Chen L,Han L,Lian G. Recent advances in predicting skin permeability of hydrophilic solutes[J]. Advanced Drug Delivery Reviews，2013,65: 295-305.

[65] Allen W J,Lemkul J A,Bevan D R. GridMAT-MD:a grid-based membrane analysis tool for use with molecular dynamics[J]. Journal of Computational Chemistry，2009,30:1952-1958.

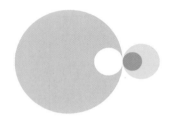

第6章
大气压非平衡等离子体射流的生物安全性

6.1 引言

近十多年来,大气压非平衡等离子体射流(N-APPJ)因在等离子体医学的诸多潜在应用而被广泛关注,其中的应用包括杀菌消毒、促进伤口愈合、癌症治疗等[1~5]。N-APPJ在具体应用时,通常有两种应用方式,即直接处理和利用N-APPJ处理过的活化蒸馏水(PAW)或活化培养液(PAM)等间接处理。其中的间接处理又极大地拓宽了N-APPJ的应用范围。

但是,作为一种医学应用的新技术,安全性是N-APPJ在临床推广应用前要首先必须保证的。当前国内外研究认为N-APPJ的各种生物医学效应是由其产生的各类活性粒子、紫外辐射、电场等各种组分共同作用来实现的[6]。目前初步的研究表明在合适的"等离子体剂量"下,N-APPJ对细胞、人体等没有产生明显的毒副作用,但在N-APPJ真正用于临床之前,仍有大量严格规范的实验需要开展,从而确保N-APPJ的安全性。

N-APPJ直接作用于人体时,对人体可能造成的热损伤、电损伤及紫外辐射等潜在的直接物理伤害,以及放电过程中产生的O_3等气体可能对人体造成的伤害比较容易评估,这也是早期N-APPJ安全性研究所关注的。这一类研究的典型实验方案示意图如图6.1.1所示。实验时可选用实验小鼠作为研究对象,用 N-APPJ 直接处理小鼠背部皮肤不同时间,同时利用红外相机实时记录处理区域皮肤温度的变化情况,处理结束之后再进一步利用 HE 染色等方法确认被处理皮肤的损伤程度。

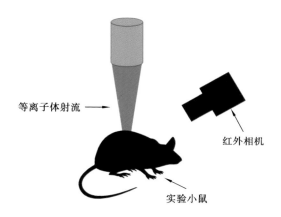

等离子体射流 ←

红外相机

实验小鼠

图 6.1.1　大气压非平衡等离子体射流物理安全性研究典型实验示意图

在这些研究的基础上,研究人员通过改变电极结构、驱动电源、工作气体等多种方式研制出了多种人体可接触的 N-APPJ 源[7~13]。当放电参数选取合适时,人体与这些 N-APPJ 接触时无明显的电击感和灼热感,处理过程中不会产生明显的不适,同时工作过程中周围 O_3 等气体的浓度也在安全范围内。

除了直接的物理损伤,N-APPJ 对生物体还可能存在潜在的生物安全风险。例如,N-APPJ 与细胞或组织相互作用过程中生成的各种活性氮氧粒子(RONS)在生物体中的作用效果存在着明显的剂量依赖效应,如果处理剂量过高,就可能导致一系列病理生理效应[3]。而且,已经有研究发现,N-APPJ 处理会造成细胞 DNA 损伤并使其微核率升高[14~17],这说明 N-APPJ 可能具有致突变的风险,造成细胞的遗传不稳定性。

相对于 N-APPJ 物理安全性的研究,当前关于 N-APPJ 潜在生物安全风险的研究仍处于起步阶段,国内外的相关研究报道还很少,有许多问题亟待解决。

首先,当 N-APPJ 产生的 RONS(如 H_2O_2、NO_2^- 和 NO_3^- 等)浓度过高时会破坏正常细胞的氧化还原平衡,对细胞造成损伤或直接导致细胞坏死,因此准确掌握这些 RONS 对于正常细胞的安全浓度(剂量)范围对于 N-APPJ 的生物安全风险评估十分必要。

此外，N-APPJ 在用于癌症治疗时，相对于放疗、化疗等传统癌症治疗手段，它的一个显著优势是能够实现对癌细胞的选择性杀伤，这可以有效减少在癌症治疗过程中对正常细胞的毒副作用。使用 PAM 作为 N-APPJ 的一种间接处理方式，对于 N-APPJ 无法直接处理的区域（如人体肝脏、腹腔等），使用 PAM 是一种很好的替代方式。然而，尽管许多研究人员发现 PAM 同样能够有效杀死多种癌细胞，具有和等离子体直接处理相似的抗癌效果[18-21]，但是 PAM 是否具有和 N-APPJ 直接处理完全相同的生物医学效应目前仍不是十分清楚。最近不少研究发现，N-APPJ 直接处理和 PAM 间接处理对于癌细胞的处理效果存在着一些差异。例如，Saadati 等人发现等离子体直接处理在杀死癌细胞和减小肿瘤体积方面的效果要好于 PAM 间接处理的[22]。Biscop 等人则发现正常细胞类型、肿瘤类型和细胞培养基种类都会影响 N-APPJ 直接处理和 PAM 对癌细胞选择性的评价，忽略这些参数的影响可能会得出错误的结论[23]。进一步地，既然只有长寿命的活性粒子（主要是 H_2O_2、NO_2^- 和 NO_3^-）能够稳定存在于 PAM 中，那么是否可以通过化学方法配制适当浓度的长寿命 RONS 溶液以达到和 PAM 类似的处理效果呢？这也是非常值得研究的课题。

　　最后，既然 N-APPJ 处理会不可避免地对正常细胞产生不同程度的损伤，在 N-APPJ 处理时那些受到损伤的细胞，它们之后会自我修复，那么它们所受到的损伤是否会随着细胞的增殖而传递给后代细胞呢？即 N-APPJ 对正常细胞的损伤是否具有"遗传效应"并最终造成细胞的遗传不稳定性。这也是 N-APPJ 生物安全性中需要回答的一个至关重要的问题。

　　针对以上问题，本章将首先通过化学方法配制不同浓度的长寿命活性粒子（H_2O_2、NO_2^- 和 NO_3^-）溶液及其组合，确定这些长寿命粒子对人体正常细胞的细胞毒性。接着，为了确定 PAM 在肝癌治疗中的应用前景，系统研究了 PAM 对肝癌细胞的选择性杀伤作用。然后系统比较了化学方法配制的 RONS 溶液、PAM 和 N-APPJ 直接处理三种方法对正常细胞和癌细胞的毒性。最后，为了确认 N-APPJ 的长期安全性，进一步研究了 N-APPJ 对于正常细胞的遗传毒性和诱变特性。

6.2　大气压非平衡等离子体射流产生的 H_2O_2、NO_2^- 和 NO_3^- 的细胞毒性研究

　　H_2O_2、NO_2^- 和 NO_3^- 是 N-APPJ 与水溶液相互作用时产生的三种重要的长

寿命活性粒子。H_2O_2 主要由放电过程中产生的·OH 通过复合反应式(6.2.1)在液体中生成[24]。NO_2^- 和 NO_3^- 主要是由放电过程中生成的氮氧化物溶于水中之后再通过一系列化学反应式(6.2.2)和式(6.2.3)生成[24,25]。

$$OH·+OH·\longrightarrow H_2O_2 \qquad (6.2.1)$$

$$NO_2+NO_2+H_2O\longrightarrow NO_2^-+NO_3^-+2H^+ \qquad (6.2.2)$$

$$NO+NO_2+H_2O\longrightarrow 2NO_2^-+2H^+ \qquad (6.2.3)$$

H_2O_2 自身具有氧化作用,与 NO_2^- 混合后还会通过一系列反应进一步生成 ONOOH、O_2NOOH 等具有强氧化性的物质[26]。高浓度的 RONS 在 N-APPJ 的杀菌消毒过程中起到了重要的作用。但是当 N-APPJ 用于促进伤口愈合或癌症治疗等方面时,则需要控制一个合适的处理剂量,以防止高浓度的 RONS 破坏正常细胞的氧化还原平衡,对细胞造成损伤或直接导致细胞坏死。而且,由于在酸性环境中 NO_2^- 可以很容易和蛋白质代谢产物胺和酰胺类物质反应而生成强致癌性物质亚硝胺[27],因此 NO_2^- 的潜在的致癌风险在 N-APPJ 的应用过程中应该引起重视。

考虑到 N-APPJ 在皮肤科学中的广泛应用,本节以人体角质形成细胞(HaCaT 细胞)为模型,比较研究通过化学方法配制的不同浓度的 H_2O_2、NO_2^- 和 NO_3^- 溶液及其组合对人体正常细胞的细胞毒性。

6.2.1 实验材料和方法

1. 细胞培养

实验所用的 HaCaT 细胞购于中国科学院典型培养物保藏委员会细胞库,HaCaT 细胞用含 10% 胎牛血清(Gibco 公司)、100 U/mL 青霉素和 100 μg/mL 链霉素溶液的 MEM 培养基在 5% CO_2、37 ℃恒温的细胞培养箱中进行培养和传代。配制 RONS 溶液所用的溶液包括硝酸钠、亚硝酸钠和过氧化氢溶液。为了描述方便,后续章节将用完全培养基指代上述在基础培养基中加入了血清和抗生素的培养基。

2. 细胞处理

在对 HaCaT 细胞用 RONS 溶液正式处理前,HaCaT 细胞按照 12000 个/孔的密度接种到 96 孔板中,每个培养孔中加入 100 μL 完全培养基,让细胞贴壁生长 24 h。之后将完全培养基作为溶剂配制不同浓度的 H_2O_2、NO_2^-、NO_3^- 及它们的组合。然后将孔板中的旧培养基移除并用无菌 PBS 吹洗一遍。最后

将 $100~\mu L$ 不同浓度的 RONS 溶液加入细胞培养孔中，HaCaT 细胞在 RONS 溶液中继续培养并进行后续一系列的检测。

3. 检测方法

HaCaT 细胞在用不同浓度的 H_2O_2、NO_2^-、NO_3^- 及它们的特定组合培养 24 h 后的存活率，使用 CCK-8 细胞增殖-毒性试剂盒进行检测。HaCaT 细胞经过处理后胞内 ROS 水平的变化情况，使用活性氧检测试剂盒进行检测。具体检测步骤可以参考所用相应产品说明。

6.2.2 不同浓度 H_2O_2、NO_2^-、NO_3^- 溶液及其组合对 HaCaT 细胞的毒性

图 6.2.1 给出了 HaCaT 细胞在含有不同浓度的 NO_2^- 和 NO_3^- 的完全培养基中培养 24 h 后细胞的存活率。

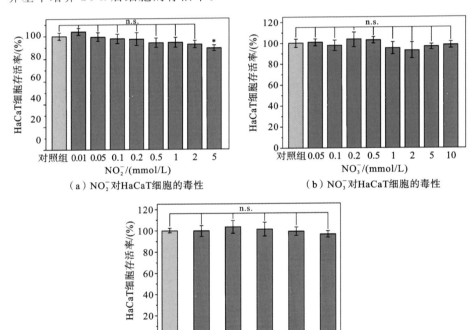

（a）NO_2^- 对 HaCaT 细胞的毒性

（b）NO_3^- 对 HaCaT 细胞的毒性

（c）$NO_2^-+NO_3^-$ 对 HaCaT 细胞的毒性

图 6.2.1 含有不同浓度的 NO_2^- 和 NO_3^- 完全培养基对 HaCaT 细胞的细胞毒性

n.s. 表示无显著性差异，$* P<0.05$

由图 6.2.1(a)和(b)所示的结果可以看出,不同浓度的 NO_2^- 溶液和 NO_3^- 溶液对 HaCaT 细胞几乎没有细胞毒性,它们与纯完全培养基对照组没有显著差异。即使当 NO_2^- 和 NO_3^- 的浓度分别高达 5 mmol/L 和 10 mmol/L 时,HaCaT 细胞的存活率依然在 90% 以上,而 5 mmol/L 和 10 mmol/L 已经比正常应用时 PAM 中 NO_2^- 和 NO_3^- 的浓度高出了一个量级。图 6.2.1(c)所示的结果则进一步表明,NO_2^- 和 NO_3^- 的混合溶液同样不会对 HaCaT 细胞造成损伤,它们与纯完全培养基对照组也没有显著差异。

图 6.2.2 为 H_2O_2 及其和 NO_2^-、NO_3^- 的混合溶液对 HaCaT 细胞的细胞毒性实验结果。图 6.2.2(a)所示结果表明,当细胞培养基中 H_2O_2 的浓度低于 50 μmol/L 时,HaCaT 细胞的存活率基本不受影响,但是随着 H_2O_2 浓度继续增大,HaCaT 细胞的存活率会显著降低;当 H_2O_2 浓度达到 400 μmol/L 时,HaCaT 细胞的存活率已经下降到 10% 以下。图 6.2.2(b)所示结果表明,

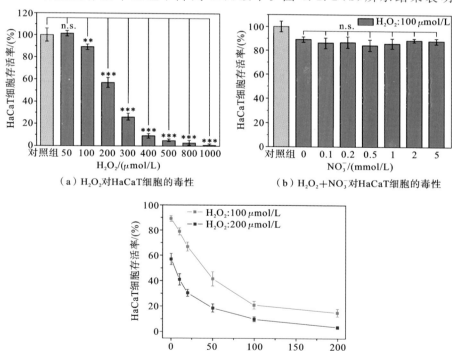

（a）H_2O_2对HaCaT细胞的毒性

（b）$H_2O_2 + NO_3^-$对HaCaT细胞的毒性

（c）$H_2O_2 + NO_2^-$对HaCaT细胞的毒性

图 6.2.2　H_2O_2 及其和 NO_2^-、NO_3^- 的混合溶液对 HaCaT 细胞的细胞毒性实验结果

n.s. 表示无显著性差异,$* P < 0.05$;$** P < 0.01$;$*** P < 0.001$

H_2O_2 溶液中加入 NO_3^- 后并不会增加对 HaCaT 细胞的毒性。图 6.2.2(c)所示结果表明，当 H_2O_2 与 NO_2^- 混合后，溶液对 HaCaT 细胞的毒性会显著增强，可以看到 $200~\mu mol/L~H_2O_2$ 加上 $200~\mu mol/L$ 的 NO_2^- 已经可以导致所有的 HaCaT 细胞死亡。顺便指出的是，通常 PAM 中 H_2O_2 浓度为 $100\sim1000$ $\mu mol/L$。

进一步地，HaCaT 细胞在经过不同浓度的 H_2O_2 溶液单独作用或者与 NO_2^- 共同作用后，细胞内 ROS 水平的变化情况如图 6.2.3 所示。由于在实验中发现，当 RONS 浓度过高时，HaCaT 细胞在处理后 $1\sim2$ h 就会出现收缩和破裂，影响最终的检测结果。因此本实验中细胞内 ROS 水平在处理后 1 h 就立即测量。由于 NO_2^- 和 NO_3^- 及它们的组合对 HaCaT 细胞几乎没有毒性，因此它们对 HaCaT 细胞内 ROS 水平的影响实验时没有测量。

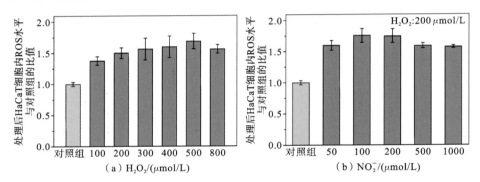

图 6.2.3　HaCaT 细胞在用 H_2O_2 溶液或 H_2O_2 与 NO_2^- 混合溶液处理
1 h 后细胞内 ROS 水平变化情况

由图 6.2.3 所示结果可以看出，HaCaT 细胞在经过 H_2O_2 单独作用或 H_2O_2 和 NO_2^- 的混合溶液作用后，细胞内 ROS 水平与对照组细胞相比都有所提高。说明高浓度的 H_2O_2 及其和 NO_2^- 的混合溶液会引起细胞的氧化损伤并最终导致细胞死亡。此外，可以看到当细胞在 $800~\mu mol/L~H_2O_2$ 及 200 $\mu mol/L~H_2O_2+500~\mu mol/L~NO_2^-$ 作用时，HaCaT 细胞胞内 ROS 水平都开始下降，这可能是由于在这两种情况下，由于外源性 RONS 浓度过高，细胞毒性过强，在测量过程已经有部分细胞开始死亡并从培养孔底部脱落，导致最终 ROS 的测量结果偏低。

由以上的实验结果可以发现，NO_3^- 和 NO_2^- 作为 N-APPJ 与液体相互作用过程中产生的两种主要的长寿命活性粒子，当它们的浓度分别低于 10

mmol/L 和 5 mmol/L 时，二者在单独或者共同作用时对 HaCaT 细胞几乎都没有细胞毒性。

H_2O_2 作为 N-APPJ 与液体作用时产生的另一种相对稳定的液相活性粒子，它对 HaCaT 细胞的毒性存在着明显的剂量依赖效应。当 H_2O_2 的浓度较低时（小于 $50\ \mu mol/L$）基本不会对 HaCaT 细胞产生毒性。这可能是由于 HaCaT 细胞内存在过氧化氢酶，能够将 H_2O_2 分解成水和氧气，从而使细胞对低浓度的 H_2O_2 有一定的抵抗能力。随着 H_2O_2 浓度的增加，外源性的 H_2O_2 不能被及时清除，会对 HaCaT 细胞造成氧化损伤，严重时直接导致细胞死亡。

当 H_2O_2 与 NO_2^- 混合后对 HaCaT 细胞的毒性明显增强，主要是因为二者混合后会生成氧化性更强的细胞毒性氧化剂过氧亚硝酸盐（$ONOO^-$），$ONOO^-$ 可以穿过细胞膜进入细胞内，对细胞内的靶分子产生很强的毒性作用[28]。

6.3　PAM 对肝癌细胞的选择性杀伤研究

Fridman 等人在 2007 年发现大气压非平衡等离子体对恶性黑色素瘤细胞的致死效应[29]，此后 N-APPJ 在肿瘤治疗领域内的应用逐渐引起了国内外研究人员的广泛关注。迄今为止，各类体外实验结果表明，N-APPJ 可以有效诱导包括脑癌细胞、乳腺癌细胞、宫颈癌细胞、肺癌细胞、胃癌细胞、胰腺癌细胞、肝癌细胞及神经胶质瘤细胞在内的 20 多种恶性肿瘤细胞的凋亡或坏死[30~40]。许多动物实验的结果也表明，N-APPJ 的处理可以有效抑制肿瘤生长，减小肿瘤体积[41~42]。更重要的是，研究人员发现，当处理条件合适时，N-APPJ 能够选择性杀死癌细胞而对正常细胞产生较低的损伤[43~44]。N-APPJ 对于癌细胞的选择性杀伤效应是其相对于放疗、化疗等传统癌症治疗手段的显著优势。PAM 是指用等离子体处理后具有活化性能的细胞培养液。有的研究报道 PAM 具有和 N-APPJ 直接处理类似的生物医学效应。PAM 给无法进行等离子体直接处理的病灶提供了替代方案，这极大地拓展了等离子体医学的应用场合。

如前所述，近年来一些研究发现，PAM 与 N-APPJ 直接处理的效果可能存在差异，而且肿瘤类型也会影响到 PAM 对癌细胞的选择性杀伤。因此为了确认 PAM 是否能够选择性杀死肝癌细胞，从而在将来应用到肝癌的治疗中，本节以一种单电极 N-APPJ 装置作为制备 PAM 的源，分别采用肝癌细胞

(HepG2 细胞)与人正常肝细胞(L02 细胞)体外分开培养和共培养两种方式,系统研究 PAM 对于肝癌细胞的选择性杀伤。

6.3.1 实验材料和方法

1. 细胞培养

HepG2 细胞和 L-02 细胞都用含 10％胎牛血清、100 U/mL 青霉素和 100 μg/mL 链霉素溶液的 DMEM 培养基在 5％ CO_2、37 ℃恒温的细胞培养箱中进行培养和传代。实验时分别采用两种细胞单独培养和按一定比例混合后共培养两种培养方式。当采用共培养模式时,需要用活细胞标记试剂盒对 HepG2 细胞进行荧光标记以区分两种细胞。

2. PAM 制备和细胞处理

利用 N-APPJ 制备 PAM 和 PAM 处理细胞的示意图如图 6.3.1 所示。该 N-APPJ 装置主要由两个同轴的石英管和高压电极组成。外部石英管的外径和内径分别为 12 mm 和 10 mm,喷嘴的直径为 2 mm。内部石英管为单端封口,外径和内径分别为 6 mm 和 4 mm。高压电极为一根细铜丝,插入内部石英管中,并通过高压导线与交流电源相连。实验时 N-APPJ 装置由交流电源驱动,工作电压峰-峰值为 15 kV,频率为 1 kHz,2 L/min 的氦气和 10 mL/min 的氧气混合后作为工作气体,射流喷嘴和液面的距离为 10 mm。1 mL 的

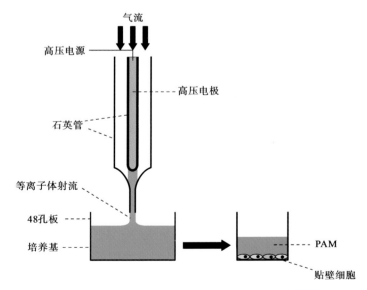

图 6.3.1　制备 PAM 和用 PAM 处理细胞示意图[45]

完全培养基置于 48 孔板的一个培养孔中,然后用 N-APPJ 分别处理 5 min、10 min、15 min。得到不同处理时间的 PAM。

在用 PAM 处理之前,HepG2 细胞和 L02 细胞单独或者按照 1∶3、1∶1 和 3∶1 三种比例接种到 96 孔板中,等细胞完全贴壁后,用 PAM 代替细胞培养基,将单独培养或共培养的两种细胞在 PAM 中培养 24 h 后利用荧光显微镜观察两种细胞的贴壁率。

3. 检测方法

HepG2 细胞和 L02 细胞在经过 PAM 处理后的凋亡情况采用 TUNEL 法进行检测,采用的试剂盒为原位细胞死亡检测试剂盒(in situ cell death detection kit,TMR red),所得结果用荧光显微镜观察记录。

PAM 中 H_2O_2 的浓度使用过氧化氢试剂盒进行测量;PAM 中 NO_2^- 和 NO_3^- 的浓度之和使用一氧化氮试剂盒进行测量。具体步骤可参考所用相应产品说明书。

6.3.2　PAM 在两种培养方式下对肝癌细胞选择性杀伤结果

HepG2 细胞和 L02 细胞采用单独培养方式。先用 N-APPJ 处理不同时间后得到相应的 PAM,两种细胞在 PAM 中培养 24 h 后对应的结果如图 6.3.2 所示。图 6.3.2(a)所示的是两种细胞分别用 N-APPJ 处理时间为 5 min、10 min、15 min 的 PAM 培养 24 h 后用显微镜拍摄的细胞形态图片,图 6.3.2(b) 所示的是两种细胞用 PAM 培养 24 h 后细胞贴壁率,图 6.3.2(c)所示的是在相同处理条件下 HepG2 细胞与 L02 细胞贴壁率的比值。

由图 6.3.2(a)及图 6.3.2(b)可以发现,单独培养时,两种细胞的贴壁率都随着 PAM 对应的 N-APPJ 处理时间的增加而降低,但是 HepG2 细胞的贴壁率随着 PAM 剂量的增加,其下降的速率明显快于 L02 细胞的贴壁率。例如,对于 N-APPJ 处理 5 min 的 PAM,HepG2 细胞的贴壁率要比 L02 细胞下降得更加明显,L02 细胞贴壁率与对照组细胞相比下降到了 95% 左右,而 HepG2 细胞贴壁率下降到了 65% 左右。这说明 PAM 可以选择性地杀伤 HepG2 细胞。值得注意的是,当采用 N-APPJ 处理时间为 15 min 的 PAM 处理后,两种细胞的贴壁率都下降到了 40% 以下,这说明高剂量的 PAM 在杀死肝癌细胞的同时也会对正常肝细胞产生严重损伤。图 6.3.2(c)所示的是两种细胞单独培养时,不同处理条件下 HepG2 贴壁细胞与 L02 贴壁细胞的比率,对应 0 min 的(对照组)为 1.1;5 min 的为 0.78;10 min 的为 0.65;15 min 的

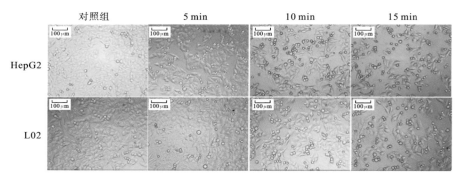

（a）对照组和处理组细胞照片

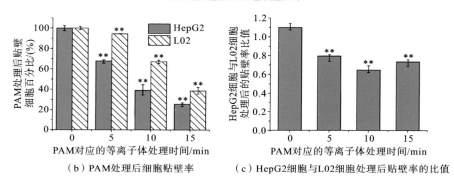

（b）PAM处理后细胞贴壁率　　　（c）HepG2细胞与L02细胞处理后贴壁率的比值

图6.3.2　采用单独培养模式时 HepG2 细胞和 L02 细胞在用 PAM 处理
24 h 后的实验结果[45]

为 0.7。当 PAM 的剂量由 0 min 增加至 10 min 时，HepG2 与 L02 贴壁细胞的比率由1.1下降至 0.65；当 PAM 的剂量由 10 min 增加至 15 min 时，HepG2 与 L02 贴壁细胞的比率由 0.65 略微增加至 0.7，这提示 PAM 选择性杀伤 HepG2 细胞存在最优剂量。从图 6.3.2(b)也能发现，当 PAM 的剂量由 10 min 增加至 15 min 时，HepG2 贴壁细胞的下降幅度小于 L02 贴壁细胞的下降幅度。

　　采用分开培养的方式能够准确得到 PAM 对两种细胞各自的毒性，而共培养模式考虑了正常细胞和癌细胞之间的相互影响，更加接近真实的肿瘤细胞生存环境，而且实验结果能更加直观地反映 PAM 是否对于肝癌细胞具有选择性。

　　下面将两种细胞采用不同比例（HepG2 细胞：L02 细胞分别为 1∶3、1∶1、3∶1）混合后进行共培养，然后用 PAM 培养 24 h 后的实验结果如图 6.3.3 所示。其中，图 6.3.3(a)是当接种的 HepG2 细胞和 L02 细胞的比例为

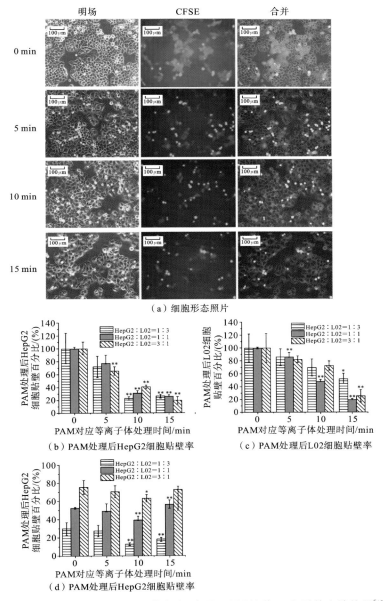

图 6.3.3　两种细胞采用共培养方式,在用 PAM 培养 24 h 后的实验结果[45]

（a）中 PAM 处理后两种细胞的形态图片,其中,CFSE 荧光染料标记的细胞为 HepG2 细胞,HepG2 细胞与 L02 细胞接种比例为 1∶3；(b) 中 HepG2 细胞的贴壁率为贴壁 HepG2 细胞数/对照组 HepG2 细胞数；(c)中 L02 细胞贴壁率为贴壁的 L02 细胞数/整体贴壁细胞数；(d)中 HepG2 细胞贴壁率为贴壁 HepG2 细胞数/整体贴壁细胞数,注意与(b)区分

1：3时,用 N-APPJ 处理培养基不同时间后得到的对应的 PAM,然后用这些PAM 培养两种细胞 24 h 后,用荧光显微镜拍摄得到的细胞形态照片(图中用CFSE 染料标记的是 HepG2 的照片)。图 6.3.3(b)和(c)分别是 HepG2 细胞和 L02 细胞在两种细胞不同接种比例和用不同剂量的 PAM 处理后的细胞贴壁率。图 6.3.3(d)是经过 PAM 处理 24 h 后贴壁的 HepG2 细胞与培养孔中两种细胞总体贴壁细胞数的比值。

由图 6.3.3(b)和(c)可以发现,当采用共培养方式时,除了 HepG2：L02＝1：1组在剂量为 15 min 的 PAM 的处理情况下,在其他的处理组中,HepG2细胞的贴壁率明显低于正常细胞 L02 的贴壁率,这说明 PAM 杀伤癌细胞的作用比杀伤正常细胞的作用要强,即 PAM 具有选择性杀伤癌细胞的作用。进一步由图 6.3.3(d)可以发现,当使用 N-APPJ 处理时间为 10 min 的 PAM时,HepG2 细胞占整体贴壁的细胞数的比率最低,这说明此时等离子体选择性杀伤癌细胞具有很好的效果。

6.3.3　PAM 对肝癌细胞选择性杀伤机理的分析和讨论

首先,为了确认 PAM 处理后的那些未贴壁的细胞到底是坏死还是凋亡引起的,实验中采用 TUNEL 法并结合荧光显微镜对未贴壁细胞的凋亡情况进行了检测,结果如图 6.3.4 所示。由图 6.3.4(c)所示结果可以看出,在用 N-APPJ 处理时间为 15 min 的 PAM 培养 24 h 后,大部分的未贴壁细胞都被TUNEL 法对应的红色荧光标记。这一结果说明细胞凋亡是 PAM 导致HepG2 细胞和 L02 细胞死亡的主要方式。

为了探究 PAM 选择性杀死 HepG2 细胞的原因,进一步对 N-APPJ 处理后,PAM 的 pH 值、PAM 中 H_2O_2,以及 NO_2^- 和 NO_3^- 的浓度之和进行了检测,结果如图 6.3.5 所示。由图 6.3.5(a)可以发现,N-APPJ 处理后,PAM 的pH 值最多上升了 0.2 左右,而将培养基暴露于空气下,培养基的 pH 值最多上升了 0.3,两种情况下 pH 值的上升曲线基本重合,这说明培养基 pH 值的变化不是 N-APPJ 处理导致的,培养基 pH 值的变化不是 PAM 杀伤癌细胞的原因。由图 6.3.5(b)和(c)可以看到,随着 N-APPJ 处理时间的增长,PAM 中H_2O_2 的浓度以及 NO_2^- 和 NO_3^- 的浓度之和逐渐增加。当 N-APPJ 处理时间为 15 min 时,PAM 中 H_2O_2 的浓度约为 720 $\mu mol/L$,NO_2^- 和 NO_3^- 的浓度之和约为 50 $\mu mol/L$。

由以上实验结果可以发现,不管是将 HepG2 细胞和 L02 细胞分开培养,

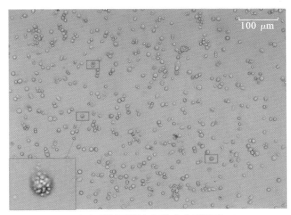

（a）明场下凋亡细胞的典型图片

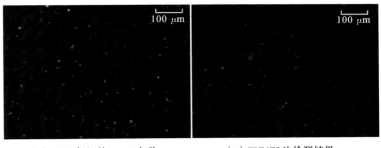

（b）CFSE标记的HepG2细胞　　　　　（c）TUNEL法检测结果

图 6.3.4　未贴壁细胞凋亡检测结果[45]

采用共培养模式（HepG2：L02=1：3）并且两种细胞在用 PAM（N-APPJ 处理 15 min）
培养 24 h 后再检测

还是将两者细胞以不同比例混合后进行共培养，在用相同的 PAM 培养 24 h
后，L02 细胞的贴壁率都要高于 HepG2 细胞的。这说明相对于人正常肝细
胞，PAM 能够选择性杀死肝癌细胞。同时也应该注意到，当 PAM 对应的 N-
APPJ 时间处理过长时，PAM 也会对 L02 细胞产生比较严重的伤害。因此在
用 PAM 处理 HepG2 细胞时需要选择合适的 PAM"剂量"，使 PAM 在有效杀
死 HepG2 细胞时尽量降低对正常 L02 细胞的损伤。仅就本节的 N-APPJ 装
置和实验参数，可以发现 N-APPJ 处理 10 min 对应的 PAM 有最佳的处理效
果。PAM 选择性杀伤癌细胞具有最优剂量，可能存在如下两个原因：一方面
是在高剂量的 PAM 存活下来的癌细胞本身具有较高的抵抗 PAM 杀伤的能
力，这导致进一步提高 PAM 的剂量时，对癌细胞的杀伤作用提升并不明显；另

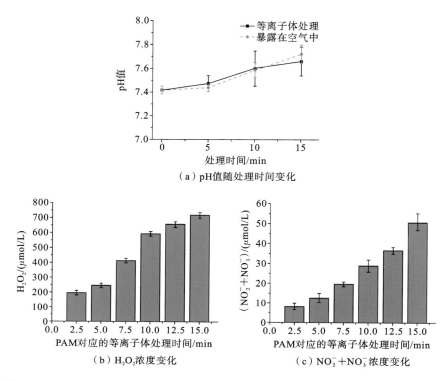

（a）pH值随处理时间变化

（b）H₂O₂浓度变化

（c）NO₂⁻+NO₃⁻浓度变化

图 6.3.5　PAM 的 pH 值、H_2O_2 的浓度，以及 NO_2^- 和 NO_3^- 的浓度之和的变化情况[45]

一方面 PAM 能够选择性杀伤癌细胞的原因在于癌细胞相对于普通细胞对 RONS 毒性更加地敏感，但是在较高剂量的 PAM 中，高浓度的 RONS 也会杀伤普通细胞，这导致高剂量 PAM 作用时，普通细胞也遭受到了较多的杀伤。这两方面的原因导致 PAM 对于癌细胞的选择性杀伤存在一个"临界剂量"，在高于此"临界剂量"时，癌细胞被杀伤的增加较少，而普通细胞被杀伤的增加较多。

6.4　活性氮氧化物溶液、PAM 和大气压非平衡等离子体射流 处理对黑色素瘤细胞和角质形成细胞的毒性比较研究

由上一节的研究可以发现，当 N-APPJ 的处理时间合适时，其产生的 PAM 能够选择性杀死肝癌细胞，但是 PAM 是否对所有类型的癌细胞都具有选择性，现在仍然不是很清楚。另外，通常认为 PAM 中比较重要的活性粒子主要包括 H_2O_2、NO_2^- 和 NO_3^-。那么用化学方法按相同比例配比得到的 RONS 溶液是否能实现与 PAM 相同的效果，现在也不是很清楚。再者，PAM

和 N-APPJ 直接处理又是否相同,它们是否能实现完全相同的生物医学效应,这个也有待研究。本节选择以人角质形成细胞(HaCaT 细胞)和人黑色素瘤细胞(A875 细胞)为模型,系统比较研究化学方法配制的 RONS 溶液、PAM 和 N-APPJ 直接处理三种方法对正常细胞和癌细胞的细胞毒性。之所以选择上述两种细胞系,一方面是考虑到 N-APPJ 在皮肤疾病治疗中的应用前景,这两种细胞都来源于人体皮肤组织;另一方面,这两种细胞体外培养时都使用同一种细胞培养基进行培养,因此在研究过程中可以排除培养基类型的差异对实验结果带来的影响。

6.4.1 实验材料和方法

1. 细胞培养

实验所用的 HaCaT 细胞和 A875 细胞两种细胞都用含 10% 胎牛血清、100 U/mL 青霉素和 100 μg/mL 链霉素溶液的 MEM 培养基在 5%CO$_2$、37 ℃ 恒温的细胞培养箱中进行培养和传代。配制 RONS 溶液所用试剂与 6.2 节相同。

2. 实验装置与细胞处理

本节实验所用 N-APPJ 装置与 6.3 节相同。N-APPJ 直接处理和 PAM 间接处理两种细胞的示意图如图 6.4.1(a)和(b)所示。N-APPJ 的工作参数为工作电压峰-峰值为 20 kV,频率为 1 kHz,2 L/min 的氦气和 10 mL/min 的氧气混合后作为工作气体,射流喷嘴离液面的距离为 10 mm,以上所有参数在等离子体直接处理和制备 PAM 时均保持不变。放电电压和放电电流分别由电压探头和电流探头测量并由示波器记录,N-APPJ 的辐射光谱由光栅光谱仪采集得到。

在对细胞进行正式处理前,两种细胞都按照 12000 个/孔的密度接种到 96 孔板中,每个培养孔中加入 100 μL 完全培养基,让细胞贴壁生长 24 h。对于等离子体直接处理,如图 6.4.1(a)所示,先将旧培养基移除,并用无菌 PBS 吹洗一遍,再加入 100 μL 新鲜的完全培养基,然后将等离子体射流对着细胞培养孔直接处理,处理时间在 30 s 到 5 min 之间。对于 PAM 处理,如图 6.4.1 (b)所示,先用等离子体射流处理 1 mL 的完全培养基产生 PAM,然后将孔板中的旧培养基移除并用无菌 PBS 吹洗一遍,最后将 100 μL PAM 加入细胞培养孔中。根据预实验的结果,PAM 的等离子体处理时间分别选择 5 min、10 min、15 min 和 20 min 四个时间梯度,下面将分别用 PAM-5、PAM-

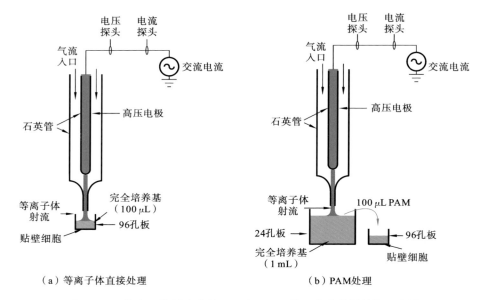

（a）等离子体直接处理　　　　　　（b）PAM处理

图 6.4.1　等离子体射流直接处理和 PAM 处理实验装置结构示意图

10、PAM-15 及 PAM-20 指代对应等离子体处理时间为 5 min、10 min、15 min 和 20 min 的 PAM。两种细胞经过处理后，继续放入细胞培养箱中培养并进行后续一系列的检测。

RONS 溶液对两种细胞的处理流程与 PAM 完全相同，只需将 PAM 换成用化学方法配制的 RONS 溶液即可。

应当指出，在进行 N-APPJ 直接处理和 PAM 处理对本节选择的两种细胞的细胞毒性差异性比较研究时，N-APPJ 直接处理和制备 PAM 选择完全相同的处理方案（相同的孔板和处理时间）应该更加科学合理，今后如果需要进一步深入研究，采用这一方案更为合适。考虑到在本实验方案中 PAM 中的长寿命粒子浓度与对应比较的直接处理组中长寿命粒子浓度仍然在同一范围内，本节的研究仍有一定意义。

3. 检测方法

本节中两种细胞处理后细胞活性和细胞内 ROS 水平检测方法与 6.2 节相同，PAM 中 H_2O_2 的浓度使用过氧化氢试剂盒进行测量，NO_2^- 浓度用亚硝酸盐试剂盒进行测量，NO_3^- 的浓度由 NO 试剂盒测量得到 PAM 中 NO_2^- 和 NO_3^- 浓度之和，再减去 NO_2^- 的浓度间接得到。

6.4.2 大气压非平衡等离子体射流的基本物理特性

等离子体射流处理细胞过程中放电电压、电流波形如图 6.4.2 所示,可以看到在一个电压周期中放电电流的位置具有一定的随机性,放电电流的峰值不超过 20 mA。

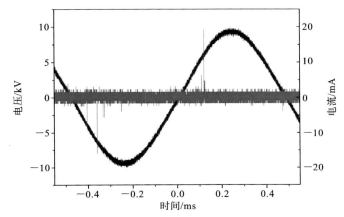

图 6.4.2　氦气等离子体射流一个电压周期的放电电压、电流波形

放电过程中的等离子体辐射光谱如图 6.4.3 所示,可以看到在 300 nm 到 500 nm 波长范围内,主要是 N_2 和 N_2^+ 的谱线,由于是对着液面放电,也出现了 OH · 的谱线。在 500 nm 到 800 nm 波长范围内主要是 He 和 O 的谱线。

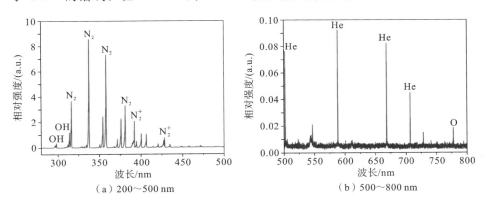

(a) 200~500 nm　　　　　　(b) 500~800 nm

图 6.4.3　氦气等离子体射流辐射光谱

6.4.3 活性氮氧化物溶液和 PAM 对 HaCaT 细胞的选择性杀伤

在 6.2 节已经得到了化学方法配制的不同浓度的 H_2O_2、NO_2^- 和 NO_3^- 溶

液及其组合对 HaCaT 细胞的细胞毒性，这里进一步研究了这些化学方法配制的 RONS 溶液对 A875 细胞的毒性。不同浓度的 NO_2^-、NO_3^- 及二者的组合对 A875 细胞的毒性如图 6.4.4 所示。

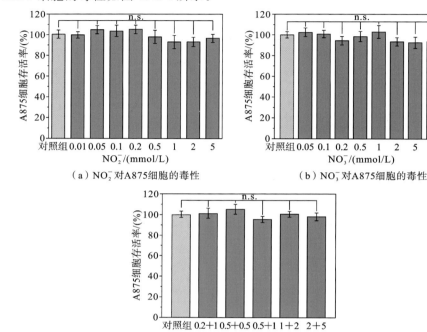

（a）NO_2^- 对A875细胞的毒性

（b）NO_3^- 对A875细胞的毒性

（c）$NO_2^- + NO_3^-$ 对A875细胞的毒性

图 6.4.4 不同浓度的 NO_2^- 和 NO_3^- 及它们的特定组合
对 A875 细胞的细胞毒性

n.s.表示无显著性差异，$*P < 0.05$；$**P < 0.01$；$***P < 0.001$

由图 6.4.4 可以看到，与 HaCaT 细胞的细胞毒性实验结果类似，NO_2^- 和 NO_3^- 溶液及它们的组合对 A875 细胞同样几乎没有细胞毒性。

H_2O_2 溶液以及 H_2O_2 与 NO_2^- 和 NO_3^- 混合溶液对 A875 细胞的毒性如图 6.4.5 所示。由图 6.4.5(a)可以看到，H_2O_2 溶液对 A875 细胞的毒性也存在着明显的剂量依赖效应，但是两种细胞在含有相同浓度的 H_2O_2 培养基中培养 24 h 后，A875 细胞的存活率比 HaCaT 细胞的存活率要高。例如，当细胞培养基中 H_2O_2 浓度为 400 $\mu mol/L$ 时，A875 细胞的存活率仍然接近 40%，但相同情况下 HaCaT 细胞的存活率已经低于 10%（见图 6.2.2(a)）。同样地，尽管 H_2O_2 溶液中加入 NO_2^- 会增加对 A875 细胞的毒性，但是在相同条件下仍然是 A875 细胞的存活率要高于 HaCaT 细胞的存活率,如图 6.4.5(c)所示,200 $\mu mol/L$ H_2O_2 加上 2 mmol/L 的 NO_2^- 才能将大部分 A875 细胞杀死。

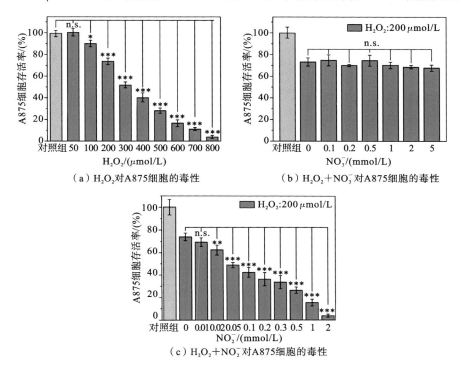

（a）H_2O_2对A875细胞的毒性

（b）$H_2O_2+NO_3^-$对A875细胞的毒性

（c）$H_2O_2+NO_2^-$对A875细胞的毒性

图 6.4.5　H_2O_2 溶液、H_2O_2 与 NO_2^- 的混合溶液、H_2O_2 与 NO_3^- 的混合溶液
对 A875 细胞的细胞毒性实验结果

n.s. 表示无显著性差异,$* P < 0.05$;$** P < 0.01$;$*** P < 0.001$

将图 6.4.4 和图 6.4.5 的实验结果与 6.2 节中图 6.2.1 和图 6.2.2 中相同情况下 RONS 溶液对 HaCaT 细胞毒性的结果进行对比可以发现,不同浓度的 H_2O_2、NO_2^- 和 NO_3^- 溶液及它们的组合,不仅不能选择性杀死癌细胞 A875,反而对正常的 HaCaT 细胞的毒性更强。例如,当浓度为 400 $\mu mol/L$ 的 H_2O_2 溶液单独作用时,HaCaT 细胞的存活率已经下降到了 10%以下,如图6.2.2(a)所示,而相同情况下 A875 细胞的存活率在 40%左右,如图 6.4.5(a)所示。

HaCaT 细胞和 A875 细胞在用 N-APPJ 处理不同时间得到的 PAM 中培养 24 h 后的细胞存活率如图 6.4.6(a)所示,对应的 PAM 中 H_2O_2、NO_2^- 和 NO_3^- 的浓度如图 6.4.6(b)所示。

图 6.4.6(a)所示结果表明,两种细胞在 PAM-5 中培养 24 h 后,细胞的存

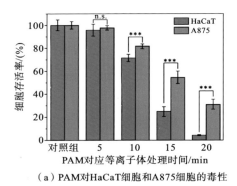

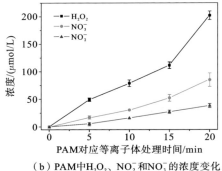

（a）PAM对HaCaT细胞和A875细胞的毒性　　（b）PAM中H_2O_2、NO_2^-和NO_3^-的浓度变化

图 6.4.6　PAM 对 HaCaT 细胞和 A875 细胞的细胞毒性以及 PAM 中 H_2O_2、NO_2^- 和 NO_3^- 的浓度变化情况

n. s. 表示无显著性差异，* $P<0.05$；** $P<0.01$；*** $P<0.001$

活率都在 90% 以上，而且相互之间无显著性差异。然而，在 PAM 对应的 N-APPJ 处理时间增大后，虽然两种细胞的存活率都会下降，但是 A875 细胞的存活率却始终高于 HaCaT 细胞的。例如，当用 PAM-20 处理两种细胞时，HaCaT 细胞几乎全部死亡，但是 A9875 的存活率却仍然在 30% 左右。这说明相同条件下 PAM 不仅不能选择性杀死 A875 细胞，反而对 HaCaT 细胞的毒性更大。图 6.4.6(b) 的结果显示 PAM 中 H_2O_2、NO_2^- 和 NO_3^- 的浓度随着等离子处理时间的增加而增加，在 PAM-20 中，H_2O_2、NO_2^- 和 NO_3^- 的浓度分别在 200 μmol/L、75 μmol/L 和 30 μmol/L 左右。

6.4.4　大气压非平衡等离子体射流直接处理对 A875 细胞的选择性杀伤

两种细胞在用 N-APPJ 直接处理不同时间后继续培养 24 h 的细胞存活率如图 6.4.7(a) 所示，直接处理前两种细胞均已完全贴壁，并用 100 μL 完全培养基覆盖，直接处理后对应的完全培养基中 H_2O_2、NO_2^- 和 NO_3^- 的浓度如图 6.4.7(b) 所示。

图 6.4.7(a) 所示结果表明，当 N-APPJ 直接处理时间为 0.5 min 时，对两种细胞都基本没有造成伤害。当 N-APPJ 直接处理时间在 1~5 min 时，可以看到 HaCaT 细胞的存活率要高于 A875 细胞的。这些结果表明如果能够控制好 N-APPJ 直接处理的时间，N-APPJ 直接处理能够实现选择性杀死 A875 细胞的效果。而且由图 6.4.7(b) 可以看出，N-APPJ 直接处理后细胞培养基内 H_2O_2、NO_2^- 和 NO_3^- 的浓度范围和用 PAM 间接处理时的浓度范围基本一

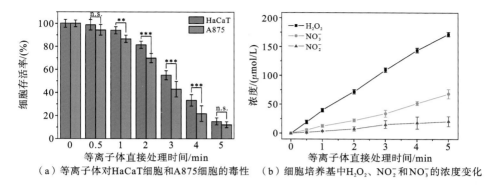

（a）等离子体对HaCaT细胞和A875细胞的毒性　（b）细胞培养基中H_2O_2、NO_2^-和NO_3^-的浓度变化

图 6.4.7　等离子体直接处理对 HaCaT 细胞和 A875 细胞的细胞毒性及

细胞培养基中 H_2O_2、NO_2^- 和 NO_3^- 的浓度变化情况

n. s. 表示无显著性差异，* $P<0.05$；** $P<0.01$；*** $P<0.001$

致，这说明这些长寿命活性粒子不是引起 N-APPJ 直接处理选择性杀死 A875 细胞的原因。

6.4.5　三种处理方法对细胞的毒性差异分析与讨论

1. 三种处理方法对细胞胞内 ROS 的影响

两种细胞在经过不同方法处理 1 h 后细胞内 ROS 水平变化情况如图 6.4.8所示。根据前面的结果，NO_2^- 和 NO_3^- 及它们的组合对两种细胞几乎都没有细胞毒性，因此它们对两种细胞胞内 ROS 水平的影响没有测量。

由图 6.4.8 可以发现，两种细胞在经过 RONS 溶液、PAM 及 N-APPJ 直接处理后，细胞内 ROS 水平与对照组细胞相比都有所提高，但是当用 H_2O_2、$H_2O_2+NO_2^-$ 或者 PAM 处理时，相同处理条件下 HaCaT 细胞胞内 ROS 水平相对于对照组的增长幅度要高于 A875 细胞的（见图 6.4.8（a）、（b）和（c））。而用 N-APPJ 直接处理时，A875 细胞胞内 ROS 的增长幅度则高于 HaCaT 细胞（见图 6.4.8（d））。此外，如图 6.4.9（a）和（b）所示，当细胞在 800 μmol/L H_2O_2 及 200 μmol/L H_2O_2+500 μmol/L NO_2^- 作用时，两种细胞胞内 ROS 水平都开始下降，这是由于在这两种情况下，外源性 RONS 浓度过高，细胞毒性过强，在测量过程已经有部分细胞开始死亡并从培养孔底部脱落，导致最终 ROS 的测量结果偏低。

2. 细胞贴壁能力对实验结果的影响

如图 6.4.9 所示，HaCaT 细胞和 A875 细胞在形态、大小上有明显的差

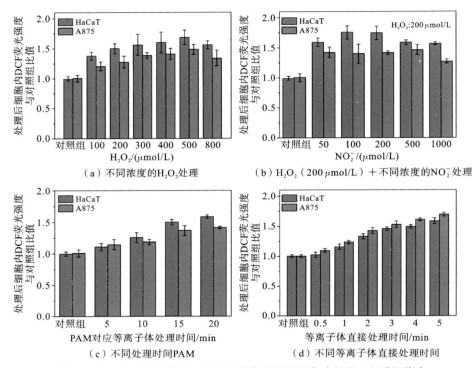

（a）不同浓度的H₂O₂处理

（b）H₂O₂（200 μmol/L）＋不同浓度的NO₂⁻处理

（c）不同处理时间PAM

（d）不同等离子体直接处理时间

图 6.4.8　HaCaT 细胞和 A875 细胞在不同处理方法处理 1 h 后细胞内
ROS 水平变化情况

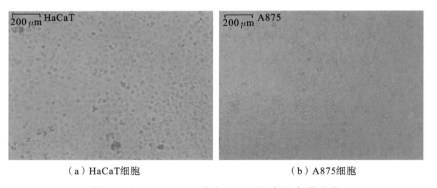

（a）HaCaT细胞

（b）A875细胞

图 6.4.9　HaCaT 细胞和 A875 细胞形态学差异

异。此外，这两种细胞的贴壁能力也有显著区别。具体地，当利用胰蛋白酶将
处于贴壁状态的两种细胞进行消化下来做相关实验处理时，HaCaT 细胞需要
用胰蛋白酶在 37 ℃细胞培养箱中处理 8～10 min 后才能从培养瓶底面脱落
下来，而 A875 细胞只需要用胰蛋白酶在室温下处理 1 min 即可。

两种细胞贴壁能力上的差异对在用 RONS 溶液和 PAM 对细胞进行处理的实验基本没有影响,然而当用 N-APPJ 直接处理细胞时,由于 N-APPJ 产生的物理作用力,位于 N-APPJ 下方的 A875 细胞在处理后很容易就从培养孔的底面壁上脱落下来。当减少 N-APPJ 直接处理时的培养基体积时,这种现象会变得更加明显。图 6.4.10(a)和(b)分别是细胞培养基体积为 $100\ \mu L$ 和 $50\ \mu L$ 两种情况下,当用等离子体射流直接处理 1 min,24 h 后位于等离子体射流直接处理下方区域 A875 细胞的生长情况,图中红色圆圈内基本无细胞的区域面积占培养孔的底面面积分别为 2.5% 和 12.4%,图 6.4.10(c)是相应的对照组细胞。在等离子体直接处理 HaCaT 细胞时并没有出现相似的情况。这些结果说明两种细胞自身贴壁能力的差异可能在 N-APPJ 直接处理选择性杀死 A875 的过程中起到了一定的作用。

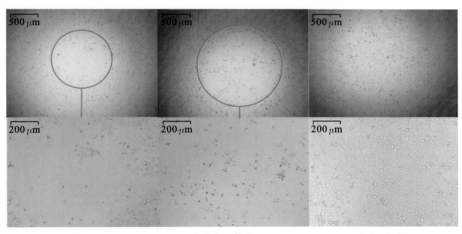

（a）等离子体处理100 μL　　　（b）等离子体处理50 μL　　　（c）对照组
完全培养基　　　　　　　　　　完全培养基

图 6.4.10　等离子体直接处理 1 min 后培养 24 h 细胞生长情况

6.2 节的实验结果表明 PAM 可以选择性杀死 HepG2 细胞,而由本节的实验结果可以看到,在相同的处理条件下,化学方法配制的 RONS 溶液和 PAM 不仅不能选择性杀死 A875 细胞,反而 HaCaT 细胞的存活率更低。当处理时间合适时,N-APPJ 直接处理则能够达到选择性杀死 A875 细胞的效果。这一实验结果说明,PAM 和 N-APPJ 直接处理的生物医学效应存在差异,PAM 处理并不能代替等离子体直接处理。进一步地,将 N-APPJ 直接处理后细胞培养液中 H_2O_2、NO_2^- 及 NO_3^- 的浓度与 PAM 中对应粒子的浓度进行比较，可以发现两种情况下这些长寿命粒子的浓度范围基本一致，仅就选择性杀死 A875 细胞而言，这些长寿命活性粒子可能并没有起到重要的作用。

关于出现以上实验结果的原因，可以从细胞自身特性和三种处理方式的区别来进行分析。首先，癌细胞与正常细胞之间的显著区别是癌细胞相比于正常细胞有着更快的代谢和增殖速度，这主要依赖癌细胞细胞膜上的 NAD-PH 氧化酶的持续表达，从而以维持肿瘤细胞的自分泌增殖刺激[46~49]。同时为了及时清除 NADPH 氧化酶代谢产生的 H_2O_2，癌细胞膜上的过氧化氢酶会持续作用从而使癌细胞保持高水平的抗氧化活性，而正常细胞的细胞膜上则缺乏相应的过氧化氢酶[50~52]。这可能是同样浓度的 H_2O_2 溶液单独作用时 A875 细胞胞内 ROS 水平增长幅度低于 HaCaT 细胞、存活率要高于 HaCaT 细胞的原因。

至于为何 N-APPJ 直接处理能够选择性杀死 A875 细胞，可能与直接处理时产生的短寿命粒子及 A875 细胞的弱贴壁能力相关。许多研究人员认为，PAM 中的 H_2O_2 与 NO_2^- 之间的协同作用是 PAM 选择性杀死癌细胞的必要条件，因为过氧亚硝酸（ONOOH）会通过二者之间的反应生成[53~54]。最近，Bauer 通过配制的 RONS 溶液模拟 PAM 对人胃癌细胞的作用进一步发现，PAM 中的 ONOOH 会与剩余的 H_2O_2 进一步反应生成 O_2NOOH，O_2NOOH 分解释放的 $^1O_2$ 会使肿瘤细胞内起保护作用的过氧化氢酶失活，并最终导致癌细胞凋亡[50]。当采用 N-APPJ 直接处理时会有大量的 $^1O_2$ 通过电子碰撞反应产生并能及时与细胞发生作用。此外，Lin 等人发现等离子体直接处理过程中产生的短寿命粒子（如 $^1O_2$ 和 OH·）是导致癌细胞免疫死亡（immunogenic cell death，ICD）的主要原因[55]，因此，ICD 可能是 N-APPJ 直接处理过程中 A875 细胞死亡的一种重要的方式。

此外，比较 6.3 节与 6.4 节的实验结果可以看到，PAM 能够选择性杀死 HepG2 细胞而不能选择性杀死 A875 细胞，这说明肿瘤的类型会对 PAM 的选择性产生重要的影响，这一点与 Biscop 等人的发现[23]一致。这启示今后在将 N-APPJ 及 PAM 应用到癌症治疗时，需要充分评估不同癌症类型对 N-APPJ 两种处理方式作用效果的影响。

最后需要指出的是，在通过化学配比 RONS 溶液时，这里仅考虑了三种主要的长寿命成分。为了使化学配比的 RONS 更接近于 PAM，将来需要增加其他一些成分，如过氧亚硝酸（ONOOH）等，并进一步考虑液体酸碱性的影响。

6.5 大气压非平衡等离子体射流对正常细胞的遗传毒性和诱变特性研究

上一节主要对比研究了化学方法配制的 RONS 溶液、PAM 处理和 N-APPJ 直接处理对正常细胞和癌细胞的细胞毒性。除了细胞毒性外,生物长期安全性则是等离子体医学研究和应用时必须要回答的另一个问题。N-APPJ 处理之后是否会对存活下来的正常细胞产生遗传毒性,即是否会对存活下来的正常细胞染色体等遗传物质造成损伤并传递给后代细胞,以及是否会对细胞产生致突变作用,目前并不是很清楚。

与年轻的等离子体医学相比,辐射生物学是一门发展相对成熟完备的学科。已经有研究表明,辐射会对处理的细胞产生"远后效应",即受照射后的存活细胞经多次传代后会表现出基因不稳定性[56~60]。这种可遗传的基因组不稳定性在子代细胞中不断积累,表现出的生物学指标包括细胞增殖死亡、微核形成及基因突变等,最终可能会导致细胞的癌变[61]。因此,确定 N-APPJ 处理过程中是否会对正常细胞造成类似的延迟效应,这对 N-APPJ 临床应用的风险评估十分重要。

本节中,人体正常肝细胞 L02 细胞被选为细胞模型用来研究 N-APPJ 对正常细胞的遗传毒性和诱变特性。具体地,利用细胞凋亡检测、微核试验和次黄嘌呤鸟嘌呤磷酸核糖转移酶(hypoxanthine phosphoribosyl transferase, HPRT)基因突变检测三种方式分别从细胞、染色体和基因三个层面系统研究 N-APPJ 直接处理对 L02 细胞的损伤,并且首次研究了 N-APPJ 对正常细胞造成的损伤是否具有"远后效应"。之所以选择 L02 细胞主要有两方面的考虑。首先,L02 细胞培养相对简单而且细胞倍增时间较短(约 20 h),因此比较适合进行 N-APPJ 对细胞长期安全性的研究。其次 6.3 节的结果已经表明 PAM 能够选择性杀死肝癌细胞,因此进一步确定 N-APPJ 是否会对处理后存活的 L02 细胞具有遗传毒性和诱变特性,这对于 N-APPJ 用于肝癌治疗十分必要。

6.5.1 实验材料和方法

1. 细胞培养

本节中 L02 细胞的培养方法与 6.3 节中的方法相同,本节实验中使用的细胞松弛素 B、Giemsa 染液、6-硫代鸟嘌呤（6-TG）分别从生物医药公司购买。

2. 实验装置与细胞处理

本节实验所用的 N-APPJ 装置和放电参数与 6.4 节的保持一致，不同的是，由于本节中 N-APPJ 处理后的细胞需要继续传代培养许多代，因此实验中没有处理贴壁后的细胞，而是处理细胞悬液，具体实验装置如图 6.5.1 所示。

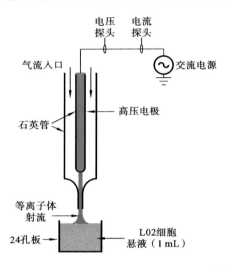

图 6.5.1　N-APPJ 处理 L02 细胞示意图[62]

N-APPJ 处理前，将处于对数生长期的细胞用胰蛋白酶消化后加入完全培养基轻轻吹打，形成细胞悬液，再用血球计数板对细胞悬液中的细胞个数进行计数，并将细胞浓度调整成 10^6/mL。之后将 1 mL 细胞悬液加入到 24 孔板中，用等离子体射流对细胞进行第一轮不同时间梯度（0.5 min、1 min、5 min、10 min、20 min 和 30 min）的处理。在等离子体射流的实际应用中单次直接处理 30 min 是个相当长的时间，因此将处理时间 30 min 设为本实验的极端情况。第一轮处理后的细胞被进行细胞凋亡检测、微核试验和 HPRT 基因突变检测。除此之外，处理时间为 30 min 组的存活细胞继续在细胞培养箱中传代培养 7 代（细胞分裂约 20 次），然后再一次对后代 L02 细胞进行第二轮等离子体射流处理，处理时间分别为 5 min、10 min、20 min 和 30 min。最后对第二轮处理后的细胞再次进行相同的检测，以研究等离子体射流对 L02 细胞产生的损伤是同样具有类似辐射处理的远后效应。整个实验流程图如图 6.5.2 所示。

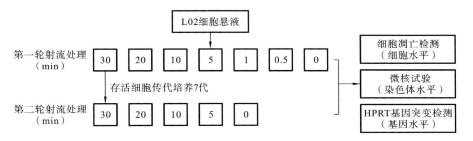

图 6.5.2　等离子体射流对 L02 细胞遗传毒性和诱变特性研究流程图[62]

3. 检测方法

L02 细胞在 N-APPJ 处理后的凋亡情况使用 AnnexinV-FITC/PI 细胞凋亡检测试剂盒进行检测。具体地，在实验中，N-APPJ 处理后的细胞悬液放入 6 孔板中培养 24 h 后，用不含 EDTA 的胰蛋白酶消化收集细胞至少 10^5 个细胞，收集时培养液中及漂浮的死细胞也要一并收集。收集细胞后加入 500 μL 试剂盒中的结合缓冲液（binding buffer）重悬细胞，之后再分别加入 5 μL 的 AnnexinV-FITC 和 5 μL PI，混匀后室温下避光反应 10 min，最后用流式细胞仪（BD LSRFortessa，USA）进行细胞凋亡检测。

L02 细胞在 N-APPJ 处理后的微核率（micronucleus frequency，MNF）采用细胞分裂阻滞微核分析法（cytokinesis-block micronucleus assay，CBMN assay）进行检测。该方法利用胞质分裂阻滞剂（如细胞松弛素）阻断细胞的胞质分裂，但不影响细胞核的正常分裂，因此分裂后的细胞会呈现双核状态。通过统计双核细胞中出现微核的细胞个数占统计双核细胞的比例便可以得到细胞的微核率。微核率越高则表示细胞受到的遗传损伤程度越高。最终的微核率按照式（6.5.1）进行计算：

$$MNF = \frac{[M_1 + 2M_2 + 3(M_3 + M_4)]}{N} \tag{6.5.1}$$

式中：M_1、M_2、M_3 和 M_4 分别为统计的双核细胞总数 N（本章中 N 取 1000）中含有 1 个、2 个、3 个和 4 个微核的双核细胞个数。

L02 细胞的 HPRT 基因突变频率主要通过在细胞培养基中加入 6-硫代鸟嘌呤（6-TG）的方法得到。其基本原理是正常细胞在含有 6-TG 的培养基中培养时，6-TG 可以掺入细胞 DNA，导致细胞死亡。但是如果细胞的 HPRT 基因发生突变，便能够抵抗 6-TG 的毒性，从而可以在含有 6-TG 的细胞培养基中存活。通过统计存活下来的细胞最终形成的细胞克隆数与最初接种细胞数之间的比值便得到 HPRT 基因的突变频率。具体的 HPRT 基因突变频率（mutation frequency，MF）最终由式（6.5.2）计算得到：

$$MF(\times 10^6) = \frac{\alpha_M}{\beta_M} \times S \times 10^6, \quad S = \frac{\alpha_S}{\beta_S} \quad (6.5.2)$$

式中：α_M 是突变检测中最终形成的细胞克隆数；β_M 是突变检测一开始接种细胞数；S 是 L02 细胞的克隆形成率；α_S 和 β_S 是 L02 细胞克隆形成率实验中最终形成的细胞克隆数和接种细胞数。

关于以上检测方法的具体操作步骤可参考文献[6]。

6.5.2　第一轮大气压非平衡等离子体射流处理引起的 L02 细胞损伤

由于本节实验中所用 N-APPJ 的放电参数、工作气体及射流装置喷嘴与液面的距离均和 6.4 节相同，因此放电过程中的电压、电流波形及等离子体辐射光谱的结果此处不再重复，具体可参见图 6.4.2 和图 6.4.3。

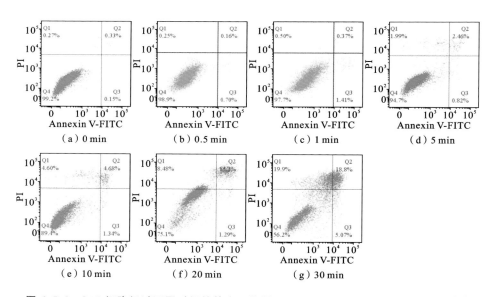

图 6.5.3　L02 细胞经过不同时间的等离子体射流处理后对应的流式分析结果图片[62]

L02 细胞在用 N-APPJ 进行第一轮直接处理再继续培养 24 h 后典型流式分析结果图片如图 6.5.3 所示，图中 Q1、Q2、Q3 和 Q4 区域分别代表坏死细胞、早期凋亡细胞、晚期凋亡细胞和存活细胞。可以看到凋亡细胞百分比（Q1＋Q2）随着 N-APPJ 处理时间的增加而明显增加。应该注意到，当处理时间过长时，坏死细胞的比例会显著增大。例如，当处理时间为 30 min 时，坏死细胞占全部细胞的比例已经达到 19.9%。因此,死亡细胞(包括凋亡和坏死)的百分比能够更准确地反映等离子射流对 L02 细胞的真正损伤。等离子体射流处理后 24 h 和 48 h 死亡细胞百分比(Q1＋Q2＋Q3)如图 6.5.4 所示。可以看到,48 h 后细胞的死亡率和 24 h 后死亡率相比有明显的增加,这可能是细胞死亡的滞后效应导致的。

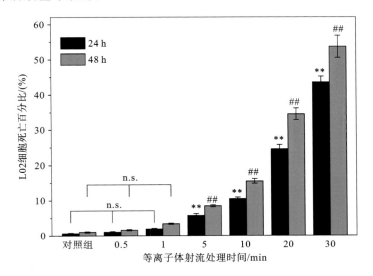

图 6.5.4 等离子体射流处理不同时间后 24 h 和 48 h L02 死亡细胞百分比[62]

n.s. 表示无显著性差异,** $P < 0.01$(与 24 h 后对应对照组比较),## $P < 0.01$(与 48 h 后对应对照组比较)

为了确认 N-APPJ 是否会对 L02 细胞造成遗传学损伤,利用微核试验得到了 N-APPJ 直接处理不同时间后 L02 细胞的微核率。图 6.5.5(a)为微核试验中利用 Giemsa 染液染色后得到的典型的带有微核的双核 L02 细胞图片,可以看到在细胞核的周围出现了明显的微核。图 6.5.5(b)所示的是不同处理时间下 L02 细胞具体的微核率。可以看到,正常情况下 L02 细胞的微核率在 11.3‰左右;当处理时间为 0.5 min 时,细胞微核率与对照组相比无显著变化;随着处理时间继续增大,处理后的细胞微核率逐渐增大,处理时间为 1 min、5 min、10 min、20 min 和 30 min 时,对应的 L02 细胞微核率依次为 21.7‰、49‰、70.7‰、117.7‰和 152.3‰。这说明随着等离子体射流处理时间的增加,L02 细胞的染色体等遗传物质受到了损伤。

进一步地,经过第一轮不同时间的 N-APPJ 处理后,L02 细胞的 HPRT 基

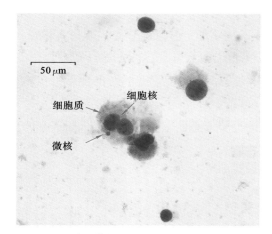

（a）带有微核的双核L02照片

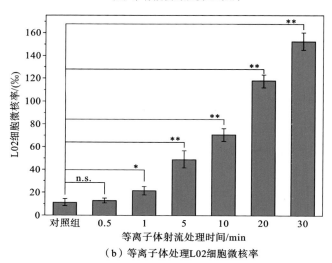

（b）等离子体处理L02细胞微核率

图 6.5.5　带有微核的双核 L02 细胞图片及 N-APPJ

处理不同时间后 L02 细胞微核率[62]

n. s. 表示无显著性差异,*$P<0.01$,**$P<0.01$,均与对照组相比

因突变检测的结果如图 6.5.6 所示。

由图 6.5.6 可知,L02 细胞 HPRT 基因的自然突变频率约为 7×10^{-6},当处理时间为 10 min 和 30 min 时,HPRT 基因的突变频率有轻微的增加,但与自然突变频率相比仍没有显著性差异。在阳性对照组(5 mmol/L EMS)中,可以看到 L02 细胞 HPRT 基因的突变频率显著增加,达到了 123×10^{-6}。

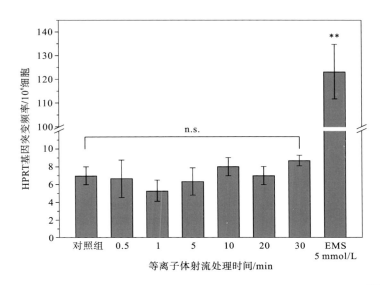

图 6.5.6　N-APPJ 处理不同时间后 L02 细胞的 HPRT 基因突变频率[62]

EMS 作为阳性对照组,** $P < 0.01$,与对照组相比

6.5.3　第二轮大气压非平衡等离子体射流处理引起的 L02 细胞损伤

为了确定 N-APPJ 处理对 L02 细胞造成的遗传损伤是否会在后代细胞中累积,如前所述,选取第一次 30 min 处理组的存活细胞(约 45%)继续传代培养,传代培养 7 次之后(约 20 d 后)再一次对后代细胞进行第二轮射流处理,并检测相同的指标,以比较在相同的处理时间下得到的结果是否存在明显差异。第二轮处理没有选择 0.5 min 和 1 min 这两个时间点,因为它们在第一轮处理中的结果与对照组相比并没有明显差异。

后代细胞在用 N-APPJ 进行第二轮直接处理,再继续培养 24 h 后得到的流式分析结果图片如图 6.5.7 所示,对应的处理后 24 h 和 48 h 死亡细胞百分比如图 6.5.8 所示。

由图 6.5.7 和图 6.5.8 可以看到,处理时间为 0 min 对应的细胞凋亡情况与第一次处理时的对照组(图 6.5.3 中的 0 min 组)相比已经没有明显区别;而且,传代培养 7 次后的细胞再一次被 N-APPJ 直接处理后,无论是凋亡细胞和坏死细胞的具体比例,还是死亡细胞总的百分比,与第一轮中相同处理时间下的实验结果相比也没有明显的区别,并没有出现第一次处理造成的损伤在后代细胞累积导致相同处理时间下第二次处理对细胞产生更加严重损伤的情

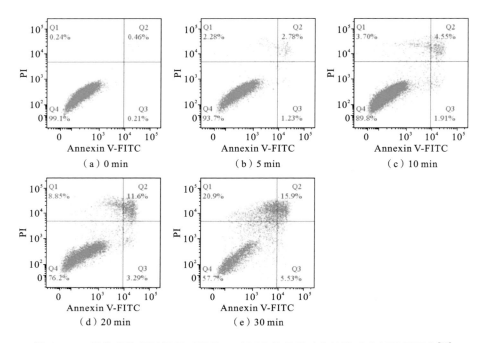

图 6.5.7　后代细胞经过不同时间的 N-APPJ 处理后对应的流式分析结果图片[62]

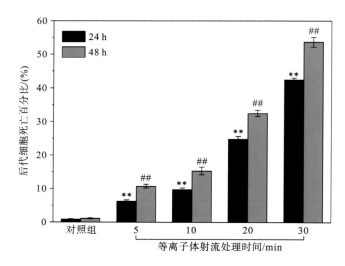

图 6.5.8　后代细胞经过不同时间的 N-APPJ 处理后 24 h 和 48 h 死亡细胞百分比[62]

n.s. 表示无显著性差异，** $P<0.01$（与 24 h 后对应对照组比较），## $P<0.01$（与 48 h 后对应对照组比较）

况。这些结果说明,至少从细胞凋亡的结果来看,第一次处理后存活的细胞在经过充分的细胞分裂和增殖后已经恢复到了正常细胞水平。

后代细胞在 N-APPJ 再次处理不同时间后对应的微核率如图 6.5.9 所示。可以看到后代细胞在未处理时的微核率为 10.3‰,已经恢复到了第一次 N-APPJ 处理前的水平(11.3‰)。当细胞再次用 N-APPJ 分别处理 5 min、10 min、20 min 和 30 min 后,对应的细胞微核率分别为 51.7‰、74.3‰、126.3‰和 147.7‰,与第一轮中相同处理时间下的微核率相比并没有明显的区别。这些结果表明,就微核率这一指标而言,当后代细胞再次用 N-APPJ 处理时,第一次 N-APPJ 处理 30 min 对初始细胞产生的染色体损伤并没有对第二次处理后细胞微核率的结果产生统计学意义上的影响。

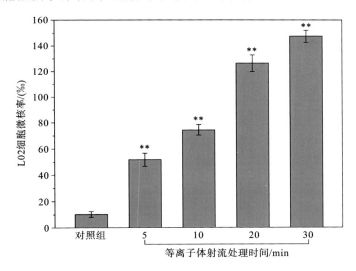

图6.5.9 后代细胞经过不同时间的 N-APPJ 处理后的微核率结果[62]
**$P<0.01$,与对照组相比

后代细胞在等离子体射流再次处理不同时间后 HPRT 基因的突变频率如图 6.5.10 所示。可以看到,在后代细胞再次分别用 N-APPJ 处理 5 min、10 min、20 min 和 30 min 后,HPRT 基因的突变频率与对照组细胞对应的自然突变频率相比仍然没有统计学上的显著性差异。

6.5.4 大气压非平衡等离子体射流对正常细胞遗传毒性和诱变特性的分析与讨论

死亡细胞百分比从细胞整体水平反映了 N-APPJ 处理对 L02 细胞造成的

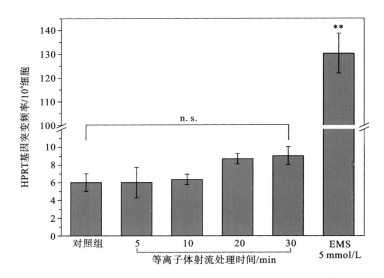

图 6.5.10 后代细胞经过不同时间的等离子体射流处理后 HPRT 基因突变频率[62]

EMS 作为阳性对照组，** $P<0.01$，与对照组相比

伤害。由 L02 细胞经过 N-APPJ 处理后细胞死亡情况可以看到，当 N-APPJ 处理时间较长时，凋亡和坏死同样会出现在正常肝细胞中。因此，在 N-APPJ 应用到肝癌治疗时，首先要控制好处理剂量，尽量减少对正常细胞的损伤。

体外微核试验由于其评价标准简单、准确并且广泛适用于多种细胞类型，已经成为评估各种物理、化学因素对生物体遗传毒性的重要手段[63]。细胞较高的微核率表明细胞的染色体受到损失或者整个染色体丢失。由图 6.5.5 可以发现，L02 细胞的微核率随着 N-APPJ 处理时间的增加而明显增加，其他研究人员采用不同的细胞系，用直接或间接处理方法也得到了相似的实验结果[17,64]。这些结果说明，长时间的 N-APPJ 处理确实会造成正常细胞的染色体损伤，等离子体处理后存活的细胞中有可能会有基因组异常细胞，这一点在临床应用中应该仔细考虑和评估。

HPRT 基因存在于哺乳动物细胞的 X 染色体上，经常被当做模型基因用来研究哺乳动物细胞系的基因突变情况[65]。在本节实验中可以发现，L02 细胞在用 N-APPJ 直接处理 30 min 后，存活下来的 L02 细胞的 HPRT 基因的突变频率与对照组细胞相比仍没有显著变化，而此时对应的细胞的微核率已经明显提高。出现这一实验结果主要可能有两方面的原因。首先，HPRT 基因本身对 X 射线和重粒子辐射之类的电离辐射比较敏感[66]，而等离子体射流产生的主要是非电离辐射（如紫外线），因而很难导致 HPRT 基因突变[59]。其次，基因突变本身是随机的，实验过程很难控制基因突变发生在指定的位点上，而且在 HPRT 基因突变实验中，只有那些发生了基因突变但不具有致死作用的细胞才能在实验中被发现，那些长时间的等离子体处理细胞导致 X 染色体损伤严重并最终死亡的细胞中是否存在 HPRT 基因突变的细胞并不清楚。仅就本章的实验结果，可以认为用 N-APPJ 对 L02 细胞进行单次的处理并不会对 L02 细胞产生致突变作用。

进一步地，由图 6.5.8～图 6.5.10 所示的结果可以发现，第一轮 N-APPJ 直接处理 30 min 后存活的 L02 细胞在经过充分的细胞增殖和分裂后，其死亡细胞百分比、微核率及 HPRT 基因突变频率已经恢复到了正常细胞水平。而且当后代细胞再次用 N-APPJ 进行第二轮处理时，在相同的处理时间下，以上三个检测指标与第一轮处理的结果相比并没有明显区别，这说明第一次 N-APPJ 处理对 L02 细胞产生的损伤没有在后代细胞中累积。由此，可以得出结论，在 N-APPJ 直接处理 30 min 后存活的 L02 细胞的后代细胞中没有出现延迟的基因不稳定性。

最后，关于细胞基因组不稳定性的内在产生机制，目前人们尚未完全掌握，研究人员推测辐射会导致细胞染色体中产生非致死性潜在不稳定染色体区域（nonlethal, potentially unstable chromosome regions, PUCRs），并且 PUCRs 可以在辐射后的许多代细胞中传递[67]。而对于等离子体处理，尽管有报道称在等离子体处理后的细胞中发现了严重的 DNA 损伤（如 DNA 双链断裂）[14~16]，但是 DNA 双链断裂本身并不能导致细胞的基因组不稳定[56]。而且，真核细胞自身具有完善的 DNA 损伤修复系统，结合本章的实验结果，可以认为 N-APPJ 直接处理导致的致死性损伤会随着细胞的死亡而消失，非致死性损伤则可以通过细胞分裂和增殖得到完全修复。

6.6 总结

本章主要围绕 N-APPJ 生物医学应用的生物安全性这一核心主题进行了研究。主要内容可以分为以下几部分：以 HaCaT 细胞为模型，研究并确定了 N-APPJ 与液体相互作用时产生的主要长寿命活性粒子（H_2O_2、NO_2^- 和 NO_3^-）及其组合对正常细胞的毒性和安全浓度范围。比较研究了 PAM 对 HepG2 细胞和 L02 细胞的毒性。以 A875 细胞和 HaCaT 细胞为模型，系统比较了化学方法配制的 RONS 溶液、PAM 和 N-APPJ 直接处理三种方式对正常细胞和癌细胞的毒性。以人正常肝细胞 L02 细胞为模型,对 N-APPJ 直接处理可能具有的潜在遗传毒性和致突变风险进行了系统研究,并且首次研究了 N-APPJ 直接处理是否对被处理细胞产生"远后效应"。本章得到的主要研究成果可归纳如下。

(1)即使 NO_2^-、NO_3^- 的浓度比 N-APPJ 或 PAM 正常处理时的浓度高出一个数量级,它们单独或共同作用对正常细胞都基本没有毒性。H_2O_2 能对正常细胞产生氧化损伤,而且 H_2O_2 与 NO_2^- 混合后对正常细胞的毒性会显著增强。

(2)PAM 能够通过诱导细胞凋亡的方式选择性杀死 HepG2 细胞,而且存在一个最佳 PAM 处理剂量,可以在最大程度杀死 HepG2 细胞的同时对正常细胞产生较少的损伤。

(3)PAM 和化学方法配制的 RONS 溶液不能选择性杀死 A875 细胞,而采用 N-APPJ 直接处理时,当处理时间合适时,可以实现有效杀死 A875 细胞的同时对 HaCaT 细胞的损伤较低。这说明 PAM 并不是在所有的情况下都具有和 N-APPJ 直接处理相似的生物医学效应。N-APPJ 直接处理时产生的短寿命活性粒子和不同细胞系固有的内在特性是 N-APPJ 直接处理选择性杀死 A875 细胞的两个重要原因。因此,在癌症治疗应用中,需要充分评估不同癌症类型对 N-APPJ 直接处理和 PAM 作用效果的影响。

(4)长时间 N-APPJ 直接处理不仅会造成细胞直接死亡,存活下来的细胞染色体也会受到损伤,细胞微核率会明显增加。但 N-APPJ 直接处理造成的染色体损伤可以通过充分的细胞分裂和增殖在存活细胞后代中得到修复,后代细胞中没有出现延迟的细胞增殖死亡、微核率增加等延迟的细胞基因组不稳定的表现。当后代细胞再次用 N-APPJ 处理时,后代细胞死亡百分比、微核率和 HPRT 基因突变频率与第一次相同处理时间下的结果相比并没有明显区别,这说明 N-APPJ 直接处理对细胞的损伤不具有"远后效应"。而且,两轮 N-APPJ 直接处理后,L02 细胞的 HPRT 基因突变频率与未处理时的自然突变频率相比也没有显著变化,说明一两次的 N-APPJ 处理对细胞基本没有致突变作用。

 参考文献

[1] Woedtke T,Reuter S,Masur K,et al. Plasmas for medicine[J]. Physics

Reports，2013，530：291-320.

[2] Kong M G，Kroesen G，Morfill G，et al. Plasma medicine：an introductory review[J]. New Journal of Physics，2009，11：115012.

[3] Lu X，Naidis G V，Laroussi M，et al. Reactive species in non-equilibrium atmospheric pressure plasmas：generation，transport，and biological effects[J]. Physics Reports，2016，630：1-84.

[4] Lu X，Laroussi M，Puech V. On atmospheric pressure non-equilibrium plasma jets and plasma bullets[J]. Plasma Sources Science and Technology，2012，21：034005.

[5] Keidar M. Plasma for cancer treatment[J]. Plasma Sources Science and Technology，2015，24：033001.

[6] Weltmann K D，Woedtke T. Plasma medicine-current state of research and medical application[J]. Plasma Physics & Controlled Fusion，2017，59：014031.

[7] Lu X，Xiong Z，Zhao F，et al. A simple atmospheric pressure room-temperature air plasma needle device for biomedical applications[J]. Applied Physics Letters，2009，95：181501.

[8] Wu S，Lu X，Xiong Z，et al. A touchable pulsed air plasma plume driven by DC power supply[J]. IEEE Transactions on Plasma Science，2010，38：3404-3408.

[9] Xia Y，Wang W，Liu D，et al. An atmospheric pressure microplasma array produced by using graphite coating electrodes[J]. Plasma Processes and Polymers，2017，14：1600132.

[10] Weltmann K D，Kindel E，Brandenburg R，et al. Atmospheric pressure plasma jet for medical therapy：plasma parameters and risk estimation [J]. Contributions to Plasma Physics，2009，49：631-640.

[11] Pei X，Lu X，Liu J，et al. Inactivation of a 25.5 μm Enterococcus faecalis biofilm by a room-temperature，battery-operated，handheld air plasma jet [J]. Journal of Physics D：Applied Physics，2012，45：165205.

[12] Stoffels E，Kieft I E，Sladek R E J，et al. Plasma needle for in vivo medical treatment：recent developments and perspectives[J]. Plasma Sources

Science and Technology，2006，15：S169-S180.

[13] Walsh J L，Kong M G. Portable nanosecond pulsed air plasma jet[J]. Applied Physics Letters，2011，99：081501.

[14] Kim G J，Kim W，Kim K T，et al. DNA damage and mitochondria dysfunction in cell apoptosis induced by nonthermal air plasma[J]. Applied Physics Letters，2010，96：021502.

[15] Leduc M，Guay D，Coulombe S，et al. Effects of non-thermal plasmas on DNA and mammalian Cells[J]. Plasma Processes and Polymers，2010，7：899-909.

[16] Lazović S，Maletić D，Leskovac A，et al. Petrović，plasma induced DNA damage：comparison with the effects of ionizing radiation[J]. Applied Physics Letters，2014，105：124101.

[17] Hong S H，Szili E J，Fenech M，et al. Genotoxicity and cytotoxicity of the plasma jet-treated medium on lymphoblastoid WIL2-NS cell line using the cytokinesis block micronucleus cytome assay[J]. Scientific Reports，2017，7：3854.

[18] Yan D，Sherman J H，Cheng X，et al. Controlling plasma stimulated media in cancer treatment application[J]. Applied Physics Letters，2014，105：224101.

[19] Li Y，Kang M H，Uhm H S，et al. Effects of atmospheric pressure nonthermal bio-compatible plasma and plasma activated nitric oxide water on cervical cancer cells[J]. Scientific Reports，2017，7：45781.

[20] Tanaka H，Mizuno M，Ishikawa K，et al. Plasma-activated medium selectively kills glioblastoma brain tumor cells by down regulating a survival signaling molecule，AKT kinase[J]. Plasma Medicine，2011，1：265-277.

[21] Utsumi F，Kajiyama H，Nakamura K，et al. Selective cytotoxicity of indirect nonequilibrium atmospheric pressure plasma against ovarian clear-cell carcinoma[J]. SpringerPlus，2014，3：398.

[22] Saadati F，Mahdikia H，Abbaszadeh H A，et al. Comparison of direct and indirect cold atmospheric pressure plasma methods in the B16F10 melanoma cancer cells treatment[J]. Scientific Reports，2018，8：7689.

［23］ Biscop E,Lin A,Boxem W,et al. The influence of cell type and culture medium on determining cancer selectivity of cold atmospheric plasma treatment［J］. Cancers, 2019,11:1287.

［24］ Lukes P,Dolezalova E,Sisrova I,et al. Aqueous phase chemistry and bactericidal effects from an air discharge plasma in contact with water: evidence for the formation of peroxynitrite through a pseudo-second-order post-discharge reaction of H_2O_2 and HNO_2［J］. Plasma Sources Science and Technology, 2014,23:015019.

［25］ Park J Y,Lee Y N. Solubility and decomposition kinetics of nitrous acid in aqueous solution［J］. Journal of Physical Chemistry, 1988, 92: 6294-6302.

［26］ Ikawa S,Tani A,Nakashima Y,et al. Physicochemical properties of bactericidal plasma-treated water［J］. Journal of Physics D:Applied Physics, 2016,49:425401.

［27］ Ichihara T,Miyashita K,Kawabe M,et al. Lack of combination hepatocarcinogenicity of harman,norharman and amitrole when given with nano(2) in the rat［J］. The Journal of Toxicological Sciences, 2005,30: 1-6.

［28］ Radi R. Spin-trapping studies of peroxynitrite decomposition and of 3-morpholinosydnonimine N-ethylcarbamide autooxidation:direct evidence for metal-independent formation of free-radical intermediates［J］. Archives of Biochemistry & Biophysics, 1994,310:0-125.

［29］ Fridman G,Shereshevsky A,Jost M. M,et al. Floating electrode dielectric barrier discharge plasma in air promoting apoptotic behavior in melanoma skin cancer cell lines［J］. Plasma Chemistry and Plasma Process, 2007,27:163-176.

［30］ 许德晖,崔庆杰,许宇静,等. 等离子体医学及其在肿瘤治疗中的应用［J］. 生物化学与生物物理进展, 2017,44:279-292.

［31］ Thiyagarajan M,Sarani A,Gonzales X F. Characterization of an atmospheric pressure plasma jet and its applications for disinfection and cancer treatment［J］. Studies in Health Technology and Informatics, 2013,

184：443-449.

[32] Zhang X,Li M,Zhou R,et al. Ablation of liver cancer cells in vitro by a plasma needle[J]. Applied Physics Letters，2008,93：021502.

[33] Xu Y,Fei Z,Zhao S,et al. On the mechanism of plasma Inducing cell apoptosis[J]. IEEE Transactions on Plasma Science，2010,38：2451-2457.

[34] Kim J Y,Ballato J,Foy P,et al. Apoptosis of lung carcinoma cells induced by a flexible optical fiber-based cold microplasma[J]. Biosensors & Bioelectronics，2011,28：333-338.

[35] Kim K,Choi J D,Hong Y C,et al. Atmospheric pressure plasmajet from micronozzle array and its biological effects on living cells for cancer therapy[J]. Applied Physics Letters，2011,98：073701.

[36] Huang J,Chen W,Li H,et al. Deactivation of A549 cancer cells in vitro by a dielectric barrier discharge plasma needle[J]. Journal of Applied Physics，2011,109：053305.

[37] Sato T,Yokoyama M,Johkura K. A key inactivation factor of HeLa cell viability by a plasma flow[J]. Journal of Physics D：Applied Physics，2011,44：372001.

[38] Vandamme M,Robert E,Pesnel S,et al. Antitumor effect of plasma treatment on U87 glioma xenografts：preliminary results[J]. Plasma Processes and Polymers，2010,7：264-273.

[39] Kim S J,Chung T H,Bae S H,et al. Induction of apoptosis in human breast cancer cells by a pulsed atmospheric pressure plasma jet[J]. Applied Physics Letters，2010,97：023702.

[40] Köritzer J,Boxhammer V,Schäfer A,et al. Restoration of sensitivity in chemo-resistant glioma cells by cold atmospheric plasma[J]. PLoS One，2013,8：e64498.

[41] Keidar M,Walk R,Shashurin A,et al. Cold plasma selectivity and the possibility of a paradigm shift in cancer therapy[J]. British Journal of Cancer，2011,105：1295-1301.

[42] Vandamme M,Robert E,Lerondel S,et al. ROS implication in a new antitumor strategy based on non-thermal plasma[J]. International Journal

of Cancer，2012,130:2185-2194.

[43] Sun J K,Chung T H. Cold atmospheric plasma jet-generated RONS and their selective effects on normal and carcinoma cells[J]. Scientific Reports，2016,6:20332.

[44] Wang M,Benjamin H,Cheng X,et al. Cold atmospheric plasma for selectively ablating metastatic breast cancer cells[J]. PLoS One，2013,8:e73741.

[45] Duan J,Lu X,He G. The selective effect of plasma activated medium in an in vitro co-culture of liver cancer and normal cells[J]. Journal of Applied Physics，2017,121:013302.

[46] López-Lázaro M. Dual role of hydrogen peroxide in cancer:possible relevance to cancer chemoprevention and therapy[J]. Cancer Letters，2007,252:1-8.

[47] López-Lázaro M. Excessive superoxide anion generation plays a key role in carcinogenesis [J]. International Journal of Cancer，2007，120:1378-1380.

[48] Irani K,Goldschmidt-Clermont P J. Ras,superoxide and signal transduction[J]. Biochemical Pharmacology，1998,55:1339-1346.

[49] Irani K,Xia Y,Zweier J L,et al. Mitogenic signaling mediated by oxidants in Ras-transformed fibroblasts[J]. Science,1997, 275:1649-1652.

[50] Bauer G. The synergistic effect between hydrogen peroxide and nitrite, two long-lived molecular species from cold atmospheric plasma,triggers tumor cells to induce their own cell death[J]. Redox Biology，2019,26:101291.

[51] Heinzelmann S,Bauer G. Multiple protective functions of catalase against intercellular apoptosis-inducing ROS signaling of human tumor cells[J]. Biological Chemistry，2010,391:675-693.

[52] Boehm B,Heinzelmann S,Motz M,et al. Extracellular localization of catalase is associated with the transformed state of malignant cells[J]. Biological Chemistry，2015,396:1339-1356.

[53] Girard P M,Arbabian A,Fleury M,et al. Synergistic effect of H_2O_2 and

NO$_2$ in cell death induced by cold atmospheric He plasma[J]. Scientific Reports，2016,6:29098.

[54] Kurake N,Tanaka H,Ishikawa K,et al. Cell survival of glioblastoma grown in medium containing hydrogen peroxide and/or nitrite，or in plasma-activated medium[J]. Archives of Biochemistry & Biophysics，2016,605:102-108.

[55] Lin A,Gorbanev Y,Backer J,et al. Non-thermal plasma as a unique delivery system of short-lived reactive oxygen and nitrogen species for immunogenic cell death in melanoma cells[J]. Advanced Science，2019,6:1802062.

[56] Suzuki K,Ojima M,Kodama S,et al. Radiation-induced DNA damage and delayed induced genomic instability [J]. Oncogene, 2003, 22:6988-6993.

[57] Somodi Z,Zyuzikov N A,Kashino G,et al. Radiation-induced genomic instability in repair deficient mutants of Chinese hamster cells[J]. International Journal of Radiation，2005,81:929-936.

[58] Morgan W F,Day J P,Kaplan M I,et al. Genomic instability induced by ionizing radiation[J]. Radiation Research，1996,146:247-258.

[59] Chang W P,Little J B. Persistently elevated frequency of spontaneous mutations in progeny of CHO clones surviving X-irradiation:association with delayed reproductive death phenotype[J]. Mutation Research，1992,270:191-199.

[60] 陶家军,李强,吴庆丰.辐照诱导的人正常肝细胞系 HL-7702 细胞延迟效应[J].原子核物理评论,2009,26:248-252.

[61] Bláha P,Koshlan N A,Koshlan I V,et al. Delayed effects of accelerated heavy ions on the induction of HPRT mutations in V79 hamster cells [J]. Mutation Research，2017,803:35-47.

[62] Ma M,Duan J,Lu X,et al. Genotoxic and mutagenic properties of atmospheric pressure plasma jet on human liver cell line L-02[J]. Physics of Plasmas，2019,26:023523.

[63] Kalghatgi S,Kelly C M,Cerchar E,et al. Effects of non-thermal plasma

on mammalian cells[J]. PLoS One，2011，6：e16270.

[64] Kaushik N K，Uhm H，Choi H，et al. Micronucleus formation induced by dielectric barrier discharge plasma exposure in brain cancer cells[J]. Applied Physics Letters，2012，100：084102.

[65] Johnson G E. Mammalian cell HPRT gene mutation assay：test methods，methods in molecular biology[M]. New York：Springer，2012，817：55-67.

[66] Albertini R J，Nicklas J A，Neill J P O，et al. In vivo somatic mutations in humans：measurement and analysis[J]. Annual Review of Genetics，1990，24：305-326.

[67] Suzuki K. Multistep nature of X-ray-induced neoplastic transformation in mammalian cells：genetic alterations and instability[J]. Journal of Radiation Research，1997，38：55-63.

第 7 章
等离子体的剂量——
等效总氧化势

　　"等离子体剂量"是等离子体生物医学领域的重要基本概念之一。尽管国内外研究者在等离子体生物医学领域开展了大量的基础和应用研究,然而关于"什么是等离子体剂量"这一基本问题仍没有一个被广泛接受的科学定义。鉴于活性氮氧粒子(reactive oxygen and nitrogen species,RONS)在等离子体生物效应中起着重要的作用,本章提出"等效总氧化势(equivalent total oxidation potential,ETOP)"的概念来定义等离子体剂量。为了验证 ETOP 作为等离子体剂量的可行性,这里构建了线性拟合模型,并引入抗菌因子(bacterial reduction factor,BRF)作为等离子体生物效应的评估指标。模型首先拟合了现有文献数据,揭示了 ETOP 与 BRF 之间的线性相关性。为了进一步验证该模型,本章还开展了一系列仿真和实验测量,所得数据结果再次表明 ETOP 用于定义等离子体剂量的可行性。最后,本章针对将来如何优化 ETOP 剂量展开了讨论。

7.1　引言

　　等离子体生物医学是一门结合等离子体物理学、生命科学以及临床医学的新兴交叉学科。近年来,等离子体生物医学得到了国内外专家的广泛关注,特别是伴随低温甚至常温下的大气压非平衡等离子体射流的出现,等离子体生物医学发展逐渐深入，并在诸如等离子体灭菌[1,2]、消毒[3]、牙齿根管治疗[4,5]、癌症治疗[6,7]等方向取得了大量突破性成果，因而在临床应用方向展现出巨大潜力。

科学定义"等离子体剂量"是开展等离子体临床应用的基础和前提。正如临床药理学中所讨论的"剂量—效应"关系，在利用等离子体处理特定对象时，同样需要回答"等离子体剂量"与"生物效应"的对应关系。初步研究表明，不同的"等离子体剂量"会产生不同的生物效应（包括致死性效应和非致死性效应）[8,9]；例如，Vandamme 等人在研究等离子体处理癌细胞时就发现了"处理剂量"与细胞凋亡呈现出相关性[10]；Fridman 等人通过实验证实"处理剂量"会显著影响等离子体"毒性"[11]，尤其是高剂量等离子体会直接导致细胞坏死[12]；低剂量等离子体可以刺激氧化还原信号的传导，从而提高细胞的抗氧化能力，并使细胞启动必要的修复机制[13]。这些基础研究说明了等离子体生物医学的临床应用可能性，即可以控制"等离子体剂量"来实现疾病的治疗。

然而，"等离子体剂量"到底是什么？迄今为止国内外还没有给出能被广泛接受的科学定义。一些研究组将等离子体处理时间作为等离子体剂量[13,14]，但是处理时间并不是等离子体剂量的本质。因为对于同样的处理时间，等离子体的作用效果受到众多因素的影响。例如，对于不同的放电类型、工作气体种类、外施电压高低、放电频率、放电间隙，等等，它的最终效果可能完全不同。此外，也有一些学者尝试将单位面积的等离子体功率作为等离子体剂量[12]。然而，该定义也存在较大缺点。例如，Fridman 等人发现等离子体的细胞毒性不仅取决于能量注入，而且与外施电压的波形有关[11]。也有一些研究成果证实，在相同功率和相同处理时间下，等离子体生物效应仍然表现出了很大差异[15~17]。这是因为即使注入到等离子体中的功率相同，由于电极结构、电压波形、工作气体等差异，所产生的等离子体特性也可能具有极大的差异。因此，无论是使用处理时间还是使用等离子体功率来定义等离子体剂量都存在明显的问题。

等离子体诊断技术的发展使得我们可以更多地从微观角度去理解什么是等离子体剂量。本质上，等离子体处理过程就是将等离子体产生的各种活性成分作用于处理对象的过程，如图 7.1.1 所示。这些活性成分包括带电粒子（电子和离子）、中性粒子（例如 RONS）以及电磁辐射（UV/VUV、可见光、红外/热辐射、电磁场）等，它们各自在等离子体生物效应中扮演着特定的角色。

当然,这些活性成分并不总是都能够直接作用于待处理对象,因为这还取决于等离子体处理方法的不同:直接等离子体处理或间接等离子体处理两种方式[18]。在直接等离子体处理中,等离子体射流直接与待处理的生物对象接触,因此上述活性成分大都能够作用于对象表面;但对于间接等离子体处理,等离子体首先作用于其他介质,例如等离子活化水(PAW)[19]和等离子活化油(PAO)[20]等,然后再利用该被等离子体处理的介质去处理特定的生物对象。因此,对于间接处理,等离子体自身的带电粒子以及电磁辐射等并不会对样品产生直接影响。然而,由于大量长寿命的活性RONS的存在,间接等离子体依然能够产生较好的处理效果。而实际上,在上述诸多活性成分中,RONS已被广泛认为是诱导等离子体生物效应的关键因素[9,13,21~23]。

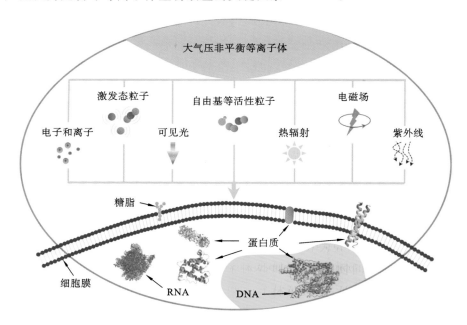

图7.1.1　等离子体与细胞相互作用示意图

RONS是包含氧和/或氮元素的化学活性粒子。等离子体中的RONS可以分为两类,一类为自由基,包括$O\cdot$、$O(^1D)\cdot$、$O_2^-\cdot$、$\cdot OH$、$HO_2\cdot$、$NO\cdot$、$NO_2\cdot$、$NO_3\cdot$等,一类为非自由基,包括$^1O_2$、H_2O_2、O_3、N_2O、N_2O_5、$ONOO^-$、HNO、NNO_2、HNO_3等[24]。这些自由基和非自由基,诸如$O\cdot$、$O(^1D)\cdot$、$O_2^-\cdot$、$\cdot OH$、$^1O_2$等是通过电子碰撞直接产生的,因此被称为初级RONS。初级RONS

又可诱导产生次级 RONS,例如 HO_2、H_2O_2、O_3、$NO\cdot$、$NO_2\cdot$ 等,如图 7.1.2 所示。上述 RONS 除了可以直接参与细胞的氧化还原反应,还可以通过溶解在液体、培养基和细胞质基质中生成气相等离子体中并不存在新型 RONS,例如 NO_2^-、NO_3^-、$ONOO^-$、O_2NOO^- 等。

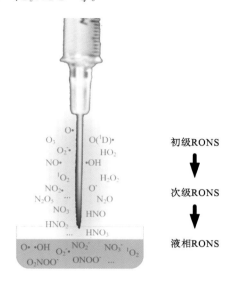

图 7.1.2 等离子体中的 RONS

RONS 不仅在细胞信号传导和维持细胞平衡中起重要作用[25],也是诱导氧化应激的关键因子。通常,为了维持细胞的氧化还原平衡,细胞内会存在包括抗氧化剂、调节蛋白、氧化还原酶等多种组合的修复机制,这些机制控制着细胞的生理和病理过程[26,27]。由于等离子体内部的许多 RONS 种类与调节细胞代谢的 RONS 种类相同[28~32],因此当进行长时间的等离子体处理时,细胞周围的 RONS 浓度就会超过细胞的氧化还原平衡极限,使得细胞的反调节负担过重(氧化应激),从而导致有害细胞效应的积累,进而引发细胞的程序性死亡[33~35]。过量的 RONS 不仅会引发不受控制的脂质过氧化过程[36~38],导致细胞膜分解,而且能够轻易地扩散至细胞中,并且氧化细胞内的大分子[24,39~42],包括蛋白质、核酸和碳水化合物等,从而导致更为严重的细胞坏死。

由于 RONS 是主导等离子体生物效应的关键活性粒子,并且在细胞的病理过程起重要作用,因此基于 RONS 定义等离子体剂量就成了一种自然的选择。然而,不同 RONS 对细胞的影响是不同的,因此有必要进一步引入参数来评估每种 RONS 在等离子体生物效应,如等离子体消杀效率中的贡献。由于 RONS 所参与的细胞生化过程均是基于氧化还原反应,因此这里引入氧化 势[43]的概念来评估各个 RONS 的生物效应,表 7.1.1 给出了一些常见 RONS 的氧化势。实际上,氧化势已广泛用做评估诸多氧化应激疾病的生物学指标, 例如创伤[44,45]、烧伤[46]、代谢综合征[47]、男性不育症[48,49]、败血症[47,50]和糖尿 病[51],等等,因此,用等离子体的总氧化势来定义等离子体剂量以评估等离子 体生物效应,这也是一种自然的选择。

表 7.1.1　常见 RONS 的氧化势

粒子种类	氧化势/eV	参考文献
O_3	2.08	[52]
$^1O_2$	2.2	[53]
O	2.42	[52]
OH	2.80	[54]
HO_2	1.70	[54]
H_2O_2	1.78	[54]
NO	1.59	[55]
N_2O	1.766	[55]
NO_2	1.093	[56]

　　基于上述分析,这里提出 $ETOP$ 作为等离子体剂量的定义,其值代表等 离子体对生物效应的总贡献。进一步地,本章通过构建拟合模型研究了 $ETOP$ 作为等离子体剂量的可行性。首先采用简化的 $ETOP$ 来评估等离子 体抗菌效率,在这里,等离子体抗菌效率是用 BRF 表示的。拟合结果表明, $ETOP$ 可以很好地预测 kINPen® 和 FlatPlaster 的杀菌效果。此外,用实验室 自制的一种典型的 N-APPJ 装置处理了干燥的金黄色葡萄球菌,并结合诊断 和模拟方法计算 $ETOP$。相应的拟合结果同样表明,$ETOP$ 与 BRF 存在线性 关系,进一步验证了 $ETOP$ 作为等离子体剂量的适用性。

7.2　基于"等效总氧化势"的等离子体剂量模型描述

7.2.1　等效总氧化势的定义

等效总氧化势的定义如下:

$$ETOP = H + X + f(H,X) = \int\left(\iint \sum_i \gamma_i \varepsilon_i \Gamma_i \mathrm{d}S\right)\mathrm{d}t + X + f(H,X)$$

$$(7.2.1)$$

式中：H 为 RONS 的等效总氧化势；ε_i 为粒子 i 的氧化势（eV），Γ_i 为粒子 i 的通量（$1/(\mathrm{m}^2 \cdot \mathrm{s})$）；$\gamma_i$ 为粒子 i 的权重；S 为等离子体与被处理对象的相互作用面积；t 为处理时间；X 代表非 RONS 的贡献，如电场等物理能量相关的项；$f(H,X)$ 代表 H 与 X 协同作用的贡献项。

在 $ETOP$ 的定义中，引入了与 RONS 无关的 X 项，它与等离子体的物理能量导致的生物效应有关。定向分析 X 项，以及协同效应 $f(H,X)$ 项的生物效应是一项非常复杂的工作，而且由于它们引起的生物医学效应现在还不是很明确，考虑到这里是首次尝试用 $ETOP$ 定义等离子体剂量，因此接下来在 $ETOP$ 计算中将仅讨论 H 的影响，而暂不考虑 X 及协同项 $f(H,X)$。因而有

$$ETOP = \int\left(\iint \sum_i \gamma_i \varepsilon_i \Gamma_i \mathrm{d}S\right)\mathrm{d}t \qquad (7.2.2)$$

应该指出的是，尽管 X 项及协同项 $f(H,X)$ 并未引入，但其生物效应正陆续得到研究证实。例如，细胞表面的电荷积累会导致细胞膜发生静电损伤，从而影响细胞的生长和分化[57,58]；等离子体中的 UV/VUV 辐射可能在诱导 DNA 胸腺嘧啶二聚体的形成中起重要作用[39]，并且可以促进液相中 OH 自由基的产生[59]；强电场和电荷积累引起的电穿孔将会导致细胞组织液的释放，并加剧 RONS 入侵细胞[39]。等离子体的生物效应也可能会受到其他环境因素的影响，例如，培养基湿度[60,61] 及 pH 值[62,63] 等。在特殊条件下，X 项及 $f(H,X)$ 项也可能成为等离子体生物效应的主导贡献项。因此必须指出，$ETOP$ 未来仍需进一步完善。

7.2.2 基于等效总氧化势的评估模型构建

为了验证 $ETOP$ 定义等离子体剂量是否可行，需要进一步建立评估模型以考察 $ETOP$ 与等离子体生物效应之间的对应关系。模型构建首先在于选择合适指标来标定等离子体生物效应。等离子体杀菌是等离子体生物医学最早且最为广泛的应用之一，以单位菌落数量（CFU）表示的抗菌效率已被广泛用于评估等离子体活性。因此，通过 CFU 计数来量化等离子体生物效应是合理可行的。这里进一步引入抗菌因子（BRF）作为等离子体生物效应的指标，其值为等离子体处理前后的 CFU 之差[64]：

$$BRF = \lg CFU_{\text{control}} - \lg CFU_{\text{after treatment}} \qquad (7.2.3)$$

BRF 和 $ETOP$ 之间的对应关系可能很复杂。考虑这是首次尝试用 $ETOP$ 拟合 BRF，因而假定 BRF 与 $\lg ETOP$ 之间存在线性关系，即

$$BRF = k \cdot \lg ETOP + b \qquad (7.2.4)$$

式中：$ETOP$ 的计算方法已在式（7.2.2）列出。这里，考虑 BRF 是 CFU 的对数值，因而 $ETOP$ 同样采用对数处理，其中，k、b 为拟合系数。基于线性拟合法可以得出 BRF 随 $ETOP$ 的变化趋势，如果拟合结果在可接受的误差内显示出很强的线性相关，则表明用 $ETOP$ 定义等离子体剂量的方案可行。

在拟合之前，需要对 $ETOP$ 的计算做出必要说明。首先，等离子体中 RONS 的类型有数十种[24]，由于缺乏相关数据及诊断条件，因此不可能将所有 RONS 都引入 $ETOP$ 的计算中。这里考虑了 9 种常见的 RONS，其中包括 O·、·OH、$^1O_2$（初级 RONS）和 O_3、HO_2·、H_2O_2、NO·、N_2O、NO_2·（次级 RONS）。其次，由于无法得到等离子体与细胞交界面上的实时 RONS 浓度，因此也无法通过直接积分的方法来计算 $ETOP$。因此，式（7.2.2）还需进行一些简化。

7.2.3 等效总氧化势的简化

由于 $ETOP$ 计算的复杂性及缺乏时间分辨的 RONS 浓度数据，因此需要对模型进行简化。相关假设如下。

（1）首先，由于 RONS 通量的积分表示的是单位时间等离子体与细胞交界面上的 RONS 的绝对数量，因此其值也可以通过此刻的 RONS 密度来计算，即

$$\iint \sum_i \gamma_i \varepsilon_i \Gamma_i \, \mathrm{d}S = \sum_i \gamma_i \varepsilon_i \frac{\mathrm{d}N_i}{\mathrm{d}t} = \sum_i \gamma_i \varepsilon_i \bar{n}_i S \cdot \frac{\mathrm{d}z_i}{\mathrm{d}t} = \sum_i \gamma_i \varepsilon_i \bar{n}_i S \cdot v_i$$

$$(7.2.5)$$

式中：N_i 是粒子 i 的绝对数量；$\bar{n}_i$ 是粒子 i 的平均数密度；$\mathrm{d}z_i$ 是粒子 i 沿垂直于交界面方向上移动距离的微分。应当注意，每种 RONS 的移动速度是不同的。这里为简化起见，假设所有 RONS 的移动速度等于气体流速，因此有

$$\sum_i \gamma_i \varepsilon_i \bar{n}_i v_i \cdot S \approx \sum_i \gamma_i \varepsilon_i \bar{n}_i v_{\text{gas}} \cdot S \qquad (7.2.6)$$

（2）假设等离子体处理时间 t 内 RONS 的浓度保持恒定，则 $ETOP$ 可近似为

$$\int \sum_i \gamma_i \varepsilon_i \bar{n}_i v_{\text{gas}} \cdot \text{S} \mathrm{d}t \approx \sum_i \gamma_i \varepsilon_i \bar{n}_i v_{\text{gas}} \cdot S \cdot t \qquad (7.2.7)$$

（3）最后，对每种 RONS 粒子 i，其权重因子 γ_i 很可能是不同的。然而由于 RONS 与细胞相互作用机理仍不清晰，因此，本书假定所有 RONS 的权重因子 γ_i 均等于 1。

综上，简化后的 $ETOP$ 形式如下：

$$ETOP \approx \sum_i \varepsilon_i \bar{n}_i v_{\text{gas}} \cdot S \cdot t \qquad (7.2.8)$$

在对 $ETOP$ 简化之后，下一步工作就是寻找足够数据计算 BRF 和相应的 $ETOP$。根据式（7.2.8），所需数据包括 BRF（或 CFU），9 种 RONS 的密度、气体流速、相互作用面积和处理时间。数据源取自两方面，包括已发表的文献及这里为了验证 $ETOP$ 和 BRF 之间的关系进行的一些实验及模拟结果。获得足够的数据是拟合模型并验证 $ETOP$ 作为等离子体剂量可行性的必要前提。

7.2.4　数据来源

如上所述，数据源包括已发表的文献及为了验证 $ETOP$ 和 BRF 之间的关系进行的实验及模拟结果。然而，从现有文献中寻找足够数据开展模型拟合非常困难。这是因为，尽管关于等离子体杀菌的报道很多，但是它们中绝大多数都是基于自行研发的等离子体装置，而对应装置的各种 RONS 浓度却没有测量。因此，这些数据并不能用于这里的模型评估。经过比较全面的文献检索之后，发现 kINPen® 和 FlatPlaster 这两种商用等离子体装置的 RONS 的诊断及除菌实验存在关联的文献报道，可以用于模型的初步验证。然而即便如此，$ETOP$ 的计算仍然存在一些困难，这是由于相关文献仅测量或模拟了几种 RONS 的密度。为了解决该问题，这里还进一步开发等离子体模型，通过模拟获得未知的 RONS 密度。

考虑到 RONS 诊断数据和除菌数据可能来自不同的文献，等离子体工作环境（例如周围的空气湿度）很可能不一样，因此所得数据不可避免地存在不确定性，从而导致计算的 $ETOP$ 与实际的 $ETOP$ 之间存在误差。因此，为了进一步验证模型，本章还开展了等离子体杀菌实验，并通过实验及仿真测量了等离子体产生的 RONS 密度。根据测得的 RONS 密度和杀菌结果分别计算 $ETOP$ 和 BRF，最后讨论 $ETOP$ 和 BRF 之间的关系。

首先利用 kINPen® 的相关数据来评估 $ETOP$ 作为等离子体剂量的可行

性。关于 kINPen® 的 ETOP 和 BRF 计算的数据源选择如下：kINPen® 的
BRF 计算所需数据是从参考文献[65～67]获得的。用于 ETOP 计算的
RONS 密度数据来自 Schmidt-Bleker 等人[68]开发的全局模型，其中 OH、
NO_2、HO_2、O_3 的密度已通过实验[69~73]进行了验证。气体速度通过 Navier-
Stokes 方程计算获得。

　　FlatPlaster[74]的 RONS 诊断及除菌数据是验证模型的另一组数据来源。
其数据源选择如下：不同处理时间下的 FlatPlaster 除菌数据从参考文献[75]
中获得。FlatPlaster 的部分 RONS 密度则基于参考文献[76]，另一部分通过
全局空气等离子体模型模拟得出。此外，由于该设备没有气流，本章通过建立
2D 模型来模拟 RONS 扩散到样品的速度。

　　如前所述，考虑到 RONS 诊断数据和除菌数据可能来自不同的文献，这可
能会导致依据诊断结果所得的 ETOP 偏离除菌结果所对应的 ETOP。因此，
为进一步验证模型，本章还开展了不同工作气体组分下的等离子体除菌实验。
所有实验均在干燥环境中进行，以避免湿度的影响。BRF 数据根据等离子体
处理前后的 CFU 计数获得，ETOP 数据则是结合实验诊断和仿真模拟得出。

7.2.5　评估指标

　　为了评估 ETOP 的适用性，需要进一步引入一系列统计指标评估模型的
稳定性和误差。统计指标包括标准平方误差(SSE)、均方差(MSE)、均方根误
差(RMSE)和 R^2，其中误差接近于 0 表示 BRF 的拟合值更接近实验值，而 R^2
越接近 1 表示拟合值与 BRF 实验值的变化趋势更接近。这些统计数据用于
衡量模型的准确程度。各指标的具体计算公式为

$$SSE = \sum_{i=1}^{n} (BRF_i - \widehat{BRF_i})^2 \tag{7.2.9}$$

$$MSE = \frac{1}{n} \sum_{i=1}^{n} (BRF_i - \widehat{BRF_i})^2 \tag{7.2.10}$$

$$RMSE = \sqrt{\frac{1}{n} \sum_{i=1}^{n} (BRF_i - \widehat{BRF_i})^2} \tag{7.2.11}$$

$$R^2 = \frac{\sum_{i=1}^{n} (BRF_i - \overline{BRF_i})^2 - \sum_{i=1}^{n} (BRF_i - \widehat{BRF_i})^2}{\sum_{i=1}^{n} (BRF_i - \overline{BRF_i})^2} \tag{7.2.12}$$

式中：BRF_i 是测量结果；$\widehat{BRF_i}$ 是拟合值；$\overline{BRF_i}$ 是测量结果的平均值；n 是统计个数。

7.3 基于"等效总氧化势"的等离子体剂量模型的有效性分析评估

7.3.1 已有文献中的数据拟合结果

1. kINPen® 的拟合结果

下面首先对 kINPen® 的 BRF 及相应的 $ETOP$ 进行计算。被处理的细菌有三种,即萎缩芽孢杆菌[65]、空肠弯曲菌[67]和沙门氏菌[66];对于萎缩芽孢杆菌,BRF 依据 kINPen® 处理前后的 CFU 之差计算;对于空肠弯曲菌和沙门氏菌,BRF 直接从文献中获得。$ETOP$ 根据 RONS 密度、对应的氧化势(见表 7.1.1)、相互作用面积及处理时间相乘得出。其中,RONS 密度是从参考文献[68]中获得的;相互作用面积根据不同的处理间距通过模拟方法获得:对于 5 mm、8 mm 和 12 mm 的 kINPen® 处理间距,模拟得到的相互作用面积分别为 1.452 mm²、1.247 mm² 和 1.057 mm²,如图 7.3.1(a)所示;kINPen® 的处理时间则是在对应的除菌文献中获得的。最终得出,上述三种细菌的 BRF 为 0.7~3.2,对应的 $ETOP$ 范围为 3.98×10^{18}~1.6×10^{20} eV。

图 7.3.1(b)~(d)给出了 BRF 与 lg $ETOP$ 的最终拟合结果,其中,水平坐标代表 lg $ETOP$,垂直坐标代表 BRF。BRF 的实测值以不同颜色(对应不同处理间距)的实心圆点表示,蓝色实线表示拟合结果,两边的虚线则表示 90% 的置信区间。模拟结果初步表明,BRF 与 lg $ETOP$ 显著相关,随着 lg $ETOP$ 的增加,BRF 逐渐增加。

统计指标的计算结果进一步表明,对于所考察的三种细菌,$RMSE$ 均小于 0.28,R^2 均大于 0.62,因此 BRF 与 $ETOP$ 呈显著正相关关系。特别是对于萎缩芽孢杆菌,R^2 达到了 0.9057,表明该模型的拟合结果与实验结果高度吻合。90% 置信区间计算结果表明拟合的 BRF 误差不超过 ±1lg CFU,这揭示了该模型能够很好地预测实验结果。

接下来进一步对上述三种细菌的敏感度及 $ETOP$ 的作用阈值进行分析。这里,细菌的敏感度即拟合直线的斜率,而作用阈值则为 $BRF=0$ 时所对应的 $ETOP$ 值。因此,若 $ETOP$ 低于某种细菌的作用阈值,则说明等离子体对该细菌没有灭活作用。计算结果表明,萎缩芽孢杆菌具有最高的 $ETOP$ 阈值,其值达到了 2.75×10^{18} eV,而沙门氏菌的 $ETOP$ 阈值仅为 2.57×10^{17} eV。

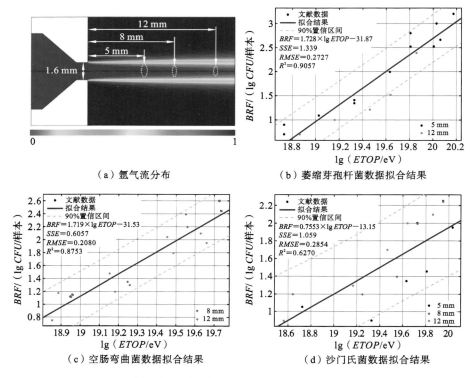

（a）氩气流分布　　　　　　（b）萎缩芽孢杆菌数据拟合结果

（c）空肠弯曲菌数据拟合结果　　　（d）沙门氏菌数据拟合结果

图 7.3.1　模拟得到的氩气流分布和三种细菌的实验拟合结果

进一步发现,萎缩芽孢杆菌和空肠弯曲菌对 $ETOP$ 具有相似的敏感度,而沙门氏菌对 $ETOP$ 的敏感度最低,仅为 0.7553,这可能是由沙门氏菌的样品接种面积较小所致,较小的接种面积使得在接种相同体量的菌液时细菌分布更为集中,因而导致了沙门氏菌的敏感度最低[77]。

2. FlatPlaster 拟合结果

对于 FlatPlaster 装置,文献中仅对 O_3、NO 和 NO_2 三种 RONS 密度进行了测量,为了更为精确地计算 FlatPlaster 的 $ETOP$,这里构建了一个全局等离子体模型（78% N_2＋21% O_2＋1% H_2O）,相关反应源自文献[78]。模拟结果如图 7.3.2（a）所示,模拟得到的 O_3、NO 和 NO_2 的密度分别为 1.2×10^{22} m^{-3}、3.1×10^{18} m^{-3} 和 6.4×10^{19} m^{-3},与实验结果吻合良好。在此基础上,根据模型达到稳态时的 RONS 密度数据计算出 FlatPlaster 的 $ETOP$,其中,等离子体与样品的接触面积为 2 cm×2 cm,模拟得到的平均 RONS 扩散速度约为 0.08 m/s。等离子体处理时间及细菌的 CFU 源自参考文献[75],该文献利用 FlatPlaster 处理了金黄色葡萄球菌。计算结果显示,随着 $ETOP$ 从 $1.12\times$ 10^{20} eV 增加到 5.65×10^{20} eV,BRF 也从 0.81 提高至 6.70。

图 7.3.2(b)给出了 FlatPlaster 的拟合结果。结果表明,该设备的除菌效果也与 $\lg ETOP$ 呈显著正相关,其中 SSE、$RMSE$ 和 R^2 分别为 4.351、0.7375、0.8896,90%的置信区间表明,BRF 拟合的误差不超过 $\pm1.5\ \lg CFU$,表明模型可以很好地拟合实验结果。对比 kINPen® 发现,金黄色葡萄球菌对 $ETOP$ 非常敏感,其 $k=7.585$,而利用 kINPen® 处理的三种细菌对 $ETOP$ 的敏感度则很低。由于 FlatPlaster 产生的 $ETOP$ 显著高于 kINPen® 的,这意味着随着 $ETOP$ 的增加,细菌对 $ETOP$ 的敏感性可能也会增加[79,80]。这需要将来通过开展 kINPen® 灭活金黄色葡萄球菌的实验来验证。

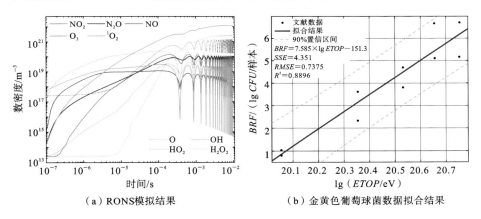

（a）RONS模拟结果　　　　　　（b）金黄色葡萄球菌数据拟合结果

图 7.3.2　仿真得到的 RONS 随时间的变化及金黄色葡萄球菌数据拟合结果

7.3.2　实验及仿真结果

1. 实验设置

为了进一步验证 $ETOP$ 作为等离子体剂量的科学可行性,下面还开展了等离子体杀菌实验。在实验中,采用了四种不同的工作气体(包括纯 He、He $+0.5\%O_2$、He$+1\%O_2$ 和 He$+0.2\%H_2O$),以保证各类 RONS 之间的相对浓度存在显著差异。图 7.3.3(a)给出了本实验采用的 N-APPJ 发生装置。该装置由石英管和细铜环电极制成,管长为 10 cm,内径为 0.3 cm。石英管外部接有环形高压电极,其上连接纳秒脉冲电压。其中,电压幅值为 8 kV,脉冲频率为 8 kHz,上升时间为 84 ns。图 7.3.3(c)给出了纯 He 等离子体的外施电压和电流波形。

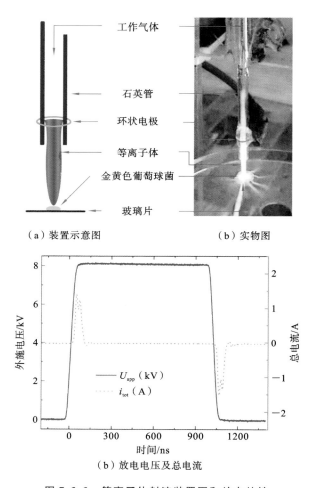

（a）装置示意图　　　　　　　　（b）实物图

（b）放电电压及总电流

图 7.3.3　等离子体射流装置图和放电特性

对于灭菌实验,首先将 10 μL 的金黄色葡萄球菌溶液（10^8 CFU/mL）均匀地铺在直径 7 mm 的玻璃片上。然后将样品放在无菌环境中静置 20 min。待其表面干燥后,实验组将细菌样品置于射流喷嘴处 1 cm 的位置,并用等离子体处理 5 min、8 min、10 min、15 min。对照组不接受等离子体处理。此后,将细菌样品置于 5 mL 水中浸泡 15 min。随之将细菌悬浮液稀释至不同的梯度,然后取 100 μL 均匀涂在琼脂平板（直径为 9 cm）上,培养 48 h 后统计 CFU 并计算得到 BRF。

对于 RONS 测量,由于实验条件限制,仅对 NO_2、NO、O_3、O 和 OH 进行了绝对浓度测量。其中,NO_2 和 NO 由气体检测器测量,NO_2 和 NO 的分辨率分别为 0.1 ppm 和 1 ppm。O_3 和 NO_x 测量系统如图 7.3.4(a)所示,由一个标准的紫外线光源和一个单色仪组成,其中,单色仪的入口和出口狭缝均设置为 10 μm,波长设置为 254 nm。平均 O_3 绝对浓度可以通过以下公式计算[81]:

$$O_3\,(\text{ppm}) = \frac{10^6\,T}{273\,P\,f\,l}\lg\frac{I_0}{I_t} \tag{7.3.1}$$

式中:T 是气体温度(K);P 是压强(atm);f 是 254 nm 下 O_3 的吸收系数,其

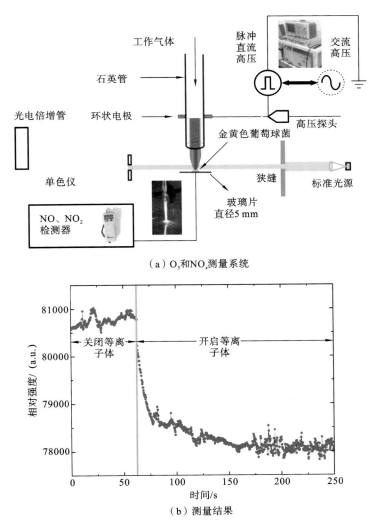

(a) O_3和NO_x测量系统

(b) 测量结果

图 7.3.4 　O_3 与 NO_x 的测量系统及在 254 nm 处的光强测量结果(He+0.5%O_2)

值为 $134\ \mathrm{cm}^{-1} \cdot \mathrm{atm}^{-1}$；$l$ 是吸收长度；I_t 和 I_0 分别为有和无等离子体时在 254 nm 处的稳定光强。

图 7.3.5(a)给出了用于 OH 和 O 测量的激光诱导荧光(LIF)系统的示意图。激光聚焦在样品上方 1 mm 的位置。在垂直于激光束(y 方向)的方向，通过 ICCD 摄像机捕获荧光信号(镜头前置窄带滤光片，OH 为 $\lambda_0 = 309$ nm，O 为 $\lambda_0 = 845$ nm，$FWHM = 10$ nm)。OH 的绝对密度采用瑞利散射标定。为了提高结果的准确性，基于 6 级 LIF 模型考虑了 OH 转动和振动能级跃迁的影响[82,83]，如图 7.3.5(b)所示。O 原子密度则通过双光子吸收激光诱导的荧光(TALIF)进行测量，其中 TALIF 信号通过 Xe 气体标定[67]。图 7.3.5(c)给出

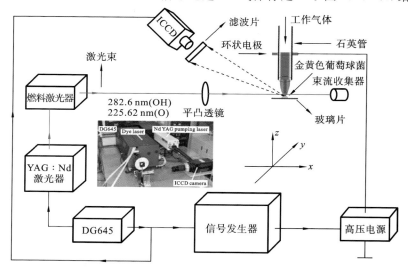

（a）LIF系统

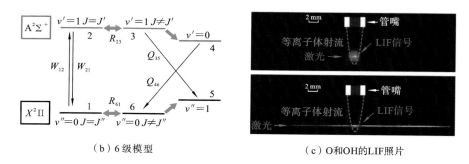

（b）6级模型　　　　　　　　　（c）O和OH的LIF照片

图 7.3.5　OH 和 O 激光诱导荧光系统示意图

的是 OH 和 O 的诱导荧光信号。

2. 仿真方法

由于受诊断条件的限制,因此下面进一步开发等离子体射流模拟程序来获得其他难以诊断的 RONS 浓度。该等离子体射流仿真基于流体建模,通过计算 Poission 方程、粒子传输方程及能量守恒方程来模拟等离子体[58,84]。该模型涉及的粒子数达 45 种,反应则超过 300 个,均来自参考文献[78]。通过碰撞截面/Arrhenius 公式计算反应速率。对于二维模型,在计算等离子体时耦合了气流,其中,He 气流速及空气摩尔分布通过 Navier-Stokes 方程和对流扩散方程[85,86]计算。

图 7.3.6(a)所示的为前 6 个脉冲周期内的模拟电子密度。峰值电子密度接近 1.3×10^{19} m^{-3},与已发表的实验和模拟结果一致[85,87~88]。图 7.3.6(b)给出了长曝光的等离子体照片(曝光时间为 1 s)与模拟电子密度分布的比较,两者均证实了环状的等离子体通道分布[87]。

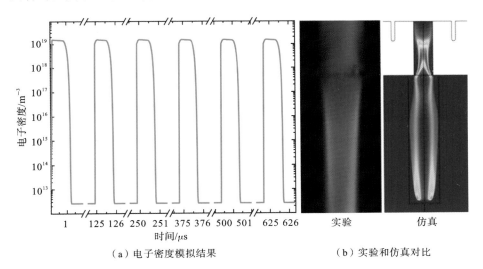

（a）电子密度模拟结果　　　　　　（b）实验和仿真对比

图 7.3.6　电子密度模拟结果及长曝光(1 s)的等离子体射流实验和仿真的对比

3. 仿真结果

图 7.3.7(a)所示的为不同工作气体组分下的 RONS 数密度的诊断结果。可以发现,不同工作气体中 RONS 的浓度存在显著差异。另外,不同于 kIN-Pen® 和 FlatPlaster,对于纳秒脉冲等离子体射流,NO$_2$ 的密度更高,这主要由 NO 与 O 的复合导致(模拟反应速率高达 3.52×10^2 mol/(m^3 · s))。较低的气

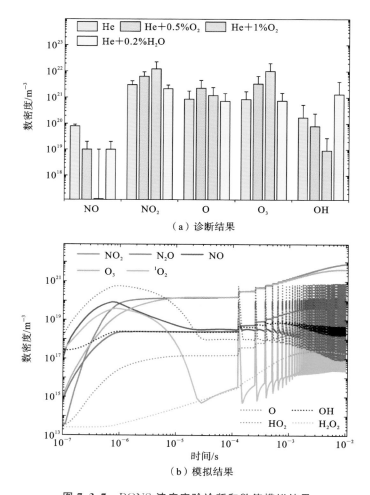

图 7.3.7　RONS 浓度实验诊断和数值模拟结果

体湿度同样有助于产生更多的 NO_2。随着 O_2 含量的增加，以 O 和 O_2 的复合主导的 O_3（$O+O_2+M \longrightarrow O_3+M$）[89] 具有比 NO_2 更快的增长速率。对于 $He+0.2\%H_2O$ 等离子体，与纯 He 相比，NO_2 和 NO 的密度略有降低，而 OH 的密度则由于电子分解反应（$e+H_2O \longrightarrow e+OH+H$）显著增加。图 7.3.7 (b)给出了模拟的 RONS 密度（$He+0.5\%O_2$），其结果不仅与测量结果一致，而且与已发表的文献结果相同[58,90~91]。

CFU、BRF 及对应的 ETOP 的计算结果在表 7.3.1 中列出。随着等离子体处理时间的增加，培养基上金黄色葡萄球菌菌落数逐渐减少。实验结果进一步表明,纯 He 和 He＋0.2％H₂O 等离子体具有最佳的杀菌效果,而在 He＋0.5％O₂ 和 He＋1％O₂ 这两种条件下,等离子体处理 15 min 后的 BRF 仅降低了 2.42 和 1.10 个对数单位。有趣的是,上述结果与等离子体处理干蛋壳上细菌的结果近乎一致[66]。因此,为了进一步确认湿度对等离子体灭活的影响,实验时还使用相同的等离子体装置处理 15 min 接种了 100 μL（10^8 CFU/mL）金黄色葡萄球菌溶液的新鲜培养基,从图 7.3.8 可发现,He＋0.5％O₂ 等离子体具有最大面积的除菌能力,这也与以前研究结果一致[92]。因此,在潮湿条件下,需要进一步对 $ETOP$ 进行优化,这是因为此时 RONS 首先需要溶

表 7.3.1　CFU、BRF 及对应的 $ETOP$ 计算结果

工作气体	时间/min	lg CFU/样本	BRF/(Δlg CFU/样本)	lg $ETOP$
	0	6.55±0.07	0	—
	5	4.91±0.13	1.64	20.01
He	8	4.00±0.13	2.55	20.22
	10	3.29±0.59	3.26	20.31
	15	2.70±0.00	3.85	20.49
	0	6.42±0.11	0	—
	5	6.19±0.09	0.23	19.83
He＋0.5％ O₂	8	6.09±0.05	0.32	20.03
	10	4.99±0.01	1.43	20.13
	15	4.00±0.30	2.42	20.30
	0	6.55±0.19	0	—
	5	6.14±0.02	0.41	19.74
He＋1％ O₂	8	5.95±0.17	0.60	19.95
	10	5.60±0.21	0.95	20.05
	15	5.45±0.15	1.10	20.22
	0	6.48±0.01	0	—
	5	4.53±0.11	1.96	19.88
He＋0.2％ H₂O	8	4.35±0.06	2.14	20.09
	10	4.32±0.21	2.17	20.18
	15	2.69±0.51	3.80	20.36

解到液体中形成新的活性成分才能作用于细胞[93~95]。更多关于如何在液相中定义 $ETOP$ 将在"讨论"部分中展开。

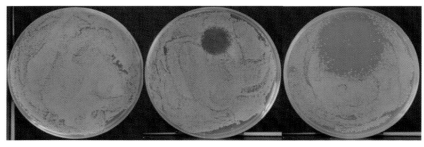

（a）控制组　　　　　　（b）He等离子体处理　　　（c）He+0.5%O₂等离子体处理

图 7.3.8　等离子体直接处理的涂有 $100\ \mu L$ 金黄色葡萄球菌溶液新鲜培养基的实验结果

根据实验除菌结果及实验和模拟所得的 RONS 密度，即可计算得到 BRF 及对应的 $ETOP$。图 7.3.9 所示为它们之间关系的拟合结果。尽管 He+1% O_2 等离子体的 O_3 和 NO_2 浓度高于其他工作气体下的等离子体，但其等离子体射流直径减小导致等离子体横截面变小，从而导致最终的 $ETOP$ 计算结果更小。从图 7.3.9 可以看出，尽管不同工作气体下的等离子体 RONS 密度存在差异，然而，BRF 和 $ETOP$ 之间的正相关趋势没有变化，统计指标 $SSE=6.717$，$RMSE=0.6927$，$R^2=0.6773$ 表明模型误差总体上可以接受。通过与

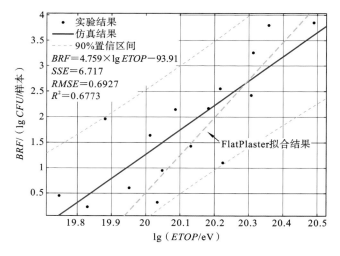

图 7.3.9　本实验 $ETOP$ 与 BRF 的拟合结果

FlatPlaster 的拟合结果进行比较,可以发现,对于重叠部分的 lg $ETOP$(20 至 20.5 之间),该装置的灭活效率仍在本装置拟合结果的置信区间之内,这再次验证了 $ETOP$ 作为剂量的可行性。

7.4 讨论

等离子体生物医学的最终目的在于通过掌握等离子体与生物对象的相互作用机理以实现特定的临床应用。而临床应用的实现离不开回答等离子体剂量这一基本科学问题。因此,科学定义"等离子体剂量"极为重要。可以预见,深入研究"等离子体剂量",将为等离子体生物医学的进一步发展,尤其是临床等离子体医学的开展,包括预测等离子体治疗效果、等离子体手术评估及在线监测氧化应激类疾病等提供坚实的基础。

迄今为止,尽管国内外研究者开展了大量等离子体生物医学的相关研究,并且证实了等离子体产生的各组分的生物效应,但对于什么是"等离子体剂量"这一核心问题仍然没有被广泛接受的科学定义。本章首次提出了"等离子体剂量"$ETOP$ 的定义,并对 $ETOP$ 进行了介绍。初步结果表明 $ETOP$ 与等离子体杀菌效率(用 BRF 表示)之间存在线性关系。这一定义的前提条件是等离子体中的 RONS 在等离子体杀菌效率中起主要作用,而等离子体中的其他成分,例如带电粒子、UV/VUV 等因素的作用是次要的。也正因为如此,本章中并没有考虑 $ETOP$ 中的 X 项及 $f(H,X)$ 项。必须指出,这些因素在特定条件下也可能成为主要因素,例如电场强度超过细胞的电穿孔阈值(E_{ir})[96],这些情况需要更多的理论和实验工作来完善。

本章用于评估等离子体杀菌效率的数据源来自两方面。一部分数据来源于已发表的文献,最终选取了以 kINPen® 和 FlatPlaster 为代表的相关实验数据用以验证模型。模型拟合结果初步证实了 $ETOP$ 可以用来定义等离子体剂量。为了进一步验证 $ETOP$ 的可行性,本章还开展了一系列实验工作,包括 RONS 诊断以及杀菌实验,并结合仿真模型计算 $ETOP$ 和 BRF。所得结果同样证实了 $ETOP$ 与 BRF 的高度关联性。

必须指出的是,由于可用于分析的数据非常有限,因此这里不得不对定义的 $ETOP$ 做了一些简化。此外,在实验中发现的一些有趣现象值得今后开展进一步深入研究。

首先是细胞对 $ETOP$ 的敏感度问题。根据拟合结果可以发现,对于不同的等离子体源，其 $k_{\text{FlatPlaster}} > k_{\text{self-developed}} > k_{\text{kINPen®}}$，而每种装置的最大 $ETOP$ 同样满足 $\max\{ETOP\}_{\text{FlatPlaster}} > \max\{ETOP\}_{\text{self-developed}} > \max\{ETOP\}_{\text{kINPen®}}$。这就表明随着 $ETOP$ 的增大，细胞敏感度可能会不同，因而采用线性的单线段拟合存在局限。由于等离子体与细胞相互作用的复杂性，实际细胞敏感度可能会随着 $ETOP$ 呈非线性关系。Laroussi 等人报道的关于多线段拟合模型的研究[80]，同样证实 $ETOP$ 与 BRF 之间的关系可能很复杂，需要进一步深入开展研究。

除细胞敏感度外，细胞所处环境对等离子体剂量的影响同样值得讨论。根据实验结果，等离子体对于干湿细胞的处理效果差异很大。这表明等离子体所产生的 RONS 溶解之后可能会产生新的活性粒子，并且其权重可能与气相的 RONS 不一样，因此，对于等离子体与液相相互作用同样需要进一步开展深入研究。

最后，考虑到影响等离子体剂量的因素还有很多，而如何将这些因素引入 $ETOP$ 将是研究者接下来需要开展的工作。这些工作根据 $ETOP$ 的定义做了如下分类。

1. H 项

首先，在计算 $ETOP$ 时，应该考虑等离子体中更多种类的 RONS，尤其是液相 RONS。由于本实验的等离子体操作环境及细菌都是在干燥条件下，因而在 $ETOP$ 的计算中只考虑了部分气相 RONS。事实上，RONS 的种类与环境高度相关，因而干湿环境下的 RONS 种类差异很大，尤其在液相环境中会存在大量气相中不存在的 RONS，例如 NO_2^-、NO_3^-、$ONOO^-$，此时必须引入液相 RONS。此外，对于间接等离子体处理，例如等离子体活化水及等离子体活化油等，同样需要考虑液相 RONS。

其次，尽管模型结果证实了等离子体生物效应与 $ETOP$ 之间的关联性，但是每种 RONS 对等离子体生物效应的贡献尚不清晰，因此必须确定每种 RONS 的权重 γ_i。但由于等离子体与作用对象之间的生物化学反应的复杂性，如何计算每种 RONS 的权重 γ_i 仍然面临困难。因此，在接下来 $ETOP$ 的优化工作中，可以采用分子动力学仿真（MDS）[97] 来计算特定粒子的权重。

最后，当等离子体中的 RONS 溶于液相中时，其生物效应也会与 pH 相关[93~95]。因此，一方面可以在 $ETOP$ 中引入一个应激因子来表征 pH 的影响。另一方面，由于 pH 主要取决于溶液中的 H^+ 及 OH^- 浓度，因此，也可以

考虑将 H^+ 以及 OH^- 浓度引入 RONS 的氧化势计算当中。此外,pH 也会与 RONS 发生协同作用,较低的 pH 可能会促进新 RONS 的产生,并提高某些酸根离子的氧化能力[93]。因此,RONS 与 pH 的协同作用同样需要在 $ETOP$ 中加以考虑。

2. X 项

首先是电子和离子。研究表明,当将生物样品作为接地电极时,等离子体生物效应与不作为接地电极时是不同的,而这可能是由于样品表面的带电粒子(电子、离子)通量不同所致[11,14]。因此,在将来的 $ETOP$ 计算中,尤其是对于直接等离子体处理,应当考虑带电粒子的影响。由于带电粒子通量差异(以及电场)会在细胞壁/膜上产生静电压力[58]并导致电穿孔效应[98],从而导致机械损伤并增强 RONS 效应,因此,电子和离子的 $ETOP$ 首先应当与其通量有关。特别地,对于高能电子,它们可能通过破坏化学键和电离等方式破坏细胞膜/壁分子,从而起着类似"氧化势"的作用,因此还应该与电子温度有关。等离子体与生物体直接接触还会在生物体内产生强电场,而电场的 $ETOP$ 则应与电场强度、持续时间和频率相关。

其次是电磁辐射。等离子体的电磁辐射包括 UV/VUV、可见光、红外/热辐射、电磁场等[13]。评估这些因素的 $ETOP$ 同样是一项长期的工作。例如,UV/VUV 辐射不仅能够通过诱导 DNA 胸腺嘧啶二聚体[39]抑制微生物的生长,而且还可以通过产生其他活性粒子[99](尤其是羟基自由基)[59]发挥作用。由 UV/VUV 引起的 $ETOP$ 取决于 UV/VUV 的波长和能量。此外,其协同效应,即 $f(H, X)$ 项同样需要评估。简而言之,如何在 $ETOP$ 中考虑上述因素同样是未来的一项重要工作。

最后,既然等离子体生物效应包括致死性和非致死性效应,那么 $ETOP$ 是否适合评估非致死性效应,例如评估等离子体对细胞增殖、细胞分化和细胞周期的影响?利用 $ETOP$ 评估等离子体的非致死性效应同样是一个极为复杂的问题,也是今后重要的工作。

参考文献

[1] Lu X,Reuter S,Laroussi M,et al. Nonequilibrium atmospheric pressure plasma jets:fundamentals,diagnostics,and medical applications[M]. Boca Raton:CRC Press,2019.

[2] Zhou X C,Li Y L,Liu D X,et al. Bactericidal effect of plasma jet with helium flowing through 3% hydrogen peroxide against Enterococcus faecalis[J]. Experimental & Therapeutic Medicine，2016,12:3073-3077.

[3] Scholtz V,Pazlarova J,Souskova H,et al. Nonthermal plasma — A tool for decontamination and disinfection[J]. Biotechnology Advances，2015，33:1108-1119.

[4] Lu X,Cao Y,Yang P,et al. An RC plasma device for sterilization of root canal of teeth[J]. IEEE Transactions on Plasma Science，2009,37:668-673.

[5] Pan J,Sun K,Liang Y,et al. Cold plasma therapy of a tooth root canal infected with enterococcus faecalis biofilms in vitro[J]. Journal of Endodontics，2013,39:105-110.

[6] Keidar M. Plasma for cancer treatment[J]. Plasma Sources Science and Technology，2015,24:033001.

[7] Schlegel J,Köritzer J,Boxhammer V. Boxhammer,plasma in cancer treatment[J]. Clinical Plasma Medicine，2013,1:2-7.

[8] Fridman G,Shereshevsky A,Jost M M,et al. Floating electrode dielectric barrier discharge plasma in air promoting apoptotic behavior in melanoma skin cancer cell lines[J]. Plasma Chemistry and Plasma Process，2007，27:163-176.

[9] Kalghatgi S,Kelly C M,Cerchar E,et al. Effects of non-thermal plasma on mammalian cells[J]. PLoS One，2011,6:e16270.

[10] Vandamme M,Robert E,Lerondel S,et al. ROS implication in a new antitumor strategy based on non-thermal plasma[J]. International Journal of Cancer Journal，2012,130:2185-2194.

[11] Fridman G,Friedman G,Gutsol A,et al. Applied plasma medicine[J]. Plasma Processes and Polymers，2008,5:503-533.

[12] Dobrynin D,Fridman G,Friedman G,et al. Physical and biological mechanisms of direct plasma interaction with living tissue[J]. New Journal of Physics，2009,11:115020.

[13] Metelmann H R,Woedtke T,Weltmann K D. Comprehensive clinical

plasma medicine[M]. Heidelberg:Springer-Verlag,2016.

[14] Woedtke Th,Reuter S,Masur K,et al. Plasmas for medicine[J]. Physics Reports, 2013,530:291-320.

[15] Lerouge S,Wertheimer M R,Marchand R,et al. Effect of gas composition on spore mortality and etching during low-pressure plasma sterilization[J]. Journal of Biomedical Materials, 2000,51:128-135.

[16] Purevdorj D,Igura N,Ariyada O,et al. Effect of feed gas composition of gas discharge plasmas on Bacillus pumilus spore mortality[J]. Letters in Applied Microbiology, 2003,37:31-34.

[17] Baik K Y,Kim Y H,Ryu Y H,et al. Feedinggas effects of plasma jets on escherichia coli in physiological solutions[J]. Plasma Processes and Polymers, 2013,10:235-242.

[18] Fridman G,Brooks A D,Balasubramanian M,et al. Comparison of direct and Indirect effects of non-thermal atmospheric pressure plasma on bacteria[J]. Plasma Processes and Polymers, 2007,4:370-375.

[19] Thirumdas R,Kothakota A,Annapure U,et al. Plasma activated water (PAW):chemistry,physico-chemical properties,applications in food and agriculture[J]. Trends Food Science and Technology, 2018,77:21-31.

[20] Zou X,Xu M,Pan S,et al. Plasma activated oil:fast production,reactivity,stability,and wound healing application[J]. ACS Biomaterials Science & Engineering, 2019,5:1611-1622.

[21] Lunov O,Zablotskii V,Churpita O,et al. The interplay between biological and physical scenarios of bacterial death induced by non-thermal plasma[J]. Biomaterials, 2016,82:71-83.

[22] Ahn H J,Kim K I,Kim G,et al. Atmospheric pressure plasma jet Induces apoptosis involving mitochondria via generation of free radicals[J]. PLoS One, 2011,6:e28154.

[23] Ahn H J,Kim K I,Hoan N N,et al. Targeting cancer cells with reactive oxygen and nitrogen species generated by atmospheric pressure air plasma[J]. PLoS One, 2014,9:e86173.

[24] Zhang K,Perussello C A,Milosavljević V,et al. Diagnostics of plasma

reactive species and induced chemistry of plasma treated foods[J]. Critical Reviews in Food Science and Nutrition，2019,59:812-825.

[25] Devasagayam T P A,Tilak J C,Boloor K K,et al. Free radicals and antioxidants in human health：current status and future prospects[J]. Journal of the Association of Physicians of India，2004,52:794-804.

[26] Pisoschi A M,Pop A. The role of antioxidants in the chemistry of oxidative stress：a review[J]. European Journal of Medicinal Chemistry，2015,97:55-74.

[27] Martinovich G G,Martinovich I V,Vcherashniaya A V,et al. Mechanisms of redox regulation of chemoresistance in tumor cells by phenolic antioxidants[J]. Biophysics，2017,62:942-949.

[28] Bekeschus S,Woedtke T von,Kramer A,et al. Cold physical plasma treatment alters redox balance in human immune cells[J]. Plasma Medicine，2013,3:267-278.

[29] Bekeschus S,Kolata J,Winterbourn C,et al. Hydrogen peroxide：a central player in physical plasma-induced oxidative stress in human blood cells[J]. Free Radical Research，2014,48:542-549.

[30] Bekeschus S,Iséni S,Reuter S,et al. Nitrogen shielding of an argon plasma jet and its effects on human immune cells[J]. IEEE Transactions on Plasma Science，2015,43:776-781.

[31] Schmidt A,Dietrich S,Steuer A,et al. Non-thermal plasma activates human keratinocytes by stimulation of antioxidant and phase Ⅱ pathways [J]. Journal of Biological Chemistry，2015,290:6731-6750.

[32] Ishaq M,Evans M (Meg),Ostrikov K (Ken). Effect of atmospheric gas plasmas on cancer cell signaling[J]. International Journal of Cancer，2014,134:1517-1528.

[33] Hasse S,Tran T D,Hahn O,et al. Induction of proliferation of basal epidermal keratinocytes by cold atmospheric pressure plasma[J]. Clinical and Experimental Dermatology，2016,41:202-209.

[34] Nielsen F,Mikkelsen B B,Nielsen J B,et al. Plasma malondialdehyde as biomarker for oxidative stress：reference interval and effects of life-style

factors[J]. Clinical Chemistry，1997，43：1209-1214.

[35] Buttke T M，Sandstrom P A. Oxidative stress as a mediator of apoptosis
[J]. Immunology Today，1994，15：7-10.

[36] Tseng S，Abramzon N，Jackson J O，et al. Gas discharge plasmas are ef-
fective in inactivating bacillus and clostridium spores[J]. Applied Micro-
biology & Biotechnology，2012，93：2563-2570.

[37] Tian Y，Ma R，Zhang Q，et al. Assessment of the physicochemical prop-
erties and biological effects of water activated by non-thermal plasma a-
bove and beneath the water surface[J]. Plasma Processes and Polymers，
2015，12：439-449.

[38] Laroussi M，Leipold F. Evaluation of the roles of reactive species，heat，
and UV radiation in the inactivation of bacterial cells by air plasmas at
atmospheric pressure[J]. International Journal of Mass Spectrometry，
2004，233：81-86.

[39] López M，Calvo T，Prieto M，et al. A review on non-thermal atmospheric
plasma for food preservation：mode of action，determinants of effective-
ness，and applications[J]. Frontiers in Microbiology，2019，10：622.

[40] Krewing Marco，Jarzina Fabian，Dirks Tim，et al. Plasma-sensitive esche-
richia coli mutants reveal plasma resistance mechanisms[J]. Journal of
the Royal Society Interface，2019，16：20180846.

[41] Radi R. Oxygen radicals，nitric oxide，and peroxynitrite：redox pathways
in molecular medicine[J]. Proceedings of the National Academy of Sci-
ences，2018，115：5839-5848.

[42] Shen J，Zhang H，Xu Z，et al. Preferential production of reactive species
and bactericidal efficacy of gas-liquid plasma discharge[J]. Chemical En-
gineering Journal，2019，362：402-412.

[43] Kommineni S，Elsworth P，Liang S，et al. 3. 0 advanced oxidation proces-
ses[R]. Center for Groundwater Restoration and Protection National
Water Research Institute，2006.

[44] Rael L T，Bar-Or R，Salottolo K，et al. Injury severity and serum amyloid
a correlate with plasma oxidation-reduction potential in multi-trauma

patients：a retrospective analysis[J]. Scandinavian Journal of Trauma Resutation & Emergency Medicine，2009，17：57.

[45] Rael L T，Bar-Or R，Mains C W，et al. Plasma oxidation-reduction potential and protein oxidation in traumatic brain injury[J]. Journal of Neurotrauma，2009，26：1203-1211.

[46] Zhi L，Liang J，Hu X，et al. The reliability of clinical dynamic monitoring of redox status using a new redox potential (ORP) determination method[J]. Redox Report，2013，18：63-70.

[47] Bobe G，Cobb T J，Leonard S W，et al. Traber，increased static and decreased capacity oxidation-reduction potentials in plasma are predictive of metabolic syndrome[J]. Redox Biology，2017，12：121-128.

[48] Agarwal A，Sharma R，Roychoudhury S，et al. MiOXSYS：a novel method of measuring oxidation reduction potential in semen and seminal plasma[J]. Fertility & Sterility，2016，106：566-573.

[49] Agarwal A，Roychoudhury S，Bjugstad K B，et al. Oxidation-reduction potential of semen：what is its role in the treatment of male infertility [J]. Therapeutic Advances in Urology，2016，8：302-318.

[50] Bar-Or D，Bar-Or R，Rael L T，et al. Oxidative stress in severe acute illness[J]. Redox Biology，2015，4：340-345.

[51] Newsholme P，Cruzat V F，Keane K N，et al. Molecular mechanisms of ROS production and oxidative stress in diabetes[J]. Biochemical Journal，2016，473：4527-4550.

[52] Atkins P. Physical chemistry[M]. New York：W. H. Freeman and Company，2010.

[53] Zhao H，Chen X，Li X，et al. Photoinduced formation of reactive oxygen species and electrons from metal oxide-silica nanocomposite：an EPR spin-trapping study[J]. Applied Surface Science，2017，416：281-287.

[54] Barrera-Díaz C，Cañizares P，Fernández F J，et al. Electrochemical advanced oxidation processes：an overview of the current applications to actual industrial effluents[J]. Journal of the Mexican Chemical Society，2014，58：256-275.

[55] Lange N A，Dean J A. Lange's handbook of chemistry[M]. London：McGraw-Hill，1979.

[56] Greenwood N N，Earnshaw A. Chemistry of the elements[M]. Amsterdam：Elsevier，2012.

[57] Laroussi M，Mendis D A，Rosenberg M. Plasma interaction with microbes[J]. New Journal of Physics，2003，5：41-41.

[58] Cheng H，Liu X，Lu X，et al. Active species delivered by dielectric barrier discharge filaments to bacteria biofilms on the surface of apple[J]. Physics of Plasmas，2016，23：073517.

[59] Attri P，Kim Y H，Park D H，et al. Generation mechanism of hydroxyl radical species and its lifetime prediction during the plasma-initiated ultraviolet (UV) photolysis[J]. Scientific Reports，2015，5：9332.

[60] Surowsky B，Fröhling A，Gottschalk N，et al. Impact of cold plasma on Citrobacter freundii in apple juice：inactivation kinetics and mechanisms [J]. International Journal of Food Microbiology，2014，174：63-71.

[61] Ziuzina D，Patil S，Cullen P J，et al. Atmospheric cold plasma inactivation of Escherichia coli in liquid media inside a sealed package[J]. Journal of Applied Microbiology，2013，114：778-787.

[62] Calvo T，Álvarez-Ordóñez A，Prieto M，et al. Influence of processing parameters and stress adaptation on the inactivation of Listeria monocytogenes by non-thermal atmospheric plasma (NTAP)[J]. Food Research International，2016，89：631-637.

[63] Calvo T，Alvarez-Ordóñez A，Prieto M，et al. Stress adaptation has a minor impact on the effectivity of non-thermal atmospheric plasma (NTAP) against Salmonella spp[J]. Food Research International，2017，102：519-525.

[64] Daeschlein G，von Woedtke T，Kindel E，et al. Antibacterial activity of an atmospheric pressure plasma jet against relevant wound pathogens in vitro on a simulated wound environment[J]. Plasma Processes and Polymers，2010，7：224-230.

[65] Fricke K，Tresp H，Bussiahn R，et al. On the use of atmospheric pres-

sure plasma for the bio-decontamination of polymers and its impact on their chemical and morphological surface properties[J]. Plasma Chemistry and Plasma Process,2012,32:801-816.

[66] Moritz M,Wiacek C,Koethe M,et al. Atmospheric pressure plasma jet treatment of Salmonella Enteritidis inoculated eggshells[J]. International Journal of Food Microbiology,2017,245:22-28.

[67] Rossow M,Ludewig M,Braun P G. Effect of cold atmospheric pressure plasma treatment on inactivation of Campylobacter jejuni on chicken skin and breast fillet[J]. Food Science and Technology, 2018, 91: 265-270.

[68] Schmidt-Bleker A，Winter J，Bösel A，et al. On the plasma chemistry of a cold atmospheric argon plasma jet with shielding gas device[J]. Plasma Sources Science and Technology，2015,25:015005.

[69] Reuter S,Winter J,Schmidt-Bleker A,et al. Atomic oxygen in a cold argon plasma jet:TALIF spectroscopy in ambient air with modelling and measurements of ambient species diffusion[J]. Plasma Sources Science and Technology,2012,21:024005.

[70] Bruggeman P,Cunge G,Sadeghi N. Absolute OH density measurements by broadband UV absorption in diffuse atmospheric pressure He-H_2O RF glow discharges[J]. Plasma Sources Science and Technology,2012, 21:035019.

[71] Gianella M,Reuter S,Aguila A L,et al. Detection of HO_2 in an atmospheric pressure plasma jet using optical feedback cavity-enhanced absorption spectroscopy[J]. New Journal of Physics,2016,18:113027.

[72] Winter J,Dünnbier M,Schmidt-Bleker A,et al. Aspects of UV-absorption spectroscopy on ozone in effluents of plasma jets operated in air [J]. Journal of Physics D:Applied Physics,2012,45:385201.

[73] Iséni S,Reuter S,Weltmann K-D. NO_2 dynamics of an Ar/Air plasma jet investigated byin situquantum cascade laser spectroscopy at atmospheric pressure[J]. Journal of Physics D:Applied Physics,2014,47:075203.

[74] Morfill G E,Shimizu T,Steffes B,et al. Nosocomial infections—a new

approach towards preventive medicine using plasmas[J]. New Journal of Physics,2009,11:115019.

[75] Maisch T,Shimizu T,Li Y-F,et al. Decolonisation of MRSA,S. aureus and E. coli by cold atmospheric plasma using a porcine skin model in vitro[J]. PLoS One,2012,7:e34610.

[76] Isbary G,Köritzer J,Mitra A,et al. Ex vivo human skin experiments for the evaluation of safety of new cold atmospheric plasma devices[J]. Clinical Plasma Medicine,2013,1:36-44.

[77] Mai-Prochnow A,Clauson M,Hong J,et al. Gram positive and Gram negative bacteria differ in their sensitivity to cold plasma[J]. Scientific Reports,2016,6:1-11.

[78] Murakami T,Niemi K,Gans T,et al. Chemical kinetics and reactive species in atmospheric pressure helium-oxygen plasmas with humid-air impurities[J]. Plasma Sources Science and Technology,2013,22:015003.

[79] Kelly-Wintenberg K,Montie T C,Brickman C,et al. Room temperature sterilization of surfaces and fabrics with a one atmosphere uniform glow discharge plasma[J]. Journal of Industrial Microbiology & Biotechnology,1998,20:69-74.

[80] Laroussi M. Nonthermal decontamination of biological media by atmospheric pressure plasmas: review, analysis, and prospects [J]. IEEE Transactions on Plasma Science,2002,30:1409-1415.

[81] Council N R. Ozone and Other Photochemical Oxidants[M]. Washington:The National Academies Press,1977.

[82] Dunn M J,Masri A R. A comprehensive model for the quantification of linear and nonlinear regime laser-induced fluorescence of OH under $A^2\Sigma^+ \leftarrow X^2 \Pi$ (1,0) excitation[J]. Applied Physics B, 2010, 101: 445-463.

[83] Verreycken T,Horst R M van der,Sadeghi N,et al. Absolute calibration of OH density in a nanosecond pulsed plasma filament in atmospheric pressure He-H_2O:comparison of independent calibration methods[J]. Journal of Physics D:Applied Physics,2013,46:464004.

[84] Cheng H,Liu X,Lu X,et al. Numerical study on propagation mechanism and bio-medicine applications of plasma jet[J]. High Voltage,2016,1: 62-73.

[85] Cheng H,Lu X,Liu D. The effect of tube diameter on an atmospheric pressure micro-plasma jet[J]. Plasma Processes and Polymers,2015,12: 1343-1347.

[86] Cheng H,Fan J,Zhang Y,et al. Nanosecond pulse plasma dry reforming of natural gas[J]. Catalysis Today,2020,351:103-112.

[87] Liu X Y,Pei X K,Lu X P,et al. Numerical and experimental study on a pulsed-DC plasma jet[J]. Plasma Sources Science and Technology, 2014,23:035007.

[88] Reuter S,Woedtke T von,Weltmann K-D. The kINPen—a review on physics and chemistry of the atmospheric pressure plasma jet and its ap-plications[J]. Journal of Physics D:Applied Physics,2018,51:233001.

[89] Fridman A. Plasma Chemistry[M]. Cambridge:Cambridge University Press,2008.

[90] Yonemori S,Nakagawa Y,Ono R,et al. Measurement of OH density and air-helium mixture ratio in an atmospheric pressure helium plasma jet [J]. Journal of Physics D:Applied Physics,2012,45:225202.

[91] Park G Y,Hong Y J,Lee H W,et al. A global model for the identifica-tion of the dominant reactions for atomic oxygen in He/O_2 atmospheric pressure plasmas[J]. Plasma Processes and Polymers,2010,7:281-287.

[92] Lu X,Ye T,Cao Y,et al. The roles of the various plasma agents in the inactivation of bacteria [J]. Journal of Applied Physics, 2008, 104:053309.

[93] Lukes P,Dolezalova E,Sisrova I,et al. Aqueousphase chemistry and bac-tericidal effects from an air discharge plasma in contact with water:evi-dence for the formation of peroxynitrite through a pseudo-second-order post-discharge reaction of H_2O_2 and HNO_2[J]. Plasma Sources Science and Technology,2014,23:015019.

[94] Chandana L,Sangeetha C J,Shashidhar T,et al. Non-thermal atmos-

pheric pressure plasma jet for the bacterial inactivation in an aqueous medium[J]. Science of the Total Environment,2018,640-641:493-500.

[95] Li B L,Yu Y,Ye M Y. Effects of plasma activated species produced by a surface micro-discharge device on growth inhibition of cyanobacteria [J]. Plasma Research Express,2019,1:015017.

[96] Gehl J,Skovsgaard T,Mir L M. Vascular reactions to in vivo electroporation:characterization and consequences for drug and gene delivery[J]. Biochimica et Biophysica Acta (BBA) - General Subjects,2002,1569:51-58.

[97] Cui J,Zhao T,Zou L,et al. Molecular dynamics simulation of S. cerevisiae glucan destruction by plasma ROS based on ReaxFF[J]. Journal of Physics D:Applied Physics,2018,51:355401.

[98] Liu H,Feng X,Ma X,et al. Dry bio-decontamination process in reduced-pressure O_2 plasma[J]. Applied Sciences,2019,9,1933.

[99] Schneider S,Lackmann J-W,Narberhaus F,et al. Separation of VUV/UV photons and reactive particles in the effluent of a He/O_2 atmospheric pressure plasma jet[J]. Journal of Physics D:Applied Physics,2011,44:379501.